国家林业和草原局职业教育"十三五"规划教材

试验设计与统计分析

王红梅　曹卫锋　主编

中国林业出版社
China Forestry Publishing House

内容简介

本书是一本理论与实践结合的教材，实践内容以 Excel 办公软件为依托进行编排，紧跟在相关理论知识之后。全书在遵循传统的试验设计与统计分析的基础上，又紧跟时代步伐；更考虑学生特点，淡化纯理论知识，强化实际应用。

全书主要内容涉及：试验设计基础、常用试验的种类及设计方法、统计资料的整理与分析、概率论基础、统计推断、χ^2 检验、方差分析、正交设计及统计分析、相关与回归分析以及 SPSS 在统计中的应用。每一模块按照内容要求划分单元，单元内容的理论知识后紧跟 Excel 的操作内容，并安排相应的实训。全书最后安排了 SPSS 在统计中的应用模块，该模块结合实例分析了 SPSS 的基本统计功能，具有较好的学习参考与指导的作用。

本教材可供高等职业院校林业技术、园林、园艺、农艺、生物技术等相关专业的教学和相关层次培训的需要，也可供从事农林生产、生命科学研究的技术人员及科研工作者进行试验设计及数据分析处理的参考书籍使用。

图书在版编目(CIP)数据

试验设计与统计分析/王红梅，曹卫锋主编. —北京：中国林业出版社，2022.9
国家林业和草原局职业教育"十三五"规划教材
ISBN 978-7-5219-1893-9

Ⅰ. ①试… Ⅱ. ①王… ②曹… Ⅲ. ①试验设计-职业教育-教材 ②统计分析-职业教育-教材 Ⅳ. ①O212.6 ②O212.1

中国版本图书馆 CIP 数据核字(2022)第 181874 号

中国林业出版社教育分社

策划编辑：肖基浒　　　　　　责任编辑：田夏青　肖基浒
电　话：(010)83143559　83143555　　传　真：(010)83143516

出版发行	中国林业出版社(100009　北京市西城区刘海胡同 7 号)
	http://www.forestry.gov.cn/lycb.html
印　刷	北京中科印刷有限公司
版　次	2022 年 9 月第 1 版
印　次	2022 年 9 月第 1 次印刷
开　本	787mm×1092mm　1/16
印　张	16.5
字　数	412 千字
定　价	50.00 元

未经许可，不得以任何方式复制或抄袭本书之部分或全部内容。

版权所有　侵权必究

《试验设计与统计分析》编写人员

主　　编　王红梅　曹卫锋
副 主 编　高志英
编写人员　(以姓名笔画排序)
　　　　　于　健(江苏农林职业技术学院)
　　　　　王　娟(江苏经贸职业技术学院)
　　　　　王红梅(江苏农林职业技术学院)
　　　　　李艳杰(辽宁生态工程职业学院)
　　　　　张亚雄(甘肃林业职业技术学院)
　　　　　徐　罗(广东生态工程职业学院)
　　　　　高志英(山西省运城农业职业技术学院)
　　　　　曹卫锋(江苏农林职业技术学院)
主　　审　李颖岳(北京林业大学)
　　　　　李晓华(江苏农林职业技术学院)

前 言

本书为国家林业和草原局职业教育"十三五"规划教材，以高等职业教育的培养目标为宗旨、以提高学生科学素质和实际运用能力为指导编写而成。编写中既考虑知识结构的完整性又注重实用性，淡化了理论，侧重了应用，同时兼顾了时代的发展。本教材的出版不仅能满足高等职业院校试验设计与统计分析教学的需要，而且可作为广大农林、生物技术人员和相关科研工作者进行试验设计与数据统计分析的参考书籍。

本教材在编写内容上将传统的田间试验设计、数理统计、生物统计进行整合，使之更适用于解决农林业生产中试验设计、数据资料处理的问题。全书分为：模块 1 试验设计基础、模块 2 常用试验的种类及设计方法、模块 3 统计资料的整理与分析、模块 4 概率论基础、模块 5 统计推断、模块 6 χ^2 检验、模块 7 方差分析、模块 8 正交设计及统计分析、模块 9 相关与回归分析以及模块 10 SPSS 在统计中的应用等内容。

编写的具体分工为：模块1、模块2、模块5的单元5.1至单元5.3由张亚雄编写，模块3由徐罗编写，模块4由曹卫锋编写，模块5的单元5.4至单元5.5由李艳杰编写，模块6、模块8由王红梅编写，模块7由高志英编写，模块9由王娟编写，模块10由于健编写，附表 常用统计分析用表由王红梅整理。全书最后由王红梅、曹卫锋定稿。本教材专门邀请了北京林业大学李颖岳教授、江苏农林职业技术学院李晓华教授审阅了全书的初稿，提出了许多宝贵且中肯的修改意见，在此，对他们的付出表示衷心的感谢。

由于编写仓促，编写时虽然力求完善，但疏漏和错误之处在所难免，恳请读者提出宝贵意见，以便再版时进行完善。

编 者
2022.6

目 录

前 言

模块 1　试验设计基础 ……………………………………………………………………… (1)
　1.1　试验设计的意义和任务 ………………………………………………………………… (1)
　1.2　试验设计常用的基本概念 ……………………………………………………………… (2)
　1.3　试验设计的基本原则 …………………………………………………………………… (2)
　1.4　试验误差及控制 ………………………………………………………………………… (3)

模块 2　常用试验的种类及设计方法 ……………………………………………………… (7)
　单元 2.1　常用试验的种类 …………………………………………………………………… (7)
　　2.1.1　按试验因素数量分类 ……………………………………………………………… (7)
　　2.1.2　按试验内容分类 …………………………………………………………………… (8)
　　2.1.3　按试验地点分类 …………………………………………………………………… (8)
　　2.1.4　按试验进程分类 …………………………………………………………………… (8)
　单元 2.2　常用试验设计方法 ………………………………………………………………… (9)
　　2.2.1　顺序排列设计 ……………………………………………………………………… (10)
　　2.2.2　随机排列设计 ……………………………………………………………………… (11)
　　2.2.3　配对法设计 ………………………………………………………………………… (13)
　实训 2.1　对比设计和间比设计 ……………………………………………………………… (14)
　实训 2.2　完全随机设计和完全随机区组设计 ……………………………………………… (14)

模块 3　统计资料的整理与分析 …………………………………………………………… (15)
　单元 3.1　数据的整理与分析 ………………………………………………………………… (15)
　　3.1.1　基础知识 …………………………………………………………………………… (15)
　　3.1.2　数据的整理与分析 ………………………………………………………………… (17)
　　3.1.3　利用 Excel 进行数据的整理与分析 ……………………………………………… (19)
　单元 3.2　数据的概况性度量 ………………………………………………………………… (29)
　　3.2.1　数据集中趋势的度量 ……………………………………………………………… (29)
　　3.2.2　数据离散程度的度量 ……………………………………………………………… (32)
　　3.2.3　计算器的统计功能的应用 ………………………………………………………… (35)
　　3.2.4　利用 Excel 进行常用统计量的计算 ……………………………………………… (37)
　实训 3.1　数据的整理与分析 ………………………………………………………………… (40)

实训 3.2　计算器的统计功能的应用 ……………………………………… (41)
　　实训 3.3　利用 Excel 进行统计计算 …………………………………… (42)
模块 4　概率论基础 ……………………………………………………………… (43)
　单元 4.1　事件与概率 ………………………………………………………… (43)
　　4.1.1　随机事件 ………………………………………………………… (43)
　　4.1.2　概率 ……………………………………………………………… (47)
　单元 4.2　概率分布 …………………………………………………………… (53)
　　4.2.1　随机变量 ………………………………………………………… (53)
　　4.2.2　随机变量的概率分布 …………………………………………… (54)
　　4.2.3　随机变量的分布函数 …………………………………………… (55)
　　4.2.4　几种常见的概率分布 …………………………………………… (56)
　单元 4.3　统计中的常用分布 ………………………………………………… (63)
　　4.3.1　样本均值的抽样分布 …………………………………………… (64)
　　4.3.2　t 分布 …………………………………………………………… (65)
　　4.3.3　χ^2 分布 ………………………………………………………… (67)
　　4.3.4　F 分布 …………………………………………………………… (68)
　　4.3.5　利用 Excel 进行临界值的计算 ………………………………… (69)
　　实训 4.1　常用分布概率计算的 Excel 应用 …………………………… (72)
　　实训 4.2　利用 Excel 进行临界值的计算 ……………………………… (73)
模块 5　统计推断 ………………………………………………………………… (74)
　单元 5.1　统计推断的基本概念与原理 ……………………………………… (74)
　　5.1.1　统计推断的概念 ………………………………………………… (74)
　　5.1.2　假设检验的意义 ………………………………………………… (74)
　　5.1.3　小概率原理 ……………………………………………………… (75)
　　5.1.4　假设检验的步骤 ………………………………………………… (76)
　　5.1.5　两类错误 ………………………………………………………… (77)
　　5.1.6　参数估计 ………………………………………………………… (77)
　单元 5.2　单样本平均数的假设检验 ………………………………………… (79)
　　5.2.1　双侧检验 ………………………………………………………… (79)
　　5.2.2　单侧检验 ………………………………………………………… (81)
　　5.2.3　利用 Excel 进行描述统计 ……………………………………… (82)
　单元 5.3　两个样本的平均数的假设检验 …………………………………… (85)
　　5.3.1　成组资料的两个样本平均数的假设检验 ……………………… (85)
　　5.3.2　配对资料的两个样本的平均数的假设检验 …………………… (89)
　单元 5.4　频率的假设检验 …………………………………………………… (94)
　　5.4.1　单个样本的频率的假设检验 …………………………………… (95)
　　5.4.2　两个样本频率的假设检验 ……………………………………… (96)
　　5.4.3　利用 Excel 进行总体频率的检验 ……………………………… (98)

单元 5.5　总体参数的区间估计 ···（100）
　　　　5.5.1　总体平均数的区间估计 ··（100）
　　　　5.5.2　总体频率的区间估计 ··（102）
　　　　5.5.3　利用 Excel 进行平均数的区间估计 ·······························（103）
　　实训 5.1　单样本平均数的假设检验 ··（105）
　　实训 5.2　双样本平均数的假设检验 ··（105）
　　实训 5.3　频率的假设检验 ··（106）
　　实训 5.4　利用 Excel 进行区间估计 ··（107）

模块 6　χ^2 检验 ···（108）

　　单元 6.1　符合性检验 ···（108）
　　　　6.1.1　χ^2 检验的意义 ··（108）
　　　　6.1.2　符合性检验 ··（109）
　　单元 6.2　独立性检验 ···（113）
　　　　6.2.1　独立性检验的意义 ··（113）
　　　　6.2.2　独立性检验的一般问题与步骤 ······································（114）
　　　　6.2.3　利用 Excel 进行独立性检验 ··（117）
　　实训 6.1　符合性检验 ···（120）
　　实训 6.2　利用 Excel 进行独立性检验 ··（121）

模块 7　方差分析 ···（123）

　　单元 7.1　方差分析的基本概念与原理 ···（123）
　　　　7.1.1　方差分析的意义 ··（123）
　　　　7.1.2　方差分析的原理 ··（123）
　　单元 7.2　单因素完全随机设计试验资料的方差分析 ·····················（132）
　　　　7.2.1　各处理重复数相等的方差分析 ······································（132）
　　　　7.2.2　各处理重复数不等的方差分析 ······································（134）
　　　　7.2.3　利用 Excel 进行方差分析 ··（136）
　　单元 7.3　两因素完全随机设计试验资料的方差分析 ·····················（139）
　　　　7.3.1　两因素单独观测值试验资料的方差分析 ·······················（140）
　　　　7.3.2　两因素有重复观测值试验资料的方差分析 ···················（143）
　　　　7.3.3　利用 Excel 进行方差分析 ··（149）
　　单元 7.4　随机区组设计试验资料的方差分析 ·······························（154）
　　　　7.4.1　单因素随机区组设计试验资料的方差分析 ···················（154）
　　　　7.4.2　两因素随机区组设计试验资料的方差分析 ···················（156）
　　　　7.4.3　利用 Excel 进行随机区组试验的方差分析 ···················（159）
　　实训 7.1　单因素方差分析 ··（161）
　　实训 7.2　双因素方差分析 ··（162）

模块 8　正交设计及统计分析 ·································（164）

　　单元 8.1　正交设计 ··（164）

8.1.1　正交设计的概念及特点 …………………………………………（164）
　　8.1.2　正交设计的试验布置 ………………………………………………（165）
单元8.2　正交设计的统计分析 ……………………………………………………（168）
　　8.2.1　极差分析 ……………………………………………………………（168）
　　8.2.2　方差分析 ……………………………………………………………（169）
实训8.1　正交设计的试验布置 ……………………………………………………（175）
实训8.2　正交设计的资料分析 ……………………………………………………（175）

模块9　相关与回归分析 …………………………………………………………（177）

单元9.1　直线相关 …………………………………………………………………（177）
　　9.1.1　相关与回归的概念 …………………………………………………（177）
　　9.1.2　相关分析 ……………………………………………………………（178）
单元9.2　直线回归 …………………………………………………………………（185）
　　9.2.1　回归分析的基本概念 ………………………………………………（185）
　　9.2.2　直线回归方程的建立 ………………………………………………（185）
　　9.2.3　回归系数的计算 ……………………………………………………（187）
　　9.2.4　直线回归假设检验 …………………………………………………（188）
　　9.2.5　利用Excel进行回归分析 …………………………………………（189）
实训9.1　直线相关分析 ……………………………………………………………（192）
实训9.2　直线回归分析 ……………………………………………………………（193）

模块10　SPSS在统计中的应用 …………………………………………………（195）

单元10.1　SPSS的主要窗口介绍及文件的建立 …………………………………（195）
　　10.1.1　SPSS的主要窗口 …………………………………………………（195）
　　10.1.2　SPSS数据文件的建立 ……………………………………………（196）
　　10.1.3　SPSS数据文件的属性 ……………………………………………（198）
　　10.1.4　SPSS数据文件的整理 ……………………………………………（200）
　　10.1.5　SPSS中数据的保存 ………………………………………………（201）
单元10.2　利用SPSS进行描述统计 ………………………………………………（203）
　　10.2.1　频数分析 …………………………………………………………（203）
　　10.2.2　统计图 ……………………………………………………………（206）
单元10.3　利用SPSS进行 t 检验 …………………………………………………（210）
　　10.3.1　单样本 t 检验 ……………………………………………………（210）
　　10.3.2　独立双样本 t 检验 ………………………………………………（211）
单元10.4　利用SPSS进行方差分析 ………………………………………………（213）
　　10.4.1　单因素方差分析 …………………………………………………（214）
　　10.4.2　多因素方差分析 …………………………………………………（216）
单元10.5　利用SPSS进行相关与回归分析 ………………………………………（219）
　　10.5.1　相关分析 …………………………………………………………（220）
　　10.5.2　回归分析 …………………………………………………………（221）

  实训 10.1 利用 SPSS 进行描述统计 ……………………………………………… (225)
  实训 10.2 利用 SPSS 进行 t 检验 …………………………………………………… (226)
  实训 10.3 利用 SPSS 进行方差分析 ……………………………………………… (227)
  实训 10.4 利用 SPSS 进行相关与回归分析 ……………………………………… (228)
参考文献 …………………………………………………………………………………… (229)
附表 常用统计分析用表 ………………………………………………………………… (230)
  附表 1 标准正态分布概率数值表($Z(x)=P\{Z\leqslant x\}$，$x\geqslant 0$) ……………………… (230)
  附表 2 标准正态分布的双侧临界值表($P\{|Z|\geqslant Z_\alpha\}=\alpha$) …………………… (231)
  附表 3 t 分布双侧临界值表($P\{|t|\geqslant t_{\alpha(df)}\}=\alpha$) ………………………………… (231)
  附表 4 χ^2 分布的上侧临界值表($P\{\chi^2\geqslant\chi^2_{\alpha(df)}\}=\alpha$) ……………………………… (232)
  附表 5a F 分布的上侧临界值表($P\{F\geqslant F_{\alpha(df_1,df_2)}\}=\alpha$) ……………………… (233)
  附表 5b F 分布的上侧临界值表($P\{F\geqslant F_{\alpha(df_1,df_2)}\}=\alpha$) ……………………… (234)
  附表 5c F 分布的上侧临界值表($P\{F\geqslant F_{\alpha(df_1,df_2)}\}=\alpha$) ……………………… (235)
  附表 5d F 分布的上侧临界值表($P\{F\geqslant F_{\alpha(df_1,df_2)}\}=\alpha$) ……………………… (236)
  附表 5e F 分布的上侧临界值表($P\{F\geqslant F_{\alpha(df_1,df_2)}\}=\alpha$) ……………………… (237)
  附表 6 Duncan's 新复极差测验 5% 和 1% SSR 值表 ……………………………… (238)
  附表 7 百分数的反正弦 $\sin^{-1}\sqrt{p}$ 转换表 …………………………………………… (240)
  附表 8 正交表 …………………………………………………………………………… (243)
  附表 9 检验相关系数(r)的临界值表 $\rho=0$ ………………………………………… (250)

模块 1　试验设计基础

知识目标

1. 掌握试验设计的常用术语；
2. 了解田间试验设计的基本原则；
3. 掌握田间试验误差及其控制方法。

1.1　试验设计的意义和任务

试验设计是一门研究如何进行科学试验的设计、实施、数据收集、结果分析、结论推断的科学，是有关知识和技术的一个整体，它使研究人员能够找到好的试验、有效地进行数据分析，并建立分析得出的结论与最初研究目的之间的联系。试验设计有广义和狭义之分。广义试验设计是指试验研究的整体设计，其中包括试验名称、试验目的、研究依据、试验的时间和地点、试验设计、管理措施、试验设计图等；而狭义的试验设计是指根据试验设计的基本原则和控制差异的技术，在试验地点上对试验处理的合理布设。

农林业和生物学领域试验研究对象和材料是生物体本身，包括树木、花卉、草本植物、昆虫、病菌、微生物等，以生物体本身生长发育过程的反应作为试验指标，研究有关生长发育的规律、某些因素的作用、某些技术的效果等。由树木、生物体本身的反应来直接检测试验效果。

试验大多是在开放的自然条件下进行的，试验环境包括土壤、气候，甚至病虫等生物条件，它们是多变的，特别是林木试验周期长，其结果的测定要在田间自然条件下进行，再加上植物生长发育的过程有所差异，因而田间试验的环境条件会导致试验产生误差，这种误差包括系统误差和随机误差。例如，试验对象为生长在土壤上的苗木，容易受到风、降水、温度、湿度、光照、土壤肥力、排灌状况、施肥等的影响，因此，即使种植时苗木整齐一致，调查时由于苗木生长情况不尽相同，有好有差，试验条件的变化就会带来误差。

试验设计的任务就是在生产条件下，根据研究目的，结合专业知识和实践经验，合理地制订试验设计方案；有效降低试验误差；力求利用最少的人力、物力和财力，最大限度地获得丰富而可靠的试验数据。田间试验是联系农林业科学和生产实践的桥梁，决定着研究成果能否合理地应用和推广，因此，进行合理的试验设计与研究结果的成败密切相关。

1.2 试验设计常用的基本概念

(1) 试验指标

用于评价试验效果的指标。根据试验目的的不同,可以选用不同的试验指标。例如,在林木育种试验中,常用苗高、地径、千粒重、结实率、发芽率等作为试验指标;在林木栽培试验中,主要用到的试验指标有胸径、树高、材积、冠幅、光合强度等。

(2) 试验因素

在试验中,影响试验指标的原因或要素称为因素。例如,施肥量和肥料种类是影响林木胸径和树高的因素;栽培密度是影响树木冠幅的因素之一。在试验设计中,研究一个因素对试验结果的影响称为单因素试验;研究两个因素对试验结果的影响称为双因素试验;研究中有两个以上因素的试验称为多因素试验。

(3) 试验水平

试验因素量的不同水平或质的不同状态称为试验水平。例如,研究 3 种不同浓度赤霉素对白桦早期生长的影响,赤霉素的 3 个浓度即为 3 个水平;研究 4 个三倍体毛白杨无性系苗期的生理指标,则每个无性系即为一个水平。

(4) 试验处理

事先设计好的在试验中实施的具体试验措施,称为试验处理。进行单因素试验时,试验因素的每一个水平即为一个处理;而进行多因素试验时,不同因素中不同的水平组合构成多个处理。例如,进行 3 个杜仲品种和 4 个栽培密度的两因素试验,共有 $3 \times 4 = 12$ 个处理;研究 3 个施氮量、2 个施磷量、3 个施钾量的三因素试验,则 $3 \times 2 \times 3 = 18$ 个组合,即 18 个处理。

(5) 交互效应

又称交互作用,是一个因素各个水平之间反应量的差异随其他因素的不同水平而发生变化的现象。它的存在说明同时研究的若干因素的效应非独立。例如,A 因素与 B 因素的交互效应,表示为 $A \times B$ 的效应。

(6) 试验小区

布设一个处理的试验地称为试验小区,简称小区。

(7) 区组

将整个试验地分割成条件相同的若干个区域,并将全部处理或部分处理安排在同一区域,这个区域称为一个区组。

(8) 总体与个体

试验中所有的研究对象称为总体,其中的一个研究对象称为个体。

(9) 样本

从研究对象抽取一定数量的个体组成的集合称为样本。

1.3 试验设计的基本原则

广义的试验设计是指田间试验方案的制订,其内容主要包括试验处理的方案、试验设计和统计分析方法等。而狭义的试验设计是指小区技术，根据试验目的和试验地的基本情况合理安排重复区和试验小区。

试验设计的主要任务是控制和降低试验误差，提高试验的精准度。通常试验设计时需遵循以下三个原则。

1.3.1 重复

重复是指试验的重复进行。在试验地上同一处理种植的小区数即为重复次数。若每个处理只种植一个小区，即为无重复试验；若每个处理种植了两个小区，则称为 2 次重复；依此类推。

设置重复主要有以下两个作用。

（1）估计试验误差

由于试验误差普遍存在，所以在田间试验时所得两次重复处理的结果存在一定的差异，如果每个处理只有一个观测值，则无法估计试验误差的大小。只有获得两个或两个以上的观测值，才可以估算试验误差。

（2）降低试验误差

统计学已经证明样本平均数抽样误差的大小与重复次数的平方根呈反比，即重复越多，误差越小。田间试验时由于环境、仪器、田间管理方式等条件的影响，一个观测值往往不能正确反映试验处理的效果，所以用几个观测值的平均值估测处理效应比单个观测值更可靠。

1.3.2 随机化

随机化是指在各处理有均等的机会被安排在小区上，保证试验在时间和空间上的均匀性。常用的随机化处理主要的方法是随机数表法、抽签法、计算机产生随机数字法等。

1.3.3 局部控制

当试验处理的重复增多时，相应地增加了试验面积，这势必会增大试验地的土壤差异。为解决这一矛盾，可将整个试验地划分成条件基本一致的若干个区域，即区组。尽可能使每个区组内的非试验因素一致，以实现小环境内试验条件的一致性，即为局部控制。

重复、随机化和局部控制是在田间试验设计时必须要遵循的三个原则，然后采用适当的统计分析方法，就能最大限度地降低并估计试验误差，估计处理的效应，从而能从试验各处理间的比较结果中得出可靠的结论。

1.4 试验误差及控制

田间试验易受到环境条件、田间管理技术、试验仪器等因素的影响，往往会对试验结果产生影响，因此，为提高田间试验的准确性和精准性，必须仔细分析误差的来源，以便控制和降低试验误差。

1.4.1 试验误差的种类

试验误差分为系统误差和随机误差。

（1）系统误差

在一定的试验条件下，由一定的原因引起使观测值按一定规律变化的误差称为系统误差，系统误差产生的误差值大小和符号保持不变。其产生的原因是试验中可知或可掌握的某些固定的干扰因素。例如，使用不同的测高器测量林木树高时产生的差异，利用不同的方法测土壤中硝态氮产生的差异。产生系统误差的原因很多，因研究地点、人员、仪器、方法、药品等研究条件不同而异，所以观测值的系统误差可能是多种偏差的集合。

（2）随机误差

由许多无法控制的、偶然的因素引起的误差称为随机误差。例如，研究无患子最佳的灌溉量和灌溉次数时，其树高、胸径和冠幅等虽然接近但不完全相同。试验进行时，测量试验指标时不可避免产生观测误差，这样的误差就是随机误差。随机误差具有偶然性，往往难以消除，因此，在试验中要采取有效措施减少随机误差，提高试验的精确性。

1.4.2 试验误差的控制

（1）系统误差的控制

系统误差是由试验中可知或可掌握的某些固定因素引起，只要认真检查，反复核对，可以预见各种系统误差的来源。通过选择最优的测定方法、校正试验仪器、提高田间管理水平、采用适当的小区技术等措施可以减小、控制及避免系统误差的产生。

（2）随机误差的控制

由于随机误差是由许多偶然的、无法控制的因素引起，因此，在试验中随机误差只能减小，但不能消除。随机误差越小，试验的精确性越高。

1.4.3 田间试验的误差控制

田间试验受到试验材料、试验操作和田间管理技术、外界环境条件等差异的影响，其非试验因素干扰较多，因此，若要获得可靠的试验结果，必须采取以下几种措施避免或降低试验误差。

（1）选择同质一致的试验材料

试验中必须选择供试品种的基因型一致。若苗高、地径、壮弱不一致时，可对不同规格的苗木分级，栽植时将同一级别的苗木安排在同一区组，或将不同规格的苗木按比例分配到各处理中。

（2）采用标准化的栽培管理技术

在田间试验的整个过程中，整地、播种或移植、中耕、除草、施肥、灌溉、病虫害防治、测量试验指标等管理技术尽可能做到完全一致。当试验地面积过大时，所有的栽培管理技术应该以区组为单位进行。

（3）控制土壤差异对试验结果的影响

土壤差异是田间试验误差最主要、最普遍的来源，为了提高试验的精确度，降低试验误差，通常采用以下措施：

第一，精心选择试验地，试验地应该选择土壤质地和肥力均匀的地段，而且要具有代表性，以便试验成果的推广。

第二，采用适当的小区技术，利用合理的小区技术可有效减小试验误差，提高试验精度，小区技术主要包括以下几个方面：

①小区的面积：小区面积的大小与减少土壤差异的影响和提高试验的精确性有密切关系。在一定的范围内增大小区的面积，可以减少试验误差。但小区面积增大的幅度与降低试验误差的效果不呈正比，即小区面积增大到一定幅度以后，试验误差的降低就不明显了。研究性试验的小区面积一般为 6~30 m^2，示范性试验的小区面积通常不小于 300 m^2。

②小区的形状：田间试验小区形状一般为长方形和正方形。当土壤的肥力呈梯度变化时，区组的长边方向应与肥力变化方向相垂直。小区的长宽比依试验地形状、面积及小区多少、大小而定，一般以 3∶1~5∶1 为宜。

③重复次数：在田间试验中，设置的重复次数越多，试验误差越小，但是重复次数太多，误差减小很慢，精确度提高不大，而人力、物力的花费大大增加。因此，要根据试验精确度的要求和土壤差异的大小合理确定重复次数，田间试验一般设置 3~4 次重复，即每一处理的试验小区数为 3~4 个。

④设置对照：对照是用来衡量参加试验各个处理效果优劣的标准，所以在试验方案中应设置对照，对照是比较的基准，任何试验对照设置不当或不设对照，就不能显示出试验处理的效果，试验结果的应用价值往往不大。

⑤设置保护行：试验材料往往会受到人、畜践踏或损害，而且试验地四周的小区受到空旷地特殊环境的影响。因此，常常在小区试验地周围设置保护行。对于保护行中的植物，应该采取与试验地相同的品种和管理措施，必要时可从保护行中采集标本。

本单元小结

本单元主要介绍了试验设计的意义和任务、试验设计常用的专业术语、试验设计的基本原则、田间试验的误差及其控制。

田间试验设计的原则包括重复、随机、局部控制。田间试验误差控制的措施有：①选择同质一致的试验材料；②采用标准化的栽培管理技术；③控制土壤差异对试验结果的影响。控制土壤差异的小区技术主要包括以下几个方面：①小区面积；②小区形状；③重复次数；④设置对照；⑤设置保护行。

相关链接

控制试验误差就是要根据试验误差的来源采取降低试验误差的措施，而试验误差的来源主要有三个方面：第一，试验材料的差异；第二，试验操作和田间管理技术的差异；第三，外界环境条件的差异。

田间试验必须设置对照，对照也是试验方案中的一个处理，只有设置对照才能比较处理效益的高低和试验效果的好坏，根据研究目的和内容，可以选择不同形式的对照。例如，在研究修枝对林木生长的影响的试验中，对照处理是不修枝；进行杂交试验，要确定杂交优势的大小，必须以亲本为对照。

思考与练习

1. 试验设计的任务是什么？
2. 什么是试验误差？田间试验误差控制的途径有哪些？
3. 试验设计的基本原则及其作用是什么？

模块 2 常用试验的种类及设计方法

单元 2.1 常用试验的种类

知识目标

1. 了解单因素试验和多因素试验的概念；
2. 了解多因素试验的优点。

技能目标

能识别常用试验的种类。

2.1.1 按试验因素数量分类

2.1.1.1 单因素试验

在试验中，研究一个因素对试验结果的影响称为单因素试验，除该因素外，其他条件要保持一致。在科学研究中单因素试验是最常见、最简单的试验。例如，研究修枝强度对桉树生长的影响，修枝强度是唯一的控制因素，其他的栽培管理措施都保持一致。又如，为了明确花椒的需肥量，施肥量则是控制因素。

2.1.1.2 双因素试验

研究两个因素对试验结果的影响称为双因素试验，其他所有试验条件均严格控制一致。例如，研究某苗木对磷肥和氮肥的最佳需求量，将磷肥施用量设置为 3 个水平，将氮肥设置为 4 个水平，将其他条件严格控制一致，就构成一个双因素试验。

2.1.1.3 多因素试验

若在一个试验中研究两个以上试验因素对试验结果的影响，即为多因素试验。如林木生长受到诸多因素的影响，研究多因素对林木的影响有利于探究各个因素之间的主效应和交互作用，因此，多因素试验的效率往往高于单因素试验。但是试验因素及其水平数较多时，即试验处理数太多，往往试验误差不易控制，而且要花费大量的人力、物力和财力。

因此，试验研究时，应根据实际情况确定试验的因素和水平。

2.1.2 按试验内容分类

2.1.2.1 品种试验

品种试验指将不同的植物品种在相同条件下进行的试验，目的在于鉴别不同品种的优劣，从中选出适用于当地栽植的优良品种。品种试验又可分为新品种选育试验、品种比较试验和品种区域试验。

2.1.2.2 栽培试验

栽培试验指将相同的植物品种在不同栽培条件下进行的试验，目的在于研究各品种的适宜的栽培技术。例如，不同品种的播种试验、种植密度试验、施肥试验、灌溉试验等栽培试验。

2.1.2.3 品种和栽培相结合的试验

指将基因型不同的植物品种在不同栽培条件下进行的试验，目的在于选出适用于当地种植的优良品种及其配套的栽培技术。

2.1.3 按试验地点分类

2.1.3.1 单点试验

单点试验指仅在一个试验点进行的试验。例如，某优良品种的生产栽培试验，仅选择了一个试验点进行栽培。而仅作单点试验，对于品种推广种植是不够的。

2.1.3.2 多点试验

多点试验指在两个或两个以上试验地点进行相同的试验。这种试验在各地不同的自然条件下进行，有助于确定试验成果的适用范围，有利于新品种和新技术的迅速推广。

2.1.4 按试验进程分类

2.1.4.1 预备试验

预备试验指在正式试验开始之前，根据试验设计进行的探索性试验，为正式试验做好准备。通过预备试验，使试验人员熟悉操作方法和程序，熟悉和合理选择供试材料。通过对预备试验所得到的资料进行分析，还可检查试验设计的科学性、合理性和可行性，发现问题及时解决，使正式试验能顺利进行。

2.1.4.2 主要试验

主要试验指在预备试验的基础上，严格按照试验设计和试验设计要求进行的正式试验。试验的处理和重复数较多，精确性要求较高。

2.1.4.3 示范试验

示范试验又称生产试验，指对主要试验所获得的结果进行的一种推广性质的试验。示范试验应尽量接近生产条件，要能够重现主要试验的结果。示范试验的试验面积较大，试验地和材料要有代表性，处理和重复数宜少，试验正确性要高。

本单元小结

本单元主要介绍了试验的种类，包括按照试验因素的多少划分的单因素试验、双因素试验、多因素试验；按照试验内容划分的品种试验、栽培试验、品种和栽培相结合的试验；按照试验地点分为单点试验和多点试验；按照试验进程划分为预备试验、主要试验和示范试验。试验的处理数太多时试验误差不易控制，因此，试验研究时，要根据实际情况确定试验的因素和水平。

相关链接

综合性试验是将试验因素的某些水平组合构成几个水平组合，使处理数减少，试验目的是研究某些水平的综合作用，不考虑试验因素之间的主效应、简单效应和交互效应，前提是综合性试验是通过实践已经初步证实的各试验因素的优良水平搭配。

思考与练习

1. 何谓单因素试验、双因素试验、多因素试验？
2. 多因素试验的优缺点有哪些？

单元 2.2　常用试验设计方法

知识目标

1. 了解常用试验设计的优点和缺点；
2. 了解对比设计和间比设计的异同点；
3. 了解常用试验设计的应用条件。

技能目标

1. 掌握常用试验设计的设计方法；
2. 在科学研究中学会布设完全随机区组设计。

常用的田间试验设计分为顺序排列设计和随机排列设计。顺序排列设计适用于处理数较多,对精确性要求不高的试验;而随机排列设计常用于对精确度要求较高、处理数较少、需要对试验资料进行精确统计分析的试验。下面介绍几种常见的试验设计方法。

2.2.1 顺序排列设计

2.2.1.1 对比设计

对比设计常用于少数品种比较试验或示范推广试验,其设计方法是将所有的试验处理直接安排在事先设计好的小区上,每隔两个处理设置一个对照,这样使每一个处理都与旁边的对照直接比较。若有偶数个新品种比较试验时,则以新品种为开头;若有奇数个新品种比较试验时,以新品种或对照为开头均可。重复对比法排列可采用阶梯式(图2.1)、逆向式(图2.2)。

I	1	CK	2	3	CK	4	5	CK	6	7	CK	8
II	3	CK	4	5	CK	6	7	CK	8	1	CK	2
III	5	CK	6	7	CK	8	1	CK	2	3	CK	4

图 2.1　8个处理对比设计的小区排列示意图(阶梯式)
I,II,III表示重复;1,2,3,…,8表示处理;CK表示对照

I	CK	1	2	CK	3	4	CK	5	6	CK	7
II	7	CK	6	5	CK	4	3	CK	2	1	CK
III	1	CK	2	3	CK	4	5	CK	6	7	CK

图 2.2　7个处理对比设计的小区排列示意图(逆向式)
I,II,III表示重复;1,2,3,…,7表示处理;CK表示对照

对比设计的优点是相邻小区之间土壤肥力差别不大,每个处理都可与相邻的对照比较,有利于试验的布设、实施和田间观察记载;缺点是对照占用试验地的面积较多,土地利用率不高。

2.2.1.2 间比设计

在育种试验研究中,供试的品种或家系较多时不宜采用对比设计,应选用与对比设计类似的间比设计,所不同的是,间比设计每隔4~9个处理设置一个对照,每个重复区内第一个和最后一个小区一定是对照,重复间比法排列可采用阶梯式(图2.3)、逆向式(图2.4),如果一块土地上不能安排整个重复区的小区时,则可在另外一块土地上接下去,但是开始时仍要种一对照,称为额外对照。

I	CK	1	2	3	4	CK	5	6	7	8	CK	9	10	11	12	CK
II	CK	1	2	3	4	CK	5	6	7	8	CK	9	10	11	12	CK
III	CK	1	2	3	4	CK	5	6	7	8	CK	9	10	11	12	CK

图 2.3　12个处理间比设计的小区排列示意图(阶梯式)
I,II,III表示重复;1,2,3,…,12表示处理;CK表示对照

Ⅰ	CK	1	2	3	4	CK	5	6	7	8	CK	9	10	11	12	CK
Ⅱ	CK	12	11	10	9	CK	8	7	6	5	CK	4	3	2	1	CK
Ⅲ	CK	1	2	3	4	CK	5	6	7	8	CK	9	10	11	12	CK

图 2.4 12 个处理间比设计的小区排列示意图(逆向式)

Ⅰ, Ⅱ, Ⅲ 表示重复; 1, 2, 3, …, 12 表示处理; CK 表示对照

间比设计比较方便地安排了大量的处理,对照占用试验地的面积较少,适宜在处理较多时使用。

2.2.2 随机排列设计

随机排列设计就是将各处理随机排列在重复区内各个小区上。这种设计可有效地避免系统误差的产生,对试验结果进行精确的统计分析。随机排列设计方法很多,下面仅介绍完全随机化设计、随机区组设计。

2.2.2.1 完全随机化设计

完全随机化设计又称成组设计,是将各处理随机分配到各个试验单元中,每个处理的重复数可以相等也可以不相等,随机的方法可以采用抽签法或者随机数表法。假设试验共有 n 种处理,每一处理 k 个重复,则共需要 nk 个小区。例如,研究不同浓度生根粉对某种植物扦插成活率的影响,进行 5 个处理(包括施用清水对照)的盆钵试验,每个处理重复 3 次(3 盆),共需 15 盆。先将每个盆钵随机编号 1, 2, …, 15, 然后用随机数表法或抽签法得第一处理为 12、10、1; 第二处理为 2、9、11; 第三处理为 3、7、14; 第四处理为 15、4、8, 余下的 13、5、6 的三盆为第五处理。

完全随机化设计的优点是设计简单,操作方便,统计分析也比较简单; 缺点是试验易受环境条件的影响,试验的精确性较低。因此,完全随机化设计常见于温室、人工气候箱、实验室等条件下的试验,田间试验通常不采用完全随机化设计。

2.2.2.2 随机区组设计

随机区组设计也称完全随机区组设计,是科学研究中最常用、最基本的试验设计。设计方法是首先将试验地按照土壤肥力梯度垂直方向划分为若干个区组,区组数等于重复数,然后将每个区组按照处理数划分成相应的小区,再将所有处理随机分配在每个区组内的各个小区上。

这种设计方法实质上是在完全随机化设计的基础上引入局部控制的思想,允许区组之间有环境差异,而使每一个区组内部环境条件尽可能保持一致,使不同试验处理的效果突出出来。

完全随机区组设计的区组数就是该设计的重复数。当土地面积一定时,区组数要根据处理数、小区面积、株行距等因子综合考虑确定。根据统计分析的需要,为了能准确地检验处理的差异显著性,对于单因素的完全随机区组试验,不同处理数(处理组合数)对应的最少区组数(重复数)见表 2.1。

表 2.1 完全随机区组设计所需的最少重复数

处理数(处理组合数)	2	3	4	5	6	7	8	9	10
重复数	13	7	5	4	4	3	3	3	3

由表 2.1 可以看到，当处理数(处理组合数)在 4~6 个时，一般需要设置重复 4~5 次。当处理数(处理组合数)大于 7 时，最少要求重复 3 次。对于精度要求高或环境条件差异大的试验，重复数还应再多一些。

随机区组设计是应用了试验设计的重复、随机、局部控制 3 个原则。设计的优点是：①设计简单，容易掌握；②单因素、多因素和综合性试验都可以采用；③可以采用局部控制原则减小因土壤肥力造成的差异，有效降低试验误差；④对试验地要求不严，必要时，不同区组亦可分散在不同的地段上。不足之处是处理数不能太多，一般不能超过 20 个，且只能控制一个方向上的土壤差异。

下面举例分别说明单因素、双因素完全随机区组设计的试验布置。

【例 2.1】 单因素完全随机区组设计：在某试验地比较栾树播种苗生长快慢，引入编号为 1~8 的 8 个种源的种子进行播种，以编号 CK 为原有栾树作为对照，生长一年后统计苗高。已知试验地南北方向呈现土壤肥力的变化，安排完全随机区组试验。本试验只有一个试验因素即种源。把对照当作一个处理(水平)来考虑，此试验共有 9 个处理(水平)，需设置 3 次重复，即要划分 3 个区组。按照垂直于土壤肥力变化的方向(南北向)，划分为东西方向的 3 个区组，这样能够确保每个区组内部的土壤肥力条件尽量一致，而 3 个区组间有土壤肥力的差异；每个区组再划分 9 个小区，将 9 个种源随机安排到每个区组的各个小区去，再加上保护行，即为该试验的设计，如图 2.5 所示。

区组 I	2	4	CK	6	5	1	3	7	8
区组 II	7	5	6	8	CK	4	3	1	2
区组 III	1	8	2	4	3	7	5	CK	6

图 2.5　栾树种源对比试验完全随机区组设计

【例 2.2】 双因素完全随机区组设计：某油松栽培试验，同时考察家系、施肥量对苗高生长的影响。此试验中有 3 个家系、3 种施肥量，处理组合共有 9 个，也就是每个区组设置 9 个小区，分别安排 9 个处理组合，处理组合见表 2.2。

表 2.2　油松家系与施肥量处理组合

家系(因素 A)	施肥量(因素 B)		
	B_1	B_2	B_3
A_1	A_1B_1	A_1B_2	A_1B_3
A_2	A_2B_1	A_2B_2	A_2B_3
A_3	A_3B_1	A_3B_2	A_3B_3

该试验设置 3 次重复，即 3 个区组。将 9 个处理组合分别随机地落实到每个区组的 9 个小区内，再加上保护行，即为该试验的设计，如图 2.6 所示。

区组 I	A_1B_1	A_2B_2	A_1B_2	A_3B_2	A_2B_1	A_3B_1	A_1B_3	A_3B_3	A_3B_1
区组 II	A_1B_3	A_1B_2	A_3B_1	A_2B_1	A_1B_1	A_3B_3	A_2B_3	A_2B_2	A_3B_2
区组 III	A_2B_2	A_3B_2	A_1B_1	A_1B_2	A_2B_3	A_1B_3	A_2B_1	A_3B_1	A_3B_3

图 2.6　油松栽培试验完全随机区组设计

2.2.3　配对法设计

配对法设计将试验对象按照性质相同的原则，两两配对，使对子内的环境条件等差异尽量一致，对子间允许有差异，对子内的两个个体用随机的办法确定应该接受何种试验处理。配对法试验适用于只有两种处理，或者一种处理和一种对照，而且试验条件又容易控制的情况。配对法的试验设置使每一对内除了处理不同之外，其他条件保持一致，体现了局部控制的原则，提高了试验的精度。

例如，要比较杨树茎尖和带腋芽茎段两种外植体的组培诱导效果，可以将同一枝条上的茎尖和带腋芽茎段配成对子，分别接种于相同的培养基中，给予相同的培养条件，待生长 30 d 左右，调查外植体生长的效果，即可判断出枝条不同部位组培诱导无性繁殖苗的效果是否有差异。

注意，在田间进行配对法试验时，常常排为相邻的两行，每相邻的一对安排两种处理，重复时实现随机化，这样能够使得肥力、水分、光照等环境条件尽量相同。

配对法试验设计符合试验设计的三原则。由于对处理以外的条件控制性强，局部控制好，因而准确性高、误差小；同时，这种方法节省材料、效率高、分析简便易行。所以，配对法设计特别适用于要求精度高的小规模单因素试验。例如，某些生理试验、病理试验、杀虫剂试验等。其缺点是对试验材料要求比较苛刻，应用范围不广。

本单元小结

本单元主要介绍了对比设计、间比设计、完全随机设计、随机区组设计以及配对法设计的设计方法、优缺点、应用条件。在对比设计中，如果有偶数个处理，则以处理为开头；如果有奇数个处理，则以处理或对照为开头。间比设计各重复区的第一个和最后一个小区一定是对照。完全随机设计是将各处理随机分配到各个试验单元中，每个处理的重复数可以相等也可以不相等，随机的方法可以采用抽签法或者随机数表法。随机区组设计的设计方法是首先将试验地按照土壤肥力梯度垂直方向划分为若干个区组，区组数等于重复数，然后将每个区组按照处理数划分成相应的小区，再将所有处理随机分配在每个区组内的各个小区上。配对法设计将试验对象先两两配对，使对子内的环境条件等差异尽量一致，对子内的两个个体用随机的办法确定试验处理的方法。

相关链接

顺序排列设计包括对比设计和间比设计。随机排列设计包括完全随机设计、随机区组设计、拉丁方设计、裂区设计等。随机区组试验设计只能控制一个方向上的土壤差异，而拉丁方设计每一个横行和每一个直列都形成一个区组，具有双向局部控制功能，可以从两个方向上消除试验环境条件的影响，试验的精确性比随机区组设计高（有关拉丁方设计、裂区设计的内容本书不做介绍）。

思考与练习

1. 对比设计和间比设计有何异同？

2. 简述单因素完全随机设计、随机区组设计的步骤，各自的优缺点及应用条件。

3. 5个毛白杨品种A、B、C、D、E(其中E为对照)进行比较试验，试验重复4次，采用完全随机区组设计，写出设计过程并绘制田间排列图。

实训2.1　对比设计和间比设计

一、实训目的

能进行对比试验设计和间比试验设计。

二、实训资料

1. 一个黄河中下游的毛白杨品种试验，供试品种10个，采用3次重复的对比设计，并绘制试验布设图。

2. 研究不同种源的侧柏抗寒性试验，有不同种源的侧柏20个，采用4次重复的间比设计，并绘制田间试验布设图。

三、实训内容

1. 利用对比设计的设计方法对实训资料1进行设计。

2. 利用间比设计的设计方法对实训资料2进行设计。

四、实训作业

将田间试验设计图整理到报告纸上。

实训2.2　完全随机设计和完全随机区组设计

一、实训目的

1. 掌握完全随机设计。

2. 能根据完全随机区组设计的设计方法会单因素试验设计和双因素试验设计。

二、实训资料

1. 3种不同的生长素，各一个剂量，测定对油松苗高的效应，包括对照(用水)在内，共4个处理；若用盆栽试验每盆油松为一个单元，每个处理用4盆(即4次重复)，共16盆，用完全随机化设计进行试验。

2. 研究不同修枝强度对杉木生长的影响，设置重度修枝、中度修枝、轻度修枝3个水平，采用4次重复的完全随机区组设计，现有杉木林地面积为1 hm^2，试画出修枝试验图(试验地呈南北向肥力梯度)。

3. 磷肥和氮肥对苗木生长具有重要作用，为研究某苗木对这两种肥料的最佳需求量，将磷肥施用量设置为3个水平，将氮肥设置为4个水平。请用完全随机区组进行试验设计，重复4次(即4个区组)。

三、实训内容

1. 利用完全随机化设计的设计方法对实训资料1进行设计。

2. 利用完全随机区组设计的设计方法对实训资料2和实训资料3进行设计。

四、实训作业

简要说明设计方法，并将田间试验设计图整理到报告纸上。

模块 3　统计资料的整理与分析

单元 3.1　数据的整理与分析

知识目标

1. 掌握总体与样本、参数与统计量、变量与数据的概念；
2. 掌握变量与数据的类型；
3. 掌握不同类型的数据的分析方法。

技能目标

1. 能对分类数据进行频数分布表和分布图的编制；
2. 能对数值型数据进行分组，能对分组数据进行频数分布表和分布图的编制。

3.1.1　基础知识

3.1.1.1　总体与样本

（1）总体

总体又称母体，是一个统计问题所研究对象的全体，即研究对象所包含的全部个体（数据）组成的集合。组成总体的每一个元素（单元）称为总体单元或个体。总体所包含的单元数称为总体容量，常用字母 N 表示。

总体可分为有限总体和无限总体。有限总体包含的个体为有限个，可以一一数出，如某林地林木株数。无限总体指所包含的个体为无限多个，无法一一数出，如一条生产线上生产出来的零件，是无限总体，这里总体可以是过去生产的、现在生产的，乃至将来生产的所有零件的数量，事实上是无法了解的。

（2）样本

在研究总体特征时，因为总体的无限性或测量方法具有破坏性，不允许对总体中的每一个个体一一进行度量，而采用抽样的方法，从总体中按照一定的原则抽取一定数量的个体进行研究，这部分个体称为样本。例如，要了解某果园的苹果的单果重，可以随机抽出若干个果实进行调查,这若干个果实组成的群体就是样本。组成样本的各个个体称为样本单元,样本所包含的单元数称为样本容量,也称为样本含量,用字母 n 表示。一般 $n<30$ 的称为小样本,$n \geqslant 30$ 的称为大样本。

3.1.1.2 参数与统计量

(1)特征数

同一总体的各个个体间在性状或特性表现上有差异,因而总体内个体间呈现不同或者说变异。例如,在栽培条件相对一致的试验地,种植同一品种的鸡爪槭,由于受到许多偶然因素的影响,它们的植株高度不会完全一致。可以抽出 100 株鸡爪槭测量其植株的高度,进而可以计算这 100 株的平均株高。每一个体的某一性状或特性的测定数值称为观测值(也称为观察值),可用 $x_1, x_2, \cdots, x_n$ 表示。由观测值算得的说明总体或样本特征的数值称为特征数,如平均数、标准差、方差等。

(2)参数与统计量

由总体的全部观测值计算得到的总体特征数称为参数。参数是恒定不变的常量,常用希腊字母表示,如总体平均数 μ、总体标准差 σ。参数是反映事物总体规律性的数值,但常常是未知的,科学研究的目的,就在于获得对总体参数的了解。但在实际试验和科学研究的过程中,由于总体所包含的个体太多,取得总体的全部观测值过于麻烦,而常常用样本观测值来代表总体的观测值。由样本观测值计算得到的样本特征数称为统计量。统计量是样本的已知函数,样本不同则统计量的数值不同,统计量的作用是把样本中有关总体的信息汇集起来,可作为总体参数的估计值,常用小写拉丁字母表示。例如,用 $\bar{x}$ 表示样本平均数,用 s 表示样本标准差。

3.1.1.3 变量与数据

(1)变量与变量的类型

①变量:是指具有变异性的性状或特征,是运用统计方法所分析的对象。例如,人的性别、身高、体重等分别是反映"人"的特征的指标;又如,胸径、树高、材积等反映"树"的特征的指标,它们都是变量。

②变量的类型:统计上常把变量分为分类变量和数值型变量两类。数值型变量根据其取值的不同,又可分为离散型变量和连续型变量。

③分类变量:也称为定性变量,其取值只能按类别分开。例如,人的性别这个变量,其取值为"男性"或"女性";某地的土壤种类有红壤、黄壤、棕壤 3 种,针对土壤种类这个变量,其取值只能为"红壤""黄壤"和"棕壤"。像这样变量的取值不能是具体的数值,而只能由不同类别代替的变量就是分类变量。

④数值型变量:也称为定量变量,其取值可用具体的数值来表示。例如,人的"身高""体重"、某公司各月的"销售额""费用""净利润"等都是数值型变量,这些变量可以取不同的数值。数值型变量根据其取值的不同,又可分为离散型变量和连续型变量。离散型变量只能取有限个值,而且其取值只能是整数。例如,某校各班级的"学生人数"、单位面积内的"林木株数""昆虫数量"等就是离散型变量。连续型变量是可以在一个区间内取任何

值的变量,它的取值是连续不断的,精度取决于测量设备。如"距离""树高""直径"等都是连续型变量。

(2)数据与数据的类型

对某一性状或特征进行观测所得的数值就是观测值(变量的具体取值),即数据。例如,测定了30株树的树高,则得到30个数值,即30个观测值。

变量与数据密切相关,变量不同,其数据也不一样。据此,可将数据分为分类数据(定性数据、质量性状资料)和数值型数据(定量数据、数量性状资料)。数值型数据又分为离散型数据和连续型数据。

①分类数据(定性数据):它是对事物进行分类的结果,其值只能归于某一类别的非数值型数据。例如,人按性别分为"男性""女性"两类;某地的土壤种类只能归于"红壤""黄壤""棕壤"三类,这些均属于分类数据。为便于统计处理,分类数据可以用数字代码来表示各个类别,例如,用1表示"男性",0表示"女性";用1表示"红壤",2表示"黄壤",3表示"棕壤",等等。

②数值型数据:是按数字尺度测量的观测值,其结果表现为具体的数值。实际工作中所处理的大多为数值型数据。例如,面积、长度、高度、质量、产量、硬度、养分含量等数据均为数值型数据中的连续型数据。又如,一株植株的花朵数、叶片数、病斑数、成活株数等,其取值只能取整数,相邻数值间不能带小数点,这类数据为离散型数据。

3.1.2 数据的整理与分析

3.1.2.1 统计表

数据的整理离不开统计表。科学的统计表可以提高调查统计工作的效率,准确、简明地说明试验的结果。常用的统计表大致可分为3类:第一类是调查记载表,用于记载原始数据,即按照调查项目逐个记载观测值。第二类是整理计算表,用于整理观测值和计算统计量,如频数分布表。第三类是汇总分析表,用于各项试验资料进行归纳、检验分析和比较,以说明试验研究的结论。

一张完整的统计表包括表题、表头、表身和注释四部分。一是表题。表题要简明概要,写在表的上方。若转引他人试验材料时,应在表题下用括号标明作者、年份和地点。计量单位可根据需要在表的右上角或表头栏目中分别标出。二是表头。包括纵表头和横表头;纵表头分列试验处理或研究性状,横表头分列处理效果或性状表现的各种指标。三是表身。表身指除表头以外的各行、各列,用于填写各类数据。注意数据的小数点位数应一致,表身不应有空格,如缺失数据,应在相应格内画一横线。四是注释。表内加注的常见形式,是在表的右端或下方设"备注"栏。表外加注释时用[注]或符号"*"标在表题最后一字的右上角(表示对表身的内容加注)或栏目名称的右上角"表示对该栏目内容加注",然后在表的封底线下方标出[注]或*,并写明注释文字。

3.1.2.2 统计图

试验资料除用统计表表示外,还可以用统计图表示。统计图可以直观、形象地显示资料的数量特征。常用的统计图有：柱状图、折线图、条形图、饼图等。分类数据一般用柱状图、折线图或饼图表示，数值型数据可用柱状图、条形图、折线图表示。柱状图能够显示数据的分布情况；条形统计图能清楚地表示出每个项目的具体数目；折线统计图能清楚地反映事物的变化情况；饼图能清楚地表示出各部分在总体中所占的百分比。

（1）柱状图

如图3.1所示，绘制要点：第一，横轴为分类轴，纵轴为各组的次数，柱的高度表示次数的多少。第二，图形的横宽与纵高之比以5∶4或6∶5为宜。

（2）饼图

如图3.2所示，绘制要点：第一，将各项数据换算为百分率。第二，将百分率换算为圆心角。第三，以大小不同的圆心角表示不同大小的百分率。

（3）折线图

如图3.3所示，折线图主要用于数值型数据。绘制要点：横轴表示组中值，纵轴表示各组的次数，连接各坐标点即成。

（4）条形图

如图3.4所示，条形图可横置也可纵置，纵置时也称为柱状图。由宽度相同的条，其条的长短（横置）或高度（纵置）表示数据的多少。绘制要点同柱状图。

（5）散点图

散点图是回归分析中常用的图，如图3.5所示，表示因变量随自变量而变化的大致趋势。绘制要点：横轴表示自变量，纵轴表示因变量，描出散点。

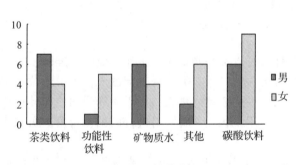

图3.1 柱状图

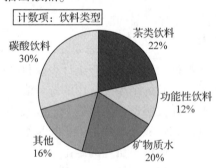

图3.2 饼图

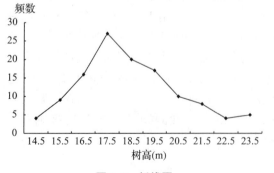

图3.3 折线图

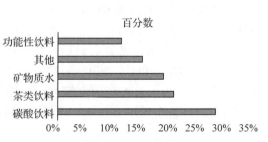

图3.4 条形图

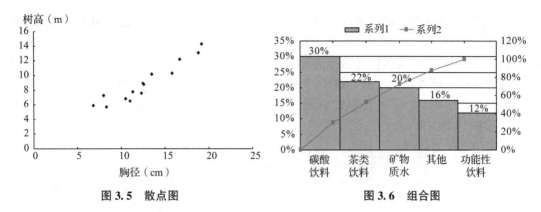

图 3.5　散点图

图 3.6　组合图

此外，多个指标在作图时可采用组合图，如柱状图和折线图的组合。如图 3.6 所示，组合图中同一个分类项里有 2 种数据，可以通过添加次坐标轴的方式体现，这样可以更清晰直观地显示。

3.1.3　利用 Excel 进行数据的整理与分析

3.1.3.1　分类数据的整理与分析

下面主要介绍频数分布表的编制和频数分布图的绘制。

频数分布表是分类数据的汇总表，频数是落在某一特定类别或组中的数据个数，把各个类别及落在各组中的相应频数全部列出，并以表格的形式表现出来，即为频数分布表。

【例 3.1】　为了研究年轻人对不同饮料的偏好情况，在市场上随机对 50 名行人进行调查，原始调查数据录入 Excel 中，如图 3.7 所示。

	A	B
1	顾客性别	饮料类型
2	女	碳酸饮料
3	男	茶类饮料
4	男	矿物质水
5	女	矿物质水
6	男	碳酸饮料
7	男	矿物质水
8	女	碳酸饮料
9	女	茶类饮料
10	男	功能性饮料
11	男	碳酸饮料
12	女	矿物质水
13	女	其他
14	男	碳酸饮料
15	男	茶类饮料
16	男	碳酸饮料
17	女	其他
18	男	矿物质水
19	男	茶类饮料
20	男	茶类饮料
21	女	功能性饮料
22	男	矿物质水
23	男	茶类饮料
24	女	矿物质水
25	女	其他
26	女	功能性饮料
27	女	茶类饮料
28	女	矿物质水
29	男	碳酸饮料
30	女	其他
31	男	茶类饮料
32	女	碳酸饮料
33	女	碳酸饮料
34	男	矿物质水
35	女	功能性饮料
36	男	茶类饮料
37	女	碳酸饮料
38	女	功能性饮料
39	男	碳酸饮料
40	女	其他
41	女	茶类饮料
42	女	其他
43	女	碳酸饮料
44	女	碳酸饮料
45	男	其他
46	女	功能性饮料
47	女	碳酸饮料
48	女	茶类饮料
49	男	矿物质水
50	男	其他
51	女	碳酸饮料
52		

图 3.7　年轻人性别及偏好的饮料类型调查数据

利用 Excel 生成分类数据频数分布表，最常用的方法是使用数据透视表进行计数和汇总。具体方法：

在菜单栏中选择【数据】→【数据透视表】，出现【创建数据透视表】的窗口，选择数据所在区域及数据透视表的存放位置，点击【确定】，然后依次将“饮料类型”拖至左边的“行”区域，将“顾客性别”拖至“列”区域，将“饮料类型”拖至“值”区域，即可生成分类数据频数分布表(图 3.8)。

2				
3	计数项:饮料类型	顾客性别		
4	饮料类型	男	女	总计
5	茶类饮料	7	4	11
6	功能性饮料	1	5	6
7	矿物质水	6	4	10
8	其他	2	6	8
9	碳酸饮料	6	9	15
10	总计	22	28	50

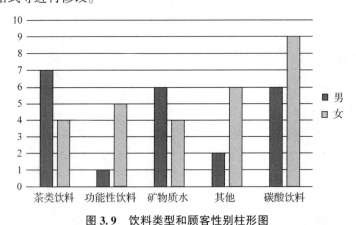

图 3.8　不同饮料类型和顾客性别频数分布表

图 3.8 中的“行变量”是“饮料类型”，“列变量”是“性别”(行和列可以互换，也可以生成只含一个变量的频数分布表)，这种由两个或两个以上变量交叉分类的频数分布表也称为列联表。二维的列联表(两个变量交叉分类)也称为交叉表。

频数分布表生成后可将其进一步生成频数分布图。方法：选择【插入】菜单，选择“全部图表”中的“柱状图”，点击【插入】按钮，即生成了柱状图，如图 3.9 所示。图形生成后，图中各部分的可通过选中，点击鼠标右键，对图表的类型、图表区域格式、数据序列格式、坐标轴格式等进行修改。

图 3.9　饮料类型和顾客性别柱形图

3.1.3.2　数值型数据的整理与分析

数值型数据也称为定量数据，前面介绍的分类数据的整理方法也适用于数值型数据。但数值型数据还有一些特定的整理方法，它们并不适用于分类数据。

(1)频数分布表

根据统计研究的需要，将原始数据按照某种标准分成不同的组别，分组后的数据称为分组数据。数据分组的主要目的是观察数据的分布特征。数据经分组后再统计出各组中数据出现的频数,即形成一张频数分布表。

数据分组通常采用组距分组,它是将全部变量值依次分为若干个区间,并将不相交的区间的变量值分为一组。在组距分组中,一个组的最小值称为下限,一个组的最大值称为上限。

下面结合具体的例子说明分组的方法和频数分布表的编制过程。

【例 3.2】 某块林地上随机抽取 60 株林木,测得每株树的树高见表 3.1(单位:m),请编制频数分布表并绘制频数分布图。

表 3.1 树高测定数据表

21.5	26.3	24.2	23.1	17.4	19.8	23.6	28.3	21.9	22.4
24.4	22.5	23.6	24.7	26.5	20.8	17.6	18.2	25.5	26.1
20.3	19.8	18.7	17.9	22.9	22.8	21.6	25.1	24.2	22.6
23.0	22.7	22.8	22.5	21.8	24.5	25.4	27.3	27.6	24.7
25.6	24.7	25.4	24.4	23.7	24.8	24.5	24.0	24.2	24.3
25.1	25.9	25.4	24.8	24.0	24.5	24.2	24.7	24.6	24.4

解:①数据录入:在 Excel 中,把 60 株树的树高资料输入,建立数据表格,如图 3.10 所示:

	A	B	C	D	E	F	G	H	I	J
1	21.5	26.3	24.2	23.1	17.4	19.8	23.6	28.3	21.9	22.4
2	24.4	22.5	23.6	24.7	26.5	20.8	17.6	18.2	25.5	26.1
3	20.3	19.8	18.7	17.9	22.9	22.8	21.6	25.1	24.2	22.6
4	23.0	22.7	22.8	22.5	21.8	24.5	25.4	27.3	27.6	24.7
5	25.6	24.7	25.4	24.4	23.7	24.8	24.5	24.0	24.2	24.3
6	25.1	25.9	25.4	24.8	24.0	24.5	24.2	24.7	24.6	24.4

图 3.10 树高录入数据图

②确定组数:组数的确定应以能够显示数据的分布特征和规律为目的。一般情况下,一组数据所分的组数不应少于 5 组且不多于 15 组,即 $5 \leq K \leq 15$。实际应用中,可根据数据的多少和特点及分析的要求来确定组数。当数据 30~60 个时,可分 5~8 组;60~100 个时,分 8~10 组;100~200 个时,分 10~12 组;200 以上时分 15 组。本例样本数据 60 个,考虑分 7 个组。

③确定组距:组距是一个组的上限与下限之差。组距由全部数据的最大值、最小值和所分的组数确定。即组距=极差/组数,极差=最大值-最小值。

最大值:选中空白单元格,输入公式"=max()","()"内为用于计算的数据范围,可用鼠标选中范围"A1:J6",即公式为"=max(A1:J6)",然后按回车,最大值的结果便输出来。

最小值:选中输出最小值的单元格,输入函数"=min()",用鼠标选中范围"A1:J6"后,按回车。

极差:选中输出极差的单元格,输入"=",用鼠标选中"最大值",按"-"号,再用鼠标点击"最小值"后,回车即计算出极差。

组距:选中单元格,按公式要求,先点击"极差",按"/"键,再点击"组数"后回车。如

组数	7
最大值	28.3
最小值	17.4
极差	10.9
组距	1.557142857
组距取整	2

图 3.11 组距计算结果

图 3.11 所示，计算的组距为 1.557142857，为便于解释和阅读，组距宜选择一个整数，即定为 2。

④确定组限和组中值：组限即一组数据的范围，包括上限和下限；组中值=(上限+下限)/2。在组距分组中，通常用组中值作为该组数据的代表值。

⑤数据归组并作频数分布表：数据归组，即把原始数据归类到各个组别中的过程。组距分组以及数据归组时，需要遵循"不重不漏"的原则。不重是指一个数据只能分在其中的某一组，不能在其他组中重复出现；不漏是指组别能够穷尽，即在所分的全部组别中每个数据都能分在其中的某一组，不能遗漏。为了解决不重的问题，统计分组时习惯上规定"上组限不在内"（上限排外法），即当相邻两组的上下限重叠时，恰好等于某一组上限的变量值不算在本组内，而算在下一组内，如 18 这一数值，它是"16~18"这一组的上限，是"18~20"这一组的下限，所以应归为"18~20"这一组中。此外，还应注意第一组必须包含所有数据的最小值，最后一组必须包含所有数据的最大值。

在 Excel 中，有两种方法编制频数分布表，其一是利用"数据分析"中的"直方图"，方法是：

首先，在表格的空白区域，录入分组及各组的组中值，然后确定各组的【接收区域】上限值，在 Excel 制作频频数分布表时，每一组的频数不包含该组的上限值，即 $a \leqslant x < b$，因此，在【接收区域】中输入的数据应为 17.9，19.9，…，27.9，29.9，如图 3.12 所示。

其次，在 Excel 菜单栏中，选择"数据→数据分析→直方图"（若未出现"数据分析"选项，需要先运行"加载宏"进行添加），出现图 3.13 的对话框。

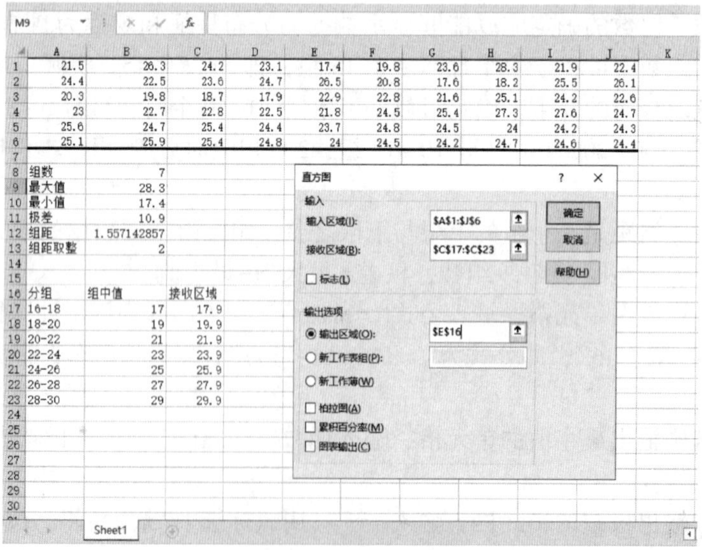

分组	组中值	接收区域
16-18	17	17.9
18-20	19	19.9
20-22	21	21.9
22-24	23	23.9
24-26	25	25.9
26-28	27	27.9
28-30	29	29.9

图 3.12 分组、组中值及接收区域

图 3.13 直方图对话框

在直方图对话框中，【输入区域】内，用鼠标选取数据区域，【接收区域】中选取接收区域数据的范围，若数据的首行有非数据的字符，在【标志】前的方框内进行勾选。输出选项里的【输出区域】是指结果在当前工作表中指定的位置显示；【新工作表组】选项是结果输出到当前工作簿中，但以新的工作表形式插入；【新工作簿】是结果在新的工作簿中输出。其输出结果如图 3.14 所示。把该结果进行简单的整理和修饰得频数分布表如图 3.15 所示。

接收	频率
17.9	3
19.9	4
21.9	6
23.9	13
25.9	28
27.9	5
29.9	1
其他	0

图 3.14　频数输出结果

树高频数分布表

组限	组中值	频数
16—18	17.0	3
18—20	19.0	4
20—22	21.0	6
22—24	23.0	13
24—26	25.0	28
26—28	27.0	5
28—30	29.0	1

图 3.15　频数分布表

另一种制作频数分布表的方法是利用 FREQUENCY 函数，具体方法是：

在 C17：C23 单元格中输入接收区域数据"17.9，19.9，…，27.9，29.9"，选中频数的输出范围"D17：D23"；点击编辑栏前的"fx"（插入函数按钮），弹出插入函数对话框，如图 3.16 所示。

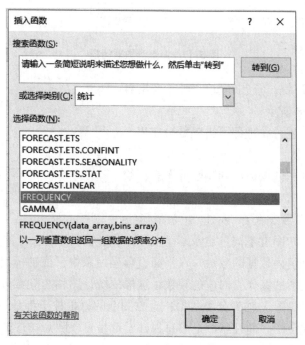

图 3.16　插入函数对话框

在统计函数中，找到"FREQUENCY"函数，按"确定"后，出现如图 3.17 对话框：在"Data_arry"中，输入或选中用于计算频数的范围；在"Bins_arry"中，选中接收区域数据的范围。

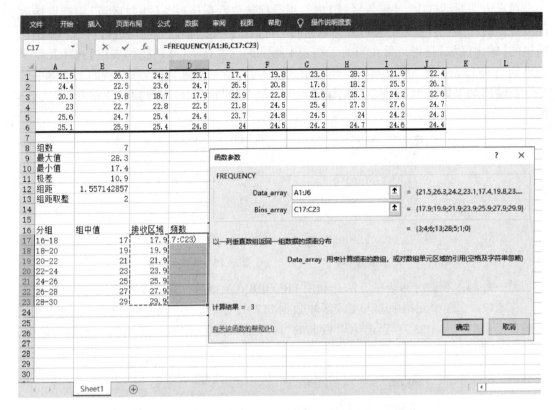

图 3.17 函数参数对话框

按住"Ctrl+Shift"键，点击确定，则计算出各组的频数。如图 3.18 所示。

对上图中的表格进行整理即可得频数分布表。

（2）直方图的编制

仍以例 3.2 为例，依据树高的频数分布表，绘制频数分布直方图。

分组	组中值	接收区域	频数
16-18	17	17.9	3
18-20	19	19.9	4
20-22	21	21.9	6
22-24	23	23.9	13
24-26	25	25.9	28
26-28	27	27.9	5
28-30	29	29.9	1

图 3.18 频数分布表

直方图是数值型数据的条形图（直立条形），类似柱状图，但与柱状图有不同的含义，直方图涉及统计学概念，首先要对数据进行分组，然后统计每个分组内数据的数量。在平面直角坐标系中，横轴标出每个组的端点，纵轴表示频数，每个矩形的高代表对应的频数，这样的统计图称为频数分布直方图。直方图 X 轴为定量数据，柱状图 X 轴为分类数据；直方图上的每根柱子都是不可移动的，X 轴上的区间是连续的、固定的。而柱状图上的每根柱子都是可以随意排序的，有的情况下需要按照分类数据的名称排列，有的则需要按照数值的大小排列。直方图柱子无间隔，柱状图柱子有间隔。柱状图柱子的宽度没有数值含义，所以宽度必须一致。但是在直方图中，柱子的宽度代表了区间的长度，根据区间的不同，柱子的宽度可以不同，但理论上应为单位长度的倍数。

其绘制方法如下：

①选中"频数"一列的数据，点击【插入】，选择图表中的"柱状图"，便插入一张柱状图。然后，选中该图，点击右键，选择【选择数据】，在弹出的窗口中点击【水平分类轴】下面的【编辑】，弹出"轴标签"对话框，在【轴标签区域】选择【组中值】所在的数据区域，点击【确定】，回到"选择数据源"窗口，此时，分类轴标签已变为组中值，如图 3.19 所示，点击确定，生成图 3.20 的直方图。

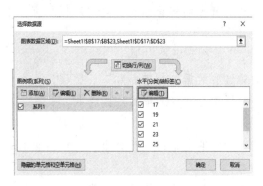

图 3.19　分类轴标签的设置

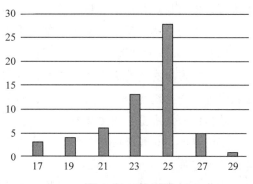

图 3.20　直方图

②用鼠标选中图中的柱状条，可单独每条选中，也可全部选中，点击右键，可设置柱状条的颜色或不同的填充效果等。选中柱状条，点击右键，选择"设置数据系列格式"，可设置间隙宽度为"0"，点击确定，便可输出如图 3.21 所示的直方图。

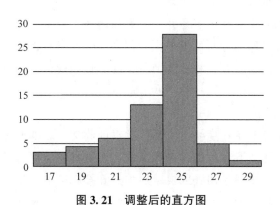

图 3.21　调整后的直方图

本单元小结

本单元主要介绍了数据的整理与分析的基本术语：包括总体与样本、参数与统计量、变量与数据。数据的整理与分析部分主要就分类数据和数值型数据的整理与分析的方法进行了介绍。分类数据的整理方法主要有频数表(汇总表)、柱状图、条形图、饼图等。数值型数据的整理方法主要涉及数值型数据的分组、频数分布表的编制以及直方图的绘制。

相关链接

1. 数据的收集

所有的统计数据追踪其初始来源,都是来自于调查或实验。但是,从使用者的角度来看,统计数据主要来自两条渠道:一个是数据的间接来源,即数据是由别人通过调查或实验的方式收集的,使用者只是找到它们并加以使用,对于间接来源的数据又称为第二手来源或第二手数据。另一个是数据的使用者通过自己的调查或实验活动,直接获得数据,来源是第一手的,称为第一手来源或第一手数据。

(1) 数据的间接来源

与研究内容有关的数据已经存在,我们只是对这些数据进行重新加工、整理,使之成为我们可以进行统计分析使用的数据,则将这些数据称为间接来源的数据或第二手数据。

数据的间接来源渠道主要有:

①统计部门和各级政府部门公布的有关资料,如定期发布的统计公报、定期出版的各类统计年鉴等;

②各类经济信息中心、咨询机构、专业调查机构、行业协会等提供的数据;

③各类专业期刊、报纸、图书等所提供的文献资料;

④各种专业性的会议、学术研讨会上交流的有关资料;

⑤从互联网上查阅到的相关资料;

⑥单位或机构内部的各类报表、记录等。

二手资料的收集相对来说比较容易,收集数据的成本较低,并且能够很快得到,二手资料的使用也非常广泛,除了分析所要研究的问题,这些资料也可以为资料使用者提供研究问题的背景,更好地定义问题,检验和回答某些假设和疑问,寻找到研究问题的思路和途径。

(2) 数据的直接来源

二手资料的收集虽然具备速度快、方便、数据的收集成本低廉等优点,但是一般情况下,对于特定的研究问题或具体的工作任务而言,不一定能够完全满足需要,所以仅仅依靠二手资料是不够的,需要通过调查或实验的方法直接获得第一手资料。把通过调查方法获得的数据称为调查数据,通过实验方法得到的数据称为实验数据。

①调查数据:调查或观测通常是针对社会现象、自然现象而言。例如,调查某林分的生长状况指标和森林的立地条件,分析森林的生长情况、制定合理的森林经营措施。如果调查对象是针对总体中的每一个个体进行,这样的调查称为普查。但当总体较大时,没有必要也不可能对总体中的每一个个体进行调查,可以从总体中抽取一部分个体组成样本,再对每一个样本单元进行调查,这样的调查称为抽样调查。

常见的抽样调查方法有:

简单随机抽样是从含有 N 个单元的总体中,随机等概地抽取 n 个单元组成样本,并用以对总体作出估计的方法。简单随机抽样中,总体中每个单元被抽中的机会(概率)是相等的。采用简单随机抽样时，如果抽取一个个体(单元)记录下数据后，再把这个个体(单元)放回原来的总体中参加下一次抽选，称为重复抽样(有放回的抽样)；如果抽中的个体(单元)不再放回，再从所剩下的个体(单元)中抽取第二个样本单元，直到抽取 n 个单元为止，这样的抽样方法称为不重复抽样。

分层抽样是总体由 N 个单元组成，抽样之前先将总体划分为若干层(类)，然后从各个层中随机抽取一定数量的单元组成一个样本，再根据样本数据对总体进行推断的估计方法称为分层抽样(分层随机抽样)，也称为分类抽样。

系统抽样也称为机械抽样。先将总体中的所有单元(个体)按一定顺序排列，在规定的范围内随机地抽取一个单元作为起始单元，然后按事先规定好的规则确定其他样本单元，这种抽样方法称为系统抽样。

②实验数据：收集数据的另一类方法是通过实验，在实验中控制一个或多个变量，在有控制的条件下得到观测结果。所以，实验数据是指在实验中控制实验对象而收集到的变量的数据。

2. 数据的预处理

数据的预处理是在对数据进行分类或分组之前所做的各种必要处理。预处理内容包括数据的审核、筛选和排序。

(1) 数据审核

数据审核就是检查数据中是否有错误。数据的来源不同，数据审核的重点也不相同。如果数据为第一手来源的原始数据，主要从完整性和准确性两个方面加以审核。完整性审核主要是检查应调查的单位或个体是否有遗漏，所调查的项目是否齐全、是否有缺漏项等；准确性审核主要是检查数据是否有错误，是否出现异常值等。

对于二手数据的审核，主要审核数据的适用性和时效性。由于二手数据取得的途径不同，作为使用者，首先应弄清楚数据的来源、数据的口径以及有关的背景材料，以便确定这些数据是否符合分析研究的需要，避免盲目使用；对于时效性较强的问题，如果所取得的数据过于滞后，也会失去研究的意义。

(2) 数据筛选

数据筛选是根据需要找出符合特定条件的某类数据。如找出每公顷蓄积量 120 m^3 以上的林分、公司营业额在 500 万元以上的企业等。数据筛选可借助计算机自动完成。

(3) 数据排序

数据排序是指按一定顺序将数据进行排列，研究者通过浏览经过排列的数据，便于发现一些明显的特征或数据的趋势，找到解决问题的线索。此外，排序还有助于对数据检查纠错，以便为重新归类或分组等提供方便。

数据经过预处理后，可根据需要进一步做分类或分组。在对数据进行整理时，首先要面对的是什么类型的数据，因为数据的类型不同，所采取的处理方式和所适用的处理方法是不同的。

思考与练习

1. 经调查,某森林类型内,松树的树高观测结果见表3.2(单位:m),试对树高的观测数据进行分组,编制频数分布表,绘制直方图。

表3.2 某森林类型松树树高的测量结果

23.4	15.9	18.7	15.5	17.2	18.3	18.2	17.7	16.3	15.8
14.3	19.8	14.1	16.7	19.4	22.5	17.7	18.9	19.6	20.3
18.7	16.0	21.4	16.8	17.3	17.8	18.4	20.9	17.6	18.8
16.1	15.2	14.9	21.1	19.6	23.4	18.5	18.9	19.6	20.6
15.0	16.1	17.8	16.8	17.4	15.3	18.6	19.0	16.0	17.1
22.8	16.2	22.3	17.0	16.5	17.9	18.6	17.5	19.7	20.8
15.3	16.3	21.8	18.0	17.5	14.4	17.8	19.1	19.7	19.2
16.6	19.6	17.9	17.1	23.3	17.9	18.7	17.3	17.4	21.0
15.4	16.4	21.5	23.3	17.5	18.7	23.7	19.4	19.8	16.8
17.4	22.6	18.0	17.2	19.0	17.2	18.7	18.9	20.0	21.1
15.6	16.5	17.5	21.0	20.7	18.1	20.5	19.5	20.1	17.2
20.3	16.5	19.6	17.2	17.6	18.2	18.8	19.5	20.2	21.3

2. 100个小区水稻产量的资料见表3.3(小区面积1 m², 单位10 g),试根据所给资料编制频数分布表。

3. 对同一种植物的30个不同品种的植株的成熟叶的叶形做调查,结果见表3.4,试根据所给资料编制频数分布表,绘制频数分布图。

表3.3 100个小区水稻产量的资料

37	36	39	36	34	35	33	32	38	34
46	25	39	33	41	33	32	34	36	34
38	28	42	33	39	39	30	35	34	35
38	34	33	35	41	31	34	34	35	33
39	35	36	34	36	35	37	35	39	32
35	37	36	28	35	35	36	36	39	34
35	37	38	30	26	36	37	29	36	38
33	32	34	33	34	37	35	33	38	34
35	36	35	35	35	34	33	32	33	32
36	35	38	36	31	33	33	30	34	34

表 3.4 某植物 30 个品种的成熟叶叶形调查表

品种编号	叶形	品种编号	叶形
1	椭圆形	16	椭圆形
2	椭圆形	17	椭圆形
3	椭圆形	18	椭圆形
4	卵形	19	卵形
5	卵形	20	卵形
6	椭圆形	21	卵形
7	椭圆形	22	椭圆形
8	椭圆形	23	椭圆形
9	椭圆形	24	椭圆形
10	矩圆形	25	椭圆形
11	椭圆形	26	椭圆形
12	卵形	27	椭圆形
13	椭圆形	28	矩圆形
14	卵形	29	卵形
15	卵形	30	椭圆形

单元 3.2 数据的概况性度量

知识目标

1. 掌握数据集中趋势、离散程度的各度量指标的概念；
2. 掌握平均数、众数、中位数、极差、方差、标准差、变异系数的计算方法。

技能目标

1. 能借助于计算器对数据的集中趋势和离散程度的各度量指标进行计算；
2. 能利用 Excel 对数据的集中趋势和离散程度的各度量指标进行计算。

在统计分析中，根据数据资料编制频数分布表或绘制频数分布图，可以直观了解其分布的规律，如变异幅度、集中位置、分布对称性等情况，因此，它可以直观描述数据资料的全貌。但在统计分析中，还需要了解数据资料集中趋势和变异程度的具体数值，这就需要用表征数据资料的集中趋势和变异程度的一些统计指标，称为统计特征数。

3.2.1 数据集中趋势的度量

集中趋势是指一组数据向某一中心值靠拢的程度，它反映了一组数据中心点的位置所在。主要有平均数、中位数和众数。

3.2.1.1 平均数

平均数也称为均值。平均数在统计学中具有重要的地位,是集中趋势的主要测度值,它主要适用于数值型数据,而不适用于分类数据。根据数据的不同,平均数的计算有不同的公式。

(1)算术平均数

也称为简单平均数,它是一组数据相加后除以数据的个数得到的结果。是根据未经分组数据计算的平均数,即所有的数据有同一权重,均值是数据的"平衡点"。

设一组样本数据为 x_1, x_2, …, x_n;样本量(样本数据的个数)为 n,则算术平均数为 $\bar{x}$,计算公式为:

$$\bar{x} = \frac{x_1 + x_2 + \cdots + x_n}{n} = \frac{\sum_{i=1}^{n} x_i}{n} \tag{3-1}$$

注意:样本平均数一般用 $\bar{x}$ 表示,总体平均数一般用 μ 表示,$\mu = \dfrac{\sum_{i=1}^{N} x_i}{N}$。

【例3.3】 调查了5株树的树高,分别为5.9、5.7、6.2、7.8、6.8(单位:m),请计算5株树的平均树高。

$$\bar{x} = \frac{5.9+5.7+6.2+7.8+6.8}{5} = 6.48(\text{m})$$

(2)加权平均数

根据分组数据计算的平均数称为加权平均数。设原始数据被分成 k 组,各组的组中值分别用 M_1, M_2, …, M_k 表示,各组变量值出现的频数分别用 f_1, f_2, …, f_k 表示,则样本加权平均数为:

$$\bar{x} = \frac{M_1 + M_2 + \cdots + M_k}{f_1 + f_2 + \cdots + f_k} = \frac{\sum_{i=1}^{k} M_i f_i}{n} \tag{3-2}$$

式中,$n = f_1 + f_2 + \cdots + f_k = \sum_{i=1}^{k} f_i$

【例3.4】 根据表3.1的数据,计算该树种的平均树高。

解:计算过程如下:

首先对数据进行分组,并利用组中值 M_i 代替该组内数据,统计各组数据的个数 f_i,编制频数分布表。然后计算各组的组中值与频数的乘积,即 $M_i f_i$,计算时可先计算出第一组的,然后利用填充柄完成其他组的计算,将所有的 $M_i f_i$ 值求和"Σ",最后利用所求的和除以数据的个数 n,即为加权平均数。计算过程和结果如图3.22所示。

根据公式得:$\bar{x} = \dfrac{\sum_{i=1}^{k} M_i f_i}{n} = \dfrac{1416}{60} = 23.6(\text{m})$。

A	B	C	D	E	F	G	H	I	J
21.5	26.3	24.2	23.1	17.4	19.8	23.6	28.3	21.9	22.4
24.4	22.5	23.6	24.7	26.5	20.8	17.6	18.2	25.5	26.1
20.3	19.8	18.7	17.9	22.9	22.8	21.6	25.1	24.2	22.6
23	22.7	22.8	22.5	21.8	24.5	25.4	27.3	27.6	24.7
25.6	24.7	25.4	24.4	23.7	24.8	24.5	24	24.2	24.3
25.1	25.9	25.4	24.8	24	24.5	24.2	24.7	24.6	24.4

分组	组中值Mi	频数fi	Mifi						
16-18	17	3	51						
18-20	19	4	76						
20-22	21	6	126						
22-24	23	13	299						
24-26	25	28	700						
26-28	27	5	135						
28-30	29	1	29						
和			1416						
平均			23.6						

图 3.22 某森林类型松树树高平均数计算过程

（3）几何平均数

几何平均数是 n 个变量值乘积的 n 次方根，用 G 表示。其计算公式为：

$$G = \sqrt[n]{x_1 \times x_2 \times \cdots \times x_n} = \sqrt[n]{\prod_{i=1}^{n} x_i} \tag{3-3}$$

几何平均数主要用于计算平均比率。当所掌握的变量值本身是比率形式时，采用几何平均法计算平均比率更为合理，在实际应用中，主要用于计算某现象的平均增长率。

【例 3.5】 一位投资者持有一种股票，2009—2013 年的收益率分别为 4.5%、2.2%、18.3%、1.8%、2.6%，要求计算投资者在这 5 年内的平均收益率。

解：根据公式，其平均收益率为：

$$G = \sqrt[n]{\prod_{i=1}^{n} x_i} = \sqrt[5]{4.5\% \times 2.2\% \times 18.3\% \times 1.8\% \times 2.6\%} = \sqrt[5]{847.8756\%} = 3.851\,824\%$$

即该投资者 5 年间平均投资收益率为 3.851 824%。

3.2.1.2 中位数

中位数是一组数据排列后处于中间位置上的变量值，用 M_e 表示。中位数将全部数据等分成两部分，每部分包含 50% 的数据，一部分数据比中位数大，另一部分数据比中位数小。中位数主要用于测度顺序数据的集中趋势，也适用于测度数值型数据的集中趋势，但不适用于分类数据。

根据未分组数据计算中位数时，要先对数据进行排序，然后确定中位数的位置，最后确定中位数的具体数值。

中位数位置的公式为：中位数的位置 = $\dfrac{n+1}{2}$，式中，n 为数据个数。

设一组数据为 x_1，x_2，…，x_n，按从小到大的顺序排列后为 $x_{(1)}$，$x_{(2)}$，…，$x_{(n)}$，则中位数为：

$$M_e = \begin{cases} x_{\left(\frac{n+1}{2}\right)} & (n \text{ 为奇数}) \\ \frac{1}{2}\left[x_{\left(\frac{n}{2}\right)} + x_{\left(\frac{n}{2}+1\right)}\right] & (n \text{ 为偶数}) \end{cases} \quad (3\text{-}4)$$

【例 3.6】 在某镇随机抽取 9 个家庭,调查每个家庭的人均月收入数据为 950,870,1150,1290,2180,2560,1450,1580,1670(单位:元),试计算人均月收入的中位数。

解:先将上面的数据排序,结果如下:

870,950,1150,1290,1450,1580,1670,2180,2560

中位数的位置 $= \frac{9+1}{2} = 5$

所以中位数为 1450,即 $M_e = 1450$(元)

当数据个数为偶数时,如何计算中位数? 上例中,若抽取 10 个家庭进行调查,每个家庭人均月收入的数据排序后为:

870,950,1150,1290,1320,1450,1580,1670,2180,2560

中位数的位置 $= \frac{10+1}{2} = 5.5$

中位数 $M_e = \frac{1320+1450}{2} = 1385$(元)

中位数是一个位置的代表值,其特点是不受极端值的影响,在研究收入分配时很有用。

3.2.1.3 众数

众数就是数据中重复出现次数最多的数,通常用 M_0 表示。众数一般用来描述分类变量,特别是那些有许多个值的分类变量,例如,学历、对事物的态度等。你可能会发现,在某一地区学历的众数是本科,对事物的态度的众数是中立。

同样,众数也可用于其他种类的变量描述。如图 3.21 所示树高分布的直方图,直方图中主峰为 25 m,即树高 24~26 m 的中间值,为树高数据的众数。

众数的优点是从图表中很容易获得,对于分类变量,它是描述平均值的一个最好办法;此外,众数具有不受极端最大值或者最小值影响的优点。

3.2.2 数据离散程度的度量

数据的离散程度是数据分布的另一个重要特征,它反映的是各变量值远离其中心值的程度。数据的离散程度越大,集中趋势的测度值对该组数据的代表性就越差;离散程度越小,其代表性就越好。用来描述数据离散程度特征的主要指标有:极差、方差、标准差和变异系数等。

3.2.2.1 极差

极差是一种简单的度量数据分散度的方法,即一组数据的最大观测值与最小观测值的差,通常用 R 表示。

$$R = \text{最大值} - \text{最小值} = \max(x_i) - \min(x_i) \quad (3\text{-}5)$$

【例 3.7】 根据例 3.6 中的数据,计算 9 个家庭人均月收入的极差。

解：$R = 2560 - 870 = 1690$（元）

极差是描述数据离散程度的最简单测度值，计算简单，易于理解，但它容易受极端值的影响。

3.2.2.2 方差

要正确反映资料的变异程度，比较理想的方法是根据全部观测值来度量资料的变异程度。平均数是样本的代表值，用它来作为标准比较合理。对含有 n 个观测值的样本，其各个观测值为 $x_1, x_2, \cdots, x_n$，将每个观测值与 $\bar{x}$ 相减，即为离均差。如果将所有离均差累积，其和为零，不能反映变异程度。如果把各个离均差平方相加即得离均差平方和，就解决了这个问题，简称平方和，用 SS 表示。公式如下：

$$\text{样本 } SS = \sum_{i=1}^{n}(x_i - \bar{x})^2; \quad \text{总体 } SS = \sum_{i=1}^{N}(x_i - \mu)^2 \tag{3-6}$$

在利用平方和表示资料的变异程度时，也有缺点，受观测值的个数的影响。观测值越多，则平方和越大。如果将平方和除以观测值的个数，就不受观测值个数的影响，而成为平均平方和，简称为均方或方差。样本方差用 s^2 表示，总体方差用 σ^2 表示。其公式为：

$$s^2 = \frac{\sum_{i=1}^{n}(x - \bar{x})^2}{n-1}; \quad \sigma^2 = \frac{\sum_{i=1}^{N}(x - \mu)^2}{N} \tag{3-7}$$

样本方差的公式中，$n-1$ 为自由度，用 df 表示，即 $df = n-1$。自由度是观测值中独立值的数目，或者说是能够自由活动的观测值的数目。样本方差不以 n 作为除数，而以 $n-1$ 作为除数，这是因为，我们研究的是总体，但总体一般不知道，用样本去估计总体，但是 $\mu \neq \bar{x}$，根据算数平均数的性质，$\sum_{i=1}^{n}(x_i - \bar{x})^2 =$ 最小，则 $\sum_{i=1}^{n}(x_i - \bar{x})^2 < \sum_{i=1}^{N}(x_i - \mu)^2$，如果左右两边均除以 n，用样本的方差估计总体方差，则数据偏低。若以 $n-1$ 去除，则数据变大，纠正了偏差。从自由度的定义看，对于一个有 n 个观测值的样本，在每一个 x_i 与 $\bar{x}$ 比较时，受 $\sum_{i=1}^{n}(x_i - \bar{x}) = 0$ 的限制，其样本观测值只能有 $n-1$ 个是自由的。

例如，有 6 个观测值，样本平均数为 4，假定 5 个数值为 3、6、4、7、2，那么第 6 个值只能是 2，这样才符合离均差总和等于零的特性。因此，自由度 $df = n-1 = 6-1 = 5$。如果样本资料所含变量有 n 个，而计算其样本方差或其他变异数时所用的平均数有 k 个，则其自由度的数值就是 $df = n - k$。总之，自由度的数值等于样本或资料内变量的个数减去制约其自由取值的统计量的个数。

3.2.2.3 标准差

在计算方差时，由于离均差取了平方值，因而它的量值和单位与原始变量是不一致的，将其开平方根，即各变量值恢复到原来的单位，此时称为标准差。所以，方差的平方根称为标准差，记为 σ（总体）或 s（样本）。其公式为：

$$\text{样本 } s = \sqrt{\frac{\sum_{i=1}^{n}(x_i - \bar{x})^2}{n-1}}; \quad \text{总体 } \sigma = \sqrt{\frac{\sum_{i=1}^{N}(x_i - \bar{x})^2}{N}} \tag{3-8}$$

当原始数据为分组数据时,设 n 个样本数据共分为 k 组,各组的组中值分别为:M_1, M_2, $\cdots$, M_k,各组的频数分别为:f_1, f_2, $\cdots$, f_k。

则样本方差为:

$$s^2 = \frac{\sum_{i=1}^{k}(M_i - \bar{x})^2 f_i}{n-1} \qquad (3-9)$$

相应的标准差为:

$$s = \sqrt{\frac{\sum_{i=1}^{k}(M_i - \bar{x})^2 f_i}{n-1}} \qquad (3-10)$$

方差(或标准差)能较好地反映出数据的离散程度,是实际中应用最广的离散程度测度值,当度量单位一致、数据个数相同时,方差或标准差越大,说明数据的变异程度越大。

【例 3.8】 根据表 3.5 中的数据计算该树种树高的平均数及标准差。

表 3.5 某树种树高数据分组情况

树高	组中值(M_i)	频数(f_i)
15~16	15.5	9
16~17	16.5	16
17~18	17.5	24
18~19	18.5	18
19~20	19.5	16
20~21	20.5	10
21~22	21.5	7
合计	—	100

解:首先根据分组数据平均数的计算公式计算平均数:

$$\bar{x} = \frac{\sum_{i=1}^{k} M_i f_i}{n} = \frac{15.5 \times 9 + 16.5 \times 16 + \cdots + 21.5 \times 7}{100} = \frac{1824}{100} = 18.24(\text{m})$$

然后计算标准差,表 3.6 为计算过程表。

表 3.6 分组数据统计量计算过程表

树高	组中值(M_i)	频数(f_i)	$(M_i - \bar{x})^2$	$(M_i - \bar{x})^2 f_i$
15~16	15.5	9	7.5	67.5
16~17	16.5	16	3.0	48.0
17~18	17.5	24	0.5	12.0
18~19	18.5	18	0.1	1.8
19~20	19.5	16	1.6	25.6
20~21	20.5	10	5.1	51.0
21~22	21.5	7	10.6	74.2
合计	—	100	—	280.1

根据标准差计算公式得：

$$s = \sqrt{\frac{\sum_{i=1}^{k}(M_i - \bar{x})^2 f_i}{n-1}} = \sqrt{\frac{280.1}{100-1}} = 1.68(\text{m})$$

3.2.2.4 变异系数

标准差可以度量一个数据集的离散程度，标准差越大，数据的变异性越大，标准差小，数据的变异性越小。但是，当进行两个或多个数据集变异程度的比较时，如果均值相同，可以直接利用标准差来比较。但是如果均值不同时，比较其变异程度还能采用标准差吗？假设有一批等数量木头和干草，现在想知道木头平均质量差异大还是干草平均质量的差异大？显然，木头的平均质量差异远远大于干草，此时，要比较各自质量差异就不能用标准差，而需要采用标准差与平均数的比值(相对值)来比较。标准差与平均数的比值称为变异系数，记为 C，计算公式为：

$$C = \frac{s}{\bar{x}} \times 100\% \tag{3-11}$$

那么在什么时候使用变异系数呢？一般地，如果数据具有以下特点之一，就可以使用变异系数：

①数据具有不同的单位(如树高与直径、工资与旷工的天数等)。

②数据具有相同的单位，但是均值相差较大(如木头质量与干质量)。

【例3.9】 根据例3.8的数据计算结果，树木的平均树高18.24 m，标准差1.68 m，则变异系数为：

$$C = \frac{s}{\bar{x}} \times 100\% = \frac{1.68}{18.24} \times 100\% = 9.21\%$$

3.2.3 计算器的统计功能的应用

下面以 CASIO fx-82ES PLUS A 型学生用计算器为例进行介绍。

3.2.3.1 统计模式的进入

先按【ON】键打开，在计算器面板上首先按【MODE】键，选择【2】(STAT)，显示屏出现的选项中选择"1：1-VAR"即进入统计模式中的数据编辑界面。该界面显示器上出现有 STAT 符号。

3.2.3.2 数据的录入、修改、插入与删除

在"1：1-VAR"的数据编辑界面录入数据，如录入"20、25、32、26、23"五个数据，方法为：依次输入 20【=】25【=】32【=】26【=】23【=】。

数据录入后，可通过上下翻动键来检查数据的对错。如发现错误，可直接将光标移动

到该数据上，录入正确的数据，然后按【=】键，便修改为正确的数据。

如删除一行：将光标移到要删除的行，然后按【DEL】。

插入一行：将光标移到要插入行的位置，然后按【SHIFT】【1】(STAT)【3】(EDIT)【1】(INS)。

删除统计编辑器的所有内容：按【SHIFT】【1】(STAT)【3】(EDIT)【2】(DEL-A)。

3.2.3.3 统计值的输出

在统计数据编辑界面时，按【AC】将显示统计计算屏幕。要得到统计值，需按【SHIFT】【1】(STAT)，则屏幕上出现5个选项：

"1：Type"表示数据以不同类型进行录入；

"2：Data"表示数据，按此选项，回到数据编辑界面；

"3：Sum"表示对录入数据求和，其包含有："1：$\sum x^2$；2：$\sum x$"2个选项；

"4：Var"表示对录入数据求方差，其包含有："1：n；2：$\bar{x}$；3：σ_x；4：s_x"4个选项；

"5：MinMax"表示求最小值和最大值，其包含有："1：$\min x$；2：$\max x$"2个选项。

【例3.10】 对以下数据：20、25、32、26、23，求$\sum x$，$\sum x^2$，$\bar{x}$，σ_x，s_x。

方法为：按【ON】，按【MODE】选择数字键【2】(STAT)，选择数字键【1】(1-VAR)，进入数据编辑界面，顺序按20【=】25【=】32【=】26【=】23【=】，将数据录入，按【AC】，按【SHIFT】【1】，选择【3】(Sum)，选择【1】($\sum x^2$)，按【=】，则$\sum x^2$的计算结果输出为：3254。

按【AC】，按【SHIFT】【1】，选择【3】(Sum)，选择【2】($\sum x$)，按【=】，则$\sum x$的计算结果输出为：126。

按【AC】，按【SHIFT】【1】，选择【4】(Var)，选择【2】($\bar{x}$)，按【=】，则$\bar{x}$的计算结果输出为：25.2。

按【AC】，按【SHIFT】【1】，选择【4】(Var)，选择【3】(σ_x)，按【=】，则σ_x的计算结果输出为：3.969886648。

按【AC】，按【SHIFT】【1】，选择【4】(Var)，选择【4】(s_x)，按【=】，则s_x的计算结果输出为：4.438468204。

3.2.3.4 线性回归运算(有关回归运算详见模块9)

当对两个的变量进行线性回归分析时，需按【ON】，【MODE】，选【2】(STAT)，进入统计状态后，选择【2】(A+Bx)，进入x和y的数据编辑界面，录入数据和统计结果的输出同3.2.3.2和3.2.3.3，所不同的是输出结果更多，可输出："$\bar{x}$，$\sum x^2$，$\sum x$，$\sum y^2$，$\sum y$，$\sum xy$，$\sum x^3$，$\sum x^2 y$，$\sum x^4$，n，$\bar{x}$，σ_x，s_x，$\bar{y}$，σ_y，s_y"等。

3.2.4 利用 Excel 进行常用统计量的计算

3.2.4.1 利用不分组数据计算平均数、方差、标准差

在 Excel 中，统计函数中专门有计算平均数、方差和标准差的函数。

算术平均数的函数：AVERAGE，用于计算一组数值型数据的算术平均数。

样本方差的函数：VAR，用于计算一组数值型数据的方差。

样本的总体方差的函数：VARP，用于计算基于给定样本的总体方差。

样本标准差的函数：STDEV.S(Excel2003 版本为 STDEV)，用于计算一组数值型数据的标准差。

样本的总体标准差的函数：STDEVP，用于计算基于给定样本总体的标准偏差。

VAR 和 VARP、STDEV.S 与 STDEVP 的区别是，计算公式 VAR、STDEV.S 分别为：$\dfrac{\sum\limits_{i=1}^{n}(x-\bar{x})^2}{n-1}$ 和 $\sqrt{\dfrac{\sum\limits_{i=1}^{n}(x-\bar{x})^2}{n-1}}$，而 VARP 和 STDEVP 的计算公式分别为：$\dfrac{\sum\limits_{i=1}^{n}(x-\bar{x})^2}{n}$ 和 $\sqrt{\dfrac{\sum\limits_{i=1}^{n}(x-\bar{x})^2}{n}}$。

计算方法：

①如果比较熟悉函数的语法格式，可以在需要计算的位置直接输入函数；

②点击"公式"选择"插入函数"按钮"f_x"，在弹出的插入函数对话框中选择相应函数。以例 3.2 未分组数据为例说明计算平均数的过程。

首先，将全部数据录入 Excel 表(图 3.23)，

	A	B	C	D	E	F	G	H	I	J
1	21.5	26.3	24.2	23.1	17.4	19.8	23.6	28.3	21.9	22.4
2	24.4	22.5	23.6	24.7	26.5	20.8	17.6	18.2	25.5	26.1
3	20.3	19.8	18.7	17.9	22.9	22.8	21.6	25.1	24.2	22.6
4	23.0	22.7	22.8	22.5	21.8	24.5	25.4	27.3	27.6	24.7
5	25.6	24.7	25.4	24.4	23.7	24.8	24.5	24.0	24.2	24.3
6	25.1	25.9	25.4	24.8	24.0	24.5	24.2	24.7	24.6	24.4

图 3.23 未分组的调查数据

点击"公式"，选择"插入函数 f_x"，弹出如图 3.24 所示的对话框；

找到所需的函数后，点击"确定"，弹出"函数参数"对话框，在"数值 1"中，输入(或用鼠标选择需要计算的数据范围)数据范围，如图 3.25 所示。

点击"确定"，即完成平均数的计算。

方差、标准差等函数的计算方法相同，不再重复。

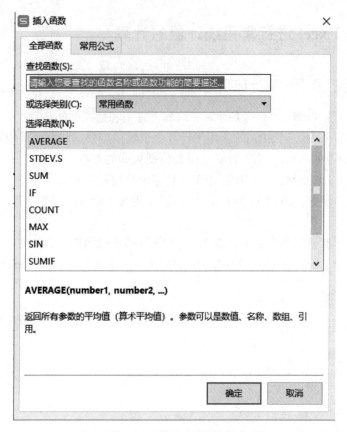

图 3.24　插入函数对话框

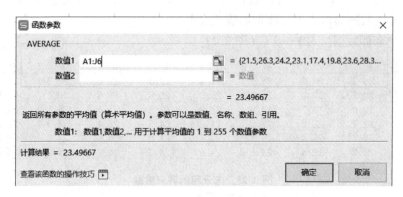

图 3.25　函数参数对话框

3.2.4.2　利用分组数据计算平均数、标准差和方差

分组数据计算平均数、标准差、方差时，Excel 中没有专门的函数可用，只能根据计算公式进行。计算过程如例 3.8，在 Excel 中录入分组数据后，借助于输入公式的方法分别计算各项结果，这里不再说明。

本单元小结

本单元主要介绍了数值型数据的概括性度量,首先介绍了数据集中趋势的度量,主要有平均数、中位数和众数。平均数又分为算术平均数、加权平均数、几何平均数等。众数:众数就是数据中重复出现次数最多的数,通常用 M_0 表示。中位数:中位数是一组数据排列后处于中间位置上的变量值,用 M_e 表示。

数据的离散程度是数据分布的另一个重要特征,它反映的是各变量值远离其中心值的程度。用来描述数据离散程度特征的主要指标有:极差、标准差、方差和变异系数等。

(1)极差 一种简单的度量数据分散度的方法,即最大观测值与最小观测值的差,通常用 R 表示。

(2)方差与标准差 方差是样本数据的平均离差平方和,即各变量值与其平均数离差平方的平均数,记为 σ^2(总体)或 s^2(样本)。方差的算术平方根称为标准差,记为 σ(总体)或 s(样本)。方差(或标准差)能较好地反映出数据的离散程度,是实际中应用最广的离散程度测度值。

(3)变异系数 标准差与平均数的比值称为变异系数,记为 C。

相关链接

具有统计功能的计算器种类较多,如 CASIO fx-82ES PLUS A、CASIO fx-350MS、CASIO fx-50FⅡ、CASIO fx-220 PLUS、DELI D82TM、DELI D82MS、M&G 82MS、ADG98770 等,但使用方法类似,下面以 CASIO fx-220 PLUS 型号计算器为例,介绍常用统计量的计算。

1. 统计模式的进入

先按【ON】键打开,在计算器面板上首先按【MODE】键,选择【2】(SD)显示屏出现的"SD"符号,即进入了统计功能的数据编辑界面。

2. 数据的录入、修改、插入与删除

在"SD"状态的数据编辑界面录入数据,如录入"20、25、32、26、23"五个数据,方法为:输入 20【M+】,此时界面显示"$n=1$",即代表已录入 1 个数据;依次输入 25【M+】,界面显示"$n=2$";32【M+】,…,23【M+】,界面显示"$n=5$",即 5 个数据已全部录入。

数据录入后,可通过【REPLAY】上下翻动键来检查数据的对错。如发现错误,可直接在屏幕显示该数据的状态,按【SHIFT】【M+】(即【M−】功能),将该数据删除。

如录入数据的过程中,在未按【M+】之前发现数据错误,可直接按【ON】键整个数删除,或按【DEL】键逐位删除。修改数据时,可通过将光标移到错误的数字上,并修改为正确的数字。

删除已存入统计编辑器的内容时,按【CLR】键,显示界面出现"SCl 1;MODE 2;ALL 3",按【1】(SCL)代表删除编辑器内的数据;按【2】(MODE)代表删除所使用模式;按【3】代表全部删除。

需要注意的是:录入数据之前,一定要清除已存入编辑器的数据,否则会连同已存的数据一起计算。

3. 统计值的输出

在数据录入结束后,可按【SHIFT】键配合数字键,再按【=】键,可分别输出:

"$\sum x^2$、$\sum x$、n、$\bar{x}$、σ_x、s_x"。

CASIO fx-220 PLUS 型号的统计值输出时,按【SHIFT】【4】【=】,输出 $\sum x^2$;按【SHIFT】【5】【=】,输出 $\sum x$;按【SHIFT】【6】【=】输出 n;按【SHIFT】【7】【=】输出 $\bar{x}$;按【SHIFT】【8】【=】输出 σ_x,按【SHIFT】【9】【=】输出 s_x。

CASIO fx-350MS 型号的统计值输出时,可按【SHIFT】【1】(S-SUM),显示屏上出现 3 个选项,按选择【1】,为 $\sum x^2$,再【=】,则输出 $\sum x^2$ 的计算结果;选择【2】,按【=】,输出 $\sum x$ 的结果;选择【3】,按【=】输出 n 的结果。按【SHIFT】【2】(S-VAR),显示屏上同样出现 3 个选项,按【1】【=】输出 $\bar{x}$ 的结果;按【2】【=】输出 σ_n 的结果(样本的总体标准偏差);按【3】【=】输出 σ_{n-1} 的结果(样本标准偏差)。

思考与练习

1. 计算数据 8、10、12、15、7、13 的平均数、方差、标准差和变异系数。

2. 小明和小华本学期都参加了 5 次相同的数学考试,结果两同学 5 次的平均分相等,数学老师想知道谁的数学成绩更稳定,在做统计分析时,老师需比较这两人 5 次数学成绩的( )。

  A. 平均数　　　　　B. 方差　　　　　C. 众数　　　　　D. 中位数

3. 现调查了 7 块林地的面积(单位:hm²),分别为 7.2、8.3、5.5、4.5、5.8、5.2、7.2,请计算其平均数、方差和标准差。

4. 分别利用计算器和 Excel 的函数计算功能对以下表 3.7 的未分组的调查数据,计算其平方和 $\sum_{i=1}^{n} x^2$、数据的总和 $\sum_{i=1}^{n} x$、所有数据的平均数 $\bar{x}$、数据的总体标准差 σ_x、数据的样本标准差 s_x。

表 3.7　调查数据

20.4	29.8	23.6	28.3	21.9	22.4
26.5	20.8	27.6	20.2	25.5	26.1
23.7	24.8	24.5	24	24.2	24.3
21.8	24.5	25.4	27.3	27.6	24.7
22.9	22.8	21.6	25.1	24.2	22.6
24	24.5	24.2	24.7	24.6	24.4

实训 3.1　数据的整理与分析

一、实训目的

1. 学会分类数据的整理分析方法;
2. 学会数值型数据的整理分析方法。

二、实训资料

1. 为了掌握某林区各类林业用地的比例,在林区内随机抽取 100 个样点进行调查,其中：A. 有林地、B. 疏林地、C. 未成林造林地、D. 无林地、E. 农地，调查结果见表 3.8。

表 3.8　林业用地调查结果表

A	A	B	C	A	A	D	A	A	A
A	A	A	A	D	C	C	C	C	B
A	A	C	C	A	A	D	C	D	A
A	E	C	A	A	C	A	A	A	A
A	A	A	C	C	C	C	C	A	A
A	A	C	C	C	C	A	A	A	A
A	A	A	B	B	C	D	A	A	A
D	D	A	C	C	A	A	A	A	A
A	A	A	A	A	A	A	C	C	C	A
A	A	A	C	A	A	A	A	A	C

2. 在某林场的森林资源调查中，随机抽取了 100 个样地调查林分蓄积量，调查结果见表 3.9（单位：m^3/hm^2）。

表 3.9　林分蓄积量调查结果表

47	78	59	89	154	165	235	205	183	166
73	66	54	63	79	83	98	95	84	77
62	73	76	82	88	89	96	105	201	135
147	158	165	134	153	165	150	127	138	146
75	82	86	93	95	107	116	135	152	129
103	126	114	108	158	149	135	128	124	164
182	127	115	106	103	155	166	154	135	127
155	147	146	168	175	134	67	58	42	96
154	168	149	138	151	162	172	183	165	154
138	122	136	137	158	160	132	133	127	108

三、实训内容

1. 利用实训资料 1 的数据，用 Excel 制作一张汇总表（频数表），并绘制条形图；
2. 利用实训资料 2 的数据，用 Excel 中"数据分析"中的直方图或者"插入函数"的方法，制作一张频数分布表，并绘制直方图。

四、实训作业

1. 将制作过程及结果整理到报告纸上；
2. 以电子文件形式上交，文件命名：学生姓名-实训名称。

实训 3.2　计算器的统计功能的应用

一、实训目的

1. 了解学生用计算器的各统计功能键的构成及使用；
2. 学会利用计算器进行常用统计量的计算。

二、实训资料

在某林场的森林资源调查中，随机抽取了 50 个样地调查林分蓄积量，调查结果见表 3.10(为表 3.9 的部分数据)(单位：m^3/hm^2)。

表 3.10　林分蓄积量调查结果表

47	78	59	89	154
73	66	54	63	79
62	73	76	82	88
147	158	165	134	153
75	82	86	93	95
103	126	114	108	158
182	127	115	106	103
155	147	146	168	175
154	168	149	138	151
138	122	136	137	158

三、实训内容

利用计算器的统计功能，对实训资料 1 的数据求平均数 $\bar{x}$，和 $\sum_{i=1}^{n} x$，平方和 $\sum_{i=1}^{n} x^2$，总体标准差 σ_x，总体方差 σ_x^2，样本标准差 s_x，样本方差 s_x^2。

四、实训作业

将计算结果整理到报告纸上提交。

实训 3.3　利用 Excel 进行统计计算

一、实训目的

1. 学会利用 Excel 对未分组数据进行常见统计量的计算；
2. 学会利用 Excel 对分组数据进行常见统计量的计算。

二、实训资料

在某林场的森林资源调查中，随机抽取了 100 个样地调查林分蓄积量，调查结果见表 3.9，单位：m^3/hm^2。

三、实训内容

1. 用 Excel 中插入公式的方法计算所给实训资料的平均数、方差、标准差；
2. 借助于 Excel，首先对所给资料进行分组，然后利用分组数据计算所有数据的平均数、方差和标准差。

四、实训作业

1. 将实训内容 1 的计算结果整理到报告纸上；
2. 在报告纸上首先写出实训内容 2 中的分组结果，再写出对分组数据进行统计量计算的过程及结果。

模块 4　概率论基础

单元 4.1　事件与概率

知识目标

1. 掌握随机现象、随机试验、随机事件、古典概率、条件概率、事件独立性等概念；
2. 掌握随机事件间的关系与基本运算、概率的基本性质。

技能目标

1. 能用概率的基本性质进行概率计算；
2. 能用乘法公式、全概率公式进行概率计算；
3. 能利用事件的独立性计算概率。

4.1.1　随机事件

4.1.1.1　必然现象与随机现象

在自然界生产实践和科学试验中，人们会观察到各种各样的现象，将它们归纳起来，大体上分为两大类：一类是可预言其结果的，即在保持条件不变的情况下，重复进行观察，发现其结果总是确定的，必然发生（或必然不发生），这类现象称为必然现象或确定性现象。例如，在标准大气压下纯水加热到 100℃ 沸腾；平面上任意三角形的两边之和大于第三边。另一类是事前不可预言其结果的，即在保持条件不变的情况下，重复进行观察，其结果未必相同，这类在个别试验中其结果呈现偶然性、不确定性现象，称为随机现象或不确定性现象。例如：①在相同条件下抛掷同一枚硬币，其结果可能是正面向上，也可能是正面向下，在未抛掷之前不知是哪种结果出现；②取 50 粒种子做发芽试验，结果可能 0 粒，1 粒，…，50 粒种子会发芽，但事先无法确定；③用同一门炮在同样的条件下（初始速度、发射角、弹道系数都相同）向同一目标多次射击，各次的弹着点并不都落在同一点上，而且每次射出前都无法预测弹着点的确切位置。像以上几类现象都属于随机现象。

4.1.1.2 随机试验

人们经过长期实践并深入研究之后，发现这类现象虽然就每次试验或观测结果而言，具有不确定性，但在大量重复试验或观测下，其结果却呈现出某种规律。例如，多次重复投掷一枚硬币，得到正面向上的次数大致占总投掷次数的1/2左右；同一门炮在相同样条件下向同一目标多次射击，弹着点散落在一定的范围内按照一定规律分布，等等。

我们把这种在大量重复试验或观测下，其结果所呈现出的固有规律，称为统计规律性。而把这种在个别试验中呈现出不确定性，在大量重复试验中具有统计规律性的现象，称为随机现象。

为了验证随机现象的规律性，需要对随机现象进行一次试验或观测，统一称为随机现象的一个试验，如果一个试验可以在相同的条件下重复进行，并且试验的所有可能结果是明确不变的，但是每次试验的具体结果在试验前是无法预知的，这种试验称为随机试验，简称为试验，一般用 E 表示。即随机试验必须满足：①可重复性，试验可在相同条件下重复进行；②可预知性，试验的所有可能结果可预知；③随机性，在每次试验中具体哪个结果出现是随机的。我们把随机试验可能出现的每一个最基本的结果称为该试验的一个样本点，一般用 ω 表示，样本点的全体构成的集合称为该试验的样本空间，用 Ω 表示。

例如，在相同条件下抛掷同一枚硬币，ω_1：正面向上，ω_2：反面向上，该随机试验的样本空间为 $\Omega=\{\omega_1, \omega_2\}$。

对于一个随机试验，由于试验目的不同，相应建立的样本空间可能不同。如投掷一枚均匀的相对二面分别用红、黑、蓝3种颜色涂点的骰子，若试验的目的是观察骰子朝上面的点数，样本空间 $\Omega=\{1, 2, 3, 4, 5, 6\}$；若试验的目的是观察骰子朝上面的颜色，样本空间 $\Omega=\{红, 黑, 蓝\}$。

4.1.1.3 随机事件

在随机试验中，对一次试验可能出现也可能不出现，而在大量重复试验中又具有统计规律的试验结果，称为此随机试验的随机事件，简称事件。用英文大写字母 A，B，C，…表示。随机事件可分为基本事件和复合事件。我们把不能再分的事件称为基本事件。例如，将一枚硬币抛两次的随机试验中，"两次都是正面""两次都是反面"是基本事件，而"至少有一次正面"不是基本事件。事件是样本空间 Ω 的某个子集。我们说某事件 A 发生，就是指当且仅当 A 中的某一样本点发生。

在每次试验中必然发生的事件，称为必然事件，一般用 Ω 表示。如投掷一枚均匀的骰子，观察骰子朝上面的点数，"点数不超过6点"就是一个必然事件。而"点数超过6点"就是不可能事件，一般用 $\varnothing$ 表示。

对于一个随机试验 E，样本空间 Ω 就是一个以随机试验的样本点为元素的全集，而任何事件均为样本空间的一个子集，特别是必然事件作为随机事件的特例，用集合表示就是样本空间 Ω；不可能事件作为随机事件的特例，用集合表示就是空集 $\varnothing$。

4.1.1.4 随机事件的关系与运算

一个随机事件，常常同许多其他随机事件有这样或那样的关系。了解事件间的相互关系，可以使我们通过对简单事件的了解，去研究与其有关的较复杂的事件的规律，这一点在研究随机现象的规律性上十分重要。

关于事件间的关系和运算，为直观起见，我们结合下面的试验来说明：向平面上某一矩形内随机掷一点，观察点落的位置。假设试验的每一结果对应矩形内的一个点，所有的基本事件对应矩形内的全部点。

(1)事件的包含与相等

设事件 $A=\{$点落在小圆内$\}$，事件 $B=\{$点落在大圆内$\}$，如图 4.1 所示。显然，若所掷的点落在小圆内，则该点必落在大圆内，也就是说，若 A 发生，则 B 一定发生。

定义 如果事件 A 发生，必然导致事件 B 发生，则称 B 包含 A，或称 A 包含于 B。记作 $A \subset B$。

如果 $A \subset B$ 和 $B \subset A$ 同时成立，则称事件 A 与 B 相等。记作 $A=B$。

【例 4.1】 一批产品中有合格品与不合格品，合格品中有一、二、三等品，从中随机抽取一件，是合格品记作 A，是一等品记作 B，显然 B 发生时 A 一定发生，因此 $B \subset A$。

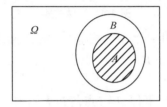
图 4.1 事件的包含

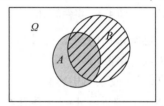
图 4.2 事件的和

(2)事件的和

设事件 $A=\{$点落在小圆内$\}$，事件 $B=\{$点落在大圆内$\}$，大圆与小圆的位置关系如图 4.2 所示。考虑事件$\{$点落在阴影部分内$\}$。显然，当且仅当点落在两圆中的至少一个之内时，点才能落在阴影部分内。

定义 事件 A 与事件 B 至少一个发生，是一事件，称为事件 A 与事件 B 的和，记作 $A+B$，即 $A+B=\{A$ 与 B 至少发生一个$\}$。

【例 4.2】 接连射击两次，观察各次中靶与否。设 $A=\{$第一次命中$\}$，$B=\{$第二次命中$\}$，则 $A+B=\{$至少一次命中$\}$。

类似地，事件 $A_1, A_2, \cdots, A_n$ 中至少有一个发生的事件称为 $A_1, A_2, \cdots, A_n$ 的和，记作：$\bigcup_{i=1}^{n} A_i$；同样，事件 $A_1, A_2, \cdots, A_n, \cdots$ 中至少有一个发生的事件称为 $A_1, A_2, \cdots, A_n, \cdots$ 的和，记作 $\bigcup_{i=1}^{\infty} A_i$。

特别地，$A+\Omega=\Omega$，$A+\varnothing=A$。

(3)事件的积

设事件 $A=\{$点落在小圆内$\}$，事件 $B=\{$点落在大圆内$\}$，大圆和小圆的位置关系如图 4.3 所示。考虑事件$\{$点落在两圆的公共部分内$\}$。

显然，点落在小圆内而且点也落在大圆内，才有点落在两圆的公共部分内。

定义 事件 A 与事件 B 同时发生，是一个事件，称为事件 A 与事件 B 的积，记作 AB 或 $A \cap B$，即 $AB=\{A$ 与 B 同时发生$\}$。

【例4.3】 设 $A=\{$甲厂生产的产品$\}$，$B=\{$合格品$\}$，$C=\{$甲厂生产的合格品$\}$，则 $C=AB$。

类似地，两个事件积的概念可以推广到有限多个事件甚至无穷可列事件上。

特别地，$A\Omega=A$，$A\varnothing=\varnothing$。

(4) 事件的差

定义 事件 A 发生而事件 B 不发生，这一事件称为事件 A 与事件 B 的差，记作 $A-B$。

如图 4.4 所示，设事件 $A=\{$点落在小圆内$\}$，事件 $B=\{$点落在大圆内$\}$，$\{$点落在阴影部分内$\}$ 就是 A 与 B 的差事件 $A-B$。

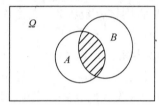
图 4.3 事件的积

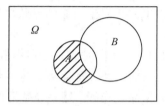
图 4.4 事件的差

【例4.4】 已知条件同例4.3，设 $D=\{$甲厂生产的不合格品$\}$，则 D 就是 $A=\{$甲厂生产的产品$\}$ 与 $B=\{$合格品$\}$ 两个事件的差，即 $D=A-B$。

(5) 事件的互斥(或互不相容)

如图 4.5 所示，设事件 $A=\{$点落在小圆内$\}$，事件 $B=\{$点落在大圆内$\}$，显然，点不能同时落在两个圆内。

定义 若事件 A 与 B 满足 $AB=\varnothing$，则称事件 A 与 B 互斥，或称 A 与 B 是互不相容的。

显然，同一试验中的各个基本事件是互斥的。

【例4.5】 掷一颗骰子，令 A 表示"掷出偶数点"，B 表示"掷出奇数点"，则事件 A、B 是互斥的，即 $AB=\varnothing$。

(6) 事件的对立(或互逆)

如图 4.6 所示，设事件 $A=\{$点落在圆内$\}$，考虑事件 $B=\{$点落在圆外$\}$，显然事件 B 与事件 A 不能同时发生，而两者又必发生其一。

定义 若事件 A 与 B 互斥，且在每次试验中，事件 A 与 B 必有一个发生，则称事件 A 与 B 对立(或互逆)。

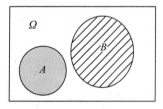
图 4.5 事件的互斥

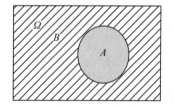
图 4.6 事件的对立

显然，如果事件 A 与 B 对立，则 $AB=\varnothing$，且 $A+B=\Omega$，反之亦成立。一般用 $\bar{A}$ 表示事件 A 的对立事件，若 A 与 B 互逆，则 B 也是 A 的逆事件(或对立事件)，记作 $B=\bar{A}$。

注意：互逆与互斥是不同的两个概念，互逆必互斥，但互斥不一定互逆。例如，取 3 粒种子做发芽试验，观察其结果，用 A 表示"3 粒均发芽"，B 表示"1 粒发芽"。显然事件

A 与事件 B 互斥,但不互逆。而 A 的互逆是"至少 1 粒不发芽"。

【例 4.6】 在 10 件产品中,有 8 件正品,2 件次品,从中任取 2 件。令 A 表示{恰有 2 件次品},B 表示{至多有 1 件次品},则 $B=\bar{A}$。

根据事件互逆的定义,对任意两个事件 A、B,有下列结论:

(1) $\bar{\bar{A}}=A$, $\bar{\varnothing}=\Omega$, $\bar{\Omega}=\varnothing$。

(2) $A-B=A\bar{B}$。

(3) $\overline{A+B}=\bar{A}\bar{B}$, $\overline{AB}=\bar{A}+\bar{B}$。

【例 4.7】 以直径和长度作为衡量一种零件是否合格的指标,规定两项指标中有一种不合格,则认为该零件不合格。设 $A=${零件直径合格},$B=${零件长度合格},$C=${零件合格},则 $\bar{A}=${零件直径不合格},$\bar{B}=${零件长度不合格},$\bar{C}=${零件不合格}。

于是,AB,$\bar{C}=\bar{A}+\bar{B}$。即有,$\overline{AB}=\bar{A}+\bar{B}$。

大家可以自己说明 $\overline{A+B}=\bar{A}\bar{B}$。

4.1.2 概率

所谓随机事件的概率,简单地讲,就是随机事件发生的可能性的大小,通常用介于 0 与 1 之间的某个数来表示它。这个表达随机事件发生可能性大小的数值称为概率。下面主要介绍概率的概念、性质及其简单的计算。

4.1.2.1 概率的统计定义

随机事件就个别试验而言,我们很难预料其结果,但在多次重复试验中,却呈现出明显的规律性。

在一组相同的条件下重复 n 次试验,事件 A 发生了 m 次,称比值 m/n 为事件 A 在 n 次试验中出现的频率,记作 $f_n(A)$。

【例 4.8】 历史上德摩根、蒲丰、皮尔逊等人进行过抛一枚硬币的试验来观察"正面向上"这一事件的规律,得到的结果见表 4.1。

表 4.1 抛硬币试验结果

试验者	投掷次数	正面向上次数 m	频率 m/n
德摩根	2048	1061	0.5180
蒲丰	4040	2048	0.5069
皮尔逊	12000	6019	0.5016
皮尔逊	24000	12012	0.5005

上表结果表明:当试验次数 n 逐渐增多时,"正面向上"的频率越来越明显地稳定并接近于 0.5。这个数值反映了"出现正面"的可能性大小。我们称这个数值为投掷硬币"出现正面"发生的概率。

定义 在一个随机试验中,如果随着试验次数的增大,事件 A 出现的频率 m/n 在某个常数 p 附近摆动,那么定义事件 A 的概率为 p,记作 $P(A)=p$。

【例 4.9】 从某鱼池中取 50 条鱼，做上记号后再放入鱼池中，现任意地分别捉来 40 条，发现其中有 2 条有记号，问池中大概有多少条鱼？

解：设池中有 n 条鱼，则有 $50/n = 2/40$，解之得 $n = 1000$

所以，池中大概有 1000 条鱼。

4.1.2.2 概率的古典定义

如果随机试验具有下列特点：

(1) 试验结果的个数是有限的，即基本事件的个数是有限的，如"投掷硬币"试验的结果只有两个：即{正面向上}和{反面向上}；

(2) 每个试验结果出现的可能性相同，即每个基本事件发生的可能性是相同的，如"投掷硬币"试验出现{正面向上}和{反面向上}的可能性都是 0.5；

(3) 在任一试验中，只能出现一个结果，也就是有限个基本事件是两两互不相容的，如"投掷硬币"试验中出现{正面向上}和{反面向上}是互不相容的。

满足上述条件的试验模型称为古典概型。下面给出古典概型的概率定义：

定义 如果古典概型中的所有基本事件的个数是 n，事件 A 包含的基本事件的个数是 m，则事件 A 的概率为：

$$P(A) = m/n = 事件 A 包含的样本点的个数/样本点的总数$$

概率的这种定义，称为概率的古典定义。

在古典概型的计算中，首先要弄清样本空间中样本点及数目 n，再计算出事件 A 包含的基本事件的个数是 m，就得 $P(A) = m/n$。在复杂的计算中，要用到排列组合知识。

【例 4.10】 掷一枚均匀硬币，只有两种等可能的结果出现：{正面}或{反面}；$n = 2$，$m = 1$，因此 $P(正) = P(反) = 1/2$。掷两枚均匀硬币，只有四种等可能的结果出现：{正面，正面}，{反面，反面}，{反面，正面}，{正面，反面}；$n = 4$，因此 $P(两正) = P(两反) = 1/4 (m = 1)$；$P(正) = P(反) = 2/4 = 1/2 (m = 2)$。

4.1.2.3 概率的性质

由概率的定义，可以推导出概率的一些重要性质，应用这些性质来计算随机事件的概率，可以起到化繁为简的作用。

性质 1 $0 \leq P(A) \leq 1$；

性质 2 $P(\Omega) = 1$，$P(\varnothing) = 0$；

性质 3 若 A_1，A_2，$\cdots$，A_n 是两两互不相容事件，则 $P(\sum_{i=1}^{n} A_i) = \sum_{i=1}^{n} P(A_i)$；

性质 4 若 A、B 两事件满足 $A \subset B$，则有 $P(A) \leq P(B)$；

性质 5 设 $\bar{A}$ 为 A 的对立事件，则 $P(\bar{A}) = 1 - P(A)$；

性质 6（加法定理）

设 A、B 为两事件，则 $P(A+B) = P(A) + P(B) - P(AB)$。特别地，若 A、B 互不相容，即 $AB = \varnothing$，则 $P(A+B) = P(A) + P(B)$。

【例 4.11】 一只袋内装白球 45 个，黑球 5 个，从袋中任取 3 个球（不放回），求其中有黑球的概率。

解：设事件 $A=\{3\text{个球中有黑球}\}$。显然，A 包含下列几种情况：

A_1：3个球中有1个黑球；A_2：3个球中有2个黑球；A_3：3个球中有3个黑球，于是 $A=A_1+A_2+A_3$，且 A_1、A_2、A_3 两两互不相容，由性质3得 $P(A)=P(A_1)+P(A_2)+P(A_3)$，该计算有点烦琐。可以考虑 A 的对立事件 $\bar{A}=\{3\text{个球都是白球}\}$，而 $P(\bar{A})=C_{45}^3/C_{50}^3=0.724$，所以 $P(A)=1-P(\bar{A})=0.276$。

【例4.12】 某设备由甲、乙两个部件组成，当超载负荷时，各自出故障的概率分别是0.90和0.85，同时出故障的概率是0.80，求超载负荷时至少有一个部件出故障的概率。

解：设 $A=\{\text{甲部件出故障}\}$，$B=\{\text{乙部件出故障}\}$，则有 $P(A)=0.90$，$P(B)=0.85$，$P(AB)=0.80$。

于是 $P(A+B)=P(A)+P(B)-P(AB)=0.90+0.85-0.80=0.95$。即超载负荷时至少有一个部件出故障的概率为0.95。

加法定理也可以推广到有限多个事件相加的情形。如三个随机事件的加法为：

$$P(A+B+C)=P(A)+P(B)+P(C)-P(AB)-P(BC)-P(AC)+P(ABC)。$$

4.1.2.4 条件概率与独立性

(1) 条件概率

在实际问题中，除了要知道事件 A 的概率 $P(A)$ 以外，有时还需要知道在"事件 B 已发生"的条件下，事件 A 的概率。像这种在事件 B 发生的条件下事件 A 的概率称为条件概率，记作 $P(A|B)$。一般情况下，$P(A|B)$ 与 $P(A)$ 是不相等的。

【例4.13】 甲、乙两车间一种产品100件，各车间的产量、合格品数、次品数的情况见表4.2。

表4.2 甲、乙两车间产品的抽查情况

生产车间	合格品数	次品数	合计
甲车间	55	5	60
乙车间	38	2	40
合计	93	7	100

现从100件中随机抽取一件，设 $A=\{\text{合格品}\}$，$B=\{\text{甲车间的产品}\}$，则 $P(A)=\dfrac{93}{100}$，$P(B)=\dfrac{60}{100}$，$P(AB)=\dfrac{55}{100}$。

若已知抽得的是甲车间的产品，则抽得的是合格品的概率为 $P(A|B)=\dfrac{55}{60}$。

显然 $P(A|B)\neq P(A)$。

由题意可知 $P(A|B)=\dfrac{55}{60}=\dfrac{\frac{55}{100}}{\frac{60}{100}}=P(AB)/P(B)$。

由此引出条件概率的定义。

定义 设 A、B 是随机试验的两个事件，且 $P(B)>0$，则称 $P(A|B)=P(AB)/P(B)$ 为在事件 B 发生的条件下事件 A 的条件概率。

同理可定义事件 A 发生的条件下事件 B 的条件概率 $P(B|A)=P(AB)/P(A)$。

【例 4.14】 设有一盒产品共有 10 个，其中次品 3 个。现从中连续取两次，每次任取一个不放回。问第一次取到次品后第二次再取到次品的概率是多少？

解：设 $B=\{$第一次取到次品$\}$，$A=\{$第二次取到次品$\}$。

方法 1：$P(B)=\dfrac{3}{10}$，$P(AB)=C_3^2/C_{10}^2=\dfrac{3}{45}$，所以

$$P(A|B)=P(AB)/P(B)=\dfrac{\dfrac{3}{45}}{\dfrac{3}{10}}=\dfrac{2}{9}$$

方法 2：B 发生后，样本空间变为产品共有 9 个，其中次品 2 个，则 $P(A|B)=\dfrac{2}{9}$。

(2) 乘法公式

由条件概率的定义可得概率的乘法公式。乘法公式：设 $P(A)>0$，则有 $P(AB)=P(A)\times P(B|A)$。将 A、B 的位置对换，可得乘法公式的另一种形式 $P(AB)=P(B)\times P(A|B)$，$P(B)>0$。

利用乘法公式，可以计算两事件 A、B 同时发生的概率。

【例 4.15】 已知 100 件产品中有 4 件次品，无放回地从中抽取 2 次，每次抽取 1 件，求下列事件的概率：①第一次取到次品且第二次取到正品；②两次都取到正品。

解：设 $A=\{$第一次取到次品$\}$，$B=\{$第二次取到正品$\}$。

①因为 $P(A)=\dfrac{4}{100}$，$P(B|A)=\dfrac{96}{99}$，所以第一次取到次品且第二次取到正品的概率为 $P(AB)=P(A)\times P(B|A)=\dfrac{4}{100}\times\dfrac{96}{99}=0.0388$。

②$\bar{A}=\{$第一次取到正品$\}$，且 $P(\bar{A})=1-P(A)=\dfrac{96}{100}$，$P(B|\bar{A})=\dfrac{95}{99}$，所以两次都取到正品的概率为 $P(\bar{A}B)=P(\bar{A})\times P(B|\bar{A})=\dfrac{96}{100}\times\dfrac{95}{99}=0.9212$。

(3) 独立性

在条件概率的讨论中，我们发现，一般情况下 $P(A|B)\neq P(A)$。这说明 B 的发生对 A 的发生是有影响的，即 A、B 是相关的。只有当 B 的发生对 A 的发生没有影响时，才会有 $P(A|B)=P(A)$，这时，说 A、B 是无关的，或说是独立的。

定义 设 A、B 是随机试验的两个事件，如果满足等式 $P(AB)=P(A)\times P(B)$ 则称 A、B 是相互独立的事件。

实际问题中，一般是根据问题的具体情况，按照独立性的直观或经验来判断事件的独立性。

【例 4.16】 甲、乙两人考大学，甲考上的概率是 0.7，乙考上的概率是 0.8，问：

(1)甲乙两人都考上大学的概率是多少？

(2)甲乙两人中至少一人考上大学的概率是多少？

解：设 $A=\{$甲考上大学$\}$，$B=\{$乙考上大学$\}$，则 $P(A)=0.7$，$P(B)=0.8$。

(1)甲乙两人都考上大学的概率是 $P(AB)=P(A)\times P(B)=0.7\times 0.8=0.56$；

(2)甲乙两人中至少一人考上大学的概率是 $P(A+B)=P(A)+P(B)-P(AB)=0.7+0.8-0.56=0.94$。

定理 如果 A、B 相互独立，则 $\bar{A}$ 与 B，A 与 $\bar{B}$，$\bar{A}$ 与 $\bar{B}$ 亦相互独立。

【例 4.17】 已知一批玉米种子的出苗率为 0.9，现每穴种两粒，问一粒出苗一粒不出苗的概率是多少？

解：设两粒种子为甲和乙，且 $A=\{$甲出苗$\}$，$B=\{$乙出苗$\}$。则 $\bar{A}=\{$甲不出苗$\}$，$\bar{B}=\{$乙不出苗$\}$。一粒出苗一粒不出苗的概率是 $P(A\bar{B}\cup \bar{A}B)=P(A\bar{B})+P(\bar{A}B)=P(A)P(\bar{B})+P(\bar{A})P(B)=0.9\times 0.1+0.1\times 0.9=0.18$。

4.1.2.5 全概率

计算中往往希望从已知的简单事件的概率推算出未知的复杂事件的概率。为达到这个目的，经常把一个复杂事件分解成若干个互斥的简单事件之和的形式，然后分别计算这些简单事件的概率，最后利用概率的可加性得到最终结果，全概率公式在这里起着重要的作用。

全概率公式 设随机试验 E 的样本空间为 Ω，B 为 E 的事件，A_1，A_2，…，A_n 为 Ω 的一个划分(一个完备事件组，即 $A_iA_j=\emptyset$；$\bigcup_{i=1}^{n}A_i=\Omega$)，且 $P(A_i)>0$ ($i,j=1,2,…,n$)。

则 $P(B)=\sum_{i=1}^{n}P(A_i)P(B|A_i)$。注意：$A_1$，$A_2$，…，$A_n$ 不一定等概率。

【例 4.18】 甲、乙、丙三人向同一飞机射击。设甲、乙、丙射中的概率分别为 0.4，0.5，0.7。又设如果只有一人射中，飞机坠毁的概率为 0.2；如果只有二人射中，飞机坠毁的概率为 0.6；如果三人射中，飞机必坠毁。求飞机坠毁的概率。

解：设 $B=\{$飞机坠毁$\}$，$A_0=\{$三人都没射中$\}$，$A_1=\{$一人射中$\}$，$A_2=\{$二人射中$\}$，$A_3=\{$三人都射中$\}$。显然，A_0，A_1，A_2，A_3 为 Ω 的一个划分。

$P(A_0)=0.6\times 0.5\times 0.3=0.09$

$P(A_1)=0.4\times 0.5\times 0.3+0.6\times 0.5\times 0.3+0.6\times 0.5\times 0.7=0.36$

$P(A_2)=0.4\times 0.5\times 0.3+0.4\times 0.5\times 0.7+0.6\times 0.5\times 0.7=0.41$

$P(A_3)=0.4\times 0.5\times 0.7=0.14$

$P(A_0)+P(A_1)+P(A_2)+P(A_3)=1$

由题意知 $P(B|A_0)=0$；$P(B|A_1)=0.2$；$P(B|A_2)=0.6$；$P(B|A_3)=1$，于是，由全概率公式得：

$P(B)=\sum_{i=0}^{3}P(A_i)P(B|A_i)=0.09\times 0+0.36\times 0.2+0.41\times 0.6+0.14\times 1=0.458$

说明：如果把样本空间的一个划分看作 B 出现的各种原因，则 $P(A_i)$ 表示了各原因发生的可能性大小，而 $P(A_i)$ 的确定在实际问题中是由以往数据分析得到的，因而称 $P(A_i)$

为先验概率。在此情况下，全概率公式给出了计算 $P(B)$ 的方法。

本单元小结

本单元主要介绍了随机事件、事件间的关系及运算、事件的概率概念、性质、条件概率、乘法公式、事件的独立性以及全概率公式。介绍的概念主要包括：一个概念（随机事件）、两个概型（古典概型和独立概型）和两个概率（古典概率和条件概率）。三个公式包括：加法公式、乘法公式和全概率公式。

相关链接

在事件的独立性概念的基础上，我们给出试验独立性的定义。

定义　设 E_1，E_2 是两个随机试验，A_1 是试验 E_1 的任意一个事件，A_2 是试验 E_2 的任意一个事件，如果 A_1，A_2 总是相互独立的，则称试验 E_1，E_2 互相独立。

简而言之，试验 E_1，E_2 互相独立是指试验 E_1 的结果发生与否不会影响试验 E_2 的结果发生的可能性，反之亦然。例如，E_1 表示甲抛掷一枚骰子，观察朝上面，E_2 表示乙抛掷一枚骰子，观察朝上面。显然，E_1，E_2 互相独立。又如，从一装有 7 个白球，3 个红球的盒子中，每次抽取一个球，观察球的颜色，连续抽取两次，E_1 表示第一次抽取，E_2 表示第二次抽取，如果第一次抽取观察后将球放入盒子，再进行第二次抽取（这种抽取称为有重复抽取或放回抽取），则 E_1，E_2 互相独立。如果第一次抽取观察后球不放回，再进行第二次抽取（这种抽取称为不重复抽取或不放回抽取），则 E_1，E_2 互相不独立。

思考与练习

1. 判断下列事件是不是随机事件：
(1)一批产品有正品，有次品，从中任意抽出一件是"次品"；
(2)"明天下雪"；
(3)"十字路口汽车的流量"；
(4)"在北京，将水加热到100℃就沸腾"；
(5)抛一枚硬币，"出现正面朝上"。

2. 掷两枚均匀的骰子，求下列事件的概率：
(1)"点数和为1"；
(2)"点数和为12"；
(3)"点数和大于10"；
(4)"点数和不超过11"。

3. 假设有甲乙两批种子，发芽率分别是0.8和0.7，在两批种子中各随机取一粒，求：(1)两粒都发芽的概率；(2)至少有一粒发芽的概率；(3)恰有一粒发芽的概率。

4. 某种产品共40件，其中有3件次品，现从中任取2件，求其中至少有1件次品的概率。

5. 某人从北京去上海，他乘火车、乘船、乘汽车、乘飞机的概率分别是0.3、0.2、0.1和0.4，已知他乘火车、乘船、乘汽车而迟到的概率分别是0.25、0.3、0.1，而乘飞机不会迟到。问：这个人迟到的可能性有多大？

单元 4.2　概率分布

知识目标

1. 了解随机变量、分布函数、两点分布、二项分布、正态分布等概念；
2. 理解离散型、连续型随机变量的概念、性质。

技能目标

1. 能用概率分布列、概率密度及分布函数计算有关概率；
2. 能对常见分布进行概率计算。

4.2.1　随机变量

在学习随机事件时，我们注意到它的以下特点：在一次试验中是否发生是不确定的；在大量重复试验中发生的规律性是确定的。现在让我们再观察下面 2 个例子。

【例 4.19】　在 10 件同类型产品中，有 3 件次品，现任取 2 件，用一个变量 X 表示{2 件中的次品数}。则：{$X=0$} 表示事件{取出的 2 件中没有次品}；{$X=1$} 表示{恰好有 1 件次品}；{$X=2$} 表示{恰好有 2 件次品}。于是 $P(X=0) = C_3^0 C_7^2 / C_{10}^2 = \dfrac{7}{15}$，$P(X=1) = C_3^1 C_7^1 / C_{10}^2 = \dfrac{7}{15}$，$P(X=2) = C_3^2 C_7^0 / C_{10}^2 = \dfrac{1}{15}$，此结果也可以统一写成 $P(X=i) = C_3^i C_7^{2-i} / C_{10}^2$（$i=0, 1, 2$）。

【例 4.20】　一个试验小区有某品种玉米 30 株，最高的一株是 2 m，最矮的一株是 1.3 m，如果随意测量小区中一株玉米的株高。用一个变量 X 表示株高，则 X 随着试验结果的不同而在连续区间 [1.3, 2] 上取不同的值。可以看成定义在样本空间 $\Omega = \{\omega | 1.3 \leq \omega \leq 2\}$ 上的一个函数，即 $X = X(\omega)$。

上面例子中的 X 取值是随机的，所取的每一个值都相应于某一随机现象，所取的每个值的概率大小是确定的，所以它是一个随机变量。

定义　设随机试验 E 的样本空间为 Ω，如果对于每一个 $\omega \in \Omega$，有一个实数 $X(\omega)$ 与之对应，则 $X(\omega)$ 称为随机变量，并简记为 X。随机变量可用英文大写字母 X，Y，Z，…（或希腊字母 ξ，η，ζ，…）等表示。

随机变量与一般变量区别：随机变量的取值是随机的（试验前只知道它可能取值的范围，但不能确定它取什么值），且取这些值具有一定的概率，例如 X 取值是 0，相应地有概率 $P(X=0)$；一般变量 X 取值是确定的，例如 X 取值是 0，就是 $X=0$。值得注意的是，用随机变量描述随机现象时，若随机现象比较容易用数量来描述，例如，测量误差的大小、电子管的使用时间、产品的合格数、某一地区的降水量等，则直接令随机变量 X 为误差、使用时间、合格数、降水量等即可，而且 X 可能取的值，就是误差、时间、合格数、降水量等。实际中常遇到一些似乎与数量无关的随机现象，例如，一台机床在八小时是否发生故障，这次考试是否会及格，某人打靶一次能否打中，等等。如何用随机变量描述这些随机现象呢？我们来看一个例子。

【例 4.21】 某人打靶，一发子弹打中的概率为 p，打不中的概率为 $1-p$，用随机变量描述这个随机现象时，通常规定随机变量为：

$$X \begin{cases} 1 & （子弹中靶） \\ 0 & （子弹脱靶） \end{cases}$$

当然也可以用其他的实数作为代号，选择时要有利于计算上的方便。

所以，不论对什么样的随机现象，都可以用随机变量来描述。这样对随机现象的研究就更突出了数量这一侧面，就可以更深入、细致地讨论问题。以后会看到，对随机事件的研究完全可以转化为对随机变量的研究。

据随机变量取值的情况，我们可以将随机变量分为两类：离散型随机变量和非离散型随机变量。若随机变量 X 的所有可能取值是可以一一列举出来的（即取值是可列数），则称 X 为离散型随机变量。如前面随机试验部分的投掷骰子、投掷硬币、种子播种等试验中的随机变量，它们都是离散型随机变量；若随机变量 X 的所有取值不能一一列举出来，则称 X 为非离散型随机变量。非离散型随机变量的范围很广，其中最重要的是连续型随机变量，它是依照一定的概率规律在数轴上的某个区间上取值的。注意它是依照概率规律取值的，所以在有的区间上概率可能较大，而在有的区间可能较小，甚至为零。例如，观察果实的重量、树木的高度等的随机试验中的随机变量重量和高度等是连续型随机变量。

对一个随机变量不仅要了解它的取值，而且要了解它取值的规律，即取值的概率。通常把 X 取值的概率称为 X 的概率分布。

4.2.2 随机变量的概率分布

4.2.2.1 离散型随机变量

定义 若离散型随机变量 X 的所有取值为 $x_1, x_2, \cdots, x_i, \cdots$，且 X 取各个可能值的概率分别为：

$$p_i = P(X = x_i) \quad (i = 1, 2, \cdots) \tag{4-1}$$

则称式(4-1)为离散型随机变量 X 的概率分布，简称分布列或分布。离散型随机变量 X 的分布列也可以用表格形式表示：

X	$x_1, x_2, \cdots, x_i, \cdots$
p	$p_1, p_2, \cdots, p_i, \cdots$

这个表称为概率分布表。

由概率的定义，显然 p_i 满足下列两个性质：

性质 1 $p_i \geq 0 (i=1, 2, \cdots)$；

性质 2 $\sum_{i=1}^{\infty} p_i = 1$。

如例 4.19 中"任取 2 件，2 件中次品数 X 的分布列"为：

X	0	1	2
p	7/15	7/15	1/15

4.2.2.2 连续型随机变量

定义 设随机变量 X，如果存在非负可积函数 $f(x)$ $(-\infty<x<+\infty)$，使得对任意实数 $a\leq b$，有 $P(a\leq x\leq b)=\int_a^b f(x)\mathrm{d}x$，则称 X 为连续型随机变量，称 $f(x)$ 为 X 的概率密度函数，简称概率密度或分布密度。

由定义可知，概率密度有下列性质：

性质 1 $f(x)\geq 0$(因为概率不能小于 0)，该性质说明，$y=f(x)$ 的曲线位于 x 轴上方；

性质 2 $\int_{-\infty}^{+\infty} f(x)\mathrm{d}x=1$，该性质说明，$y=f(x)$ 与 x 轴之间的平面图形的面积等于 1；

性质 3 $P(X=a)=0$，该性质说明，连续型随机变量在任意一点处的概率都是 0。

推论 $P(a<X<b)=P(a<X\leq b)=P(a\leq X<b)=p(a\leq X\leq b)=\int_a^b f(x)\mathrm{d}x$。

【例 4.22】 设随机变量 X 的概率密度函数是 $f(x)=\begin{cases}0 & (x<0)\\ ce^{-2x} & (x\geq 0)\end{cases}$ 试求：(1)常数 c；(2)X 落在区间(1, 1.5)的概率。

解：(1)由概率密度函数的性质，可得 $\int_{-\infty}^{+\infty} f(x)\mathrm{d}x=\int_0^{+\infty} ce^{-2x}\mathrm{d}x=1$，得 $c=2$。

(2)X 的概率密度函数是 $f(x)=\begin{cases}0 & (x<0)\\ 2e^{-2x} & (x\geq 0)\end{cases}$。

所以，$P(1<X<1.5)=\int_1^{1.5} 2e^{-2x}\mathrm{d}x = e^{-2} - e^{-3} \approx 0.086$。

4.2.3 随机变量的分布函数

上面我们介绍了离散型随机变量的概率分布 p_i 和连续型随机变量的概率密度 $f(x)$，为了使随机变量的描述方法统一，下面引入分布函数的概念。

定义 设 X 是一个随机变量，x 为任意的实数，则 $F(x)=P(X\leq x)(-\infty<x<+\infty)$ 为随机变量 X 的分布函数(或称为累积分布函数)，记作 $F(x)$。

分布函数 $F(x)$ 具有如下性质：

性质 1 $F(x)$ 是 x 的非减函数；

性质 2 $0\leq F(x)\leq 1$；

性质 3 $F(-\infty)=\lim\limits_{x\to-\infty} F(x)=0$，$F(+\infty)=\lim\limits_{x\to+\infty} F(x)=1$。

对于离散型随机变量 X，若它的概率分布是 $p_i = P(X = x_i)(i = 1, 2, \cdots)$，则 X 的分布函数为：

$$F(x) = P(X \leq x) = \sum_{x_i \leq x} p_i \qquad (4\text{-}2)$$

对于连续型随机变量 X，其概率密度为 $f(x)$，则它的分布函数为：

$$F(x) = P(X \leq x) = \int_{-\infty}^{x} f(t)\,\mathrm{d}t \qquad (4\text{-}3)$$

即分布函数是概率密度的变上限的定积分。由微分知识可知，在 $f(x)$ 的连续点 x 处，有 $F'(x) = f(x)$，也就是说概率密度是分布函数的导数。所以，$\int_a^b f(x)\,\mathrm{d}x = F(b) - F(a)$。

4.2.4 几种常见的概率分布

下面介绍几个属于上述两种类型的重要的随机变量。

4.2.4.1 两点分布

定义 如果随机变量 X 只可能取 0 和 1 两个值，其概率分布为：

$$P(X = 1) = p,\ P(X = 0) = 1 - p \quad (0 < p < 1)$$

则称 X 服从两点分布，或称 X 具有两点分布。两点分布也称为 (0-1) 分布。

如果一个试验，其结果只有两个，则可以用两点分布来描述。

【例 4.23】 设一个口袋中有 3 个红球和 7 个白球，现从中随机摸一个球，如果每个球被摸的机会相等，并且用"1"表示摸到红球，用"0"表示摸到白球，则随机摸到一球所取得值 X 是一个离散型随机变量，可以表示为两点分布，即：

$$X \begin{cases} 1 & (\text{摸到红球}) \\ 0 & (\text{摸到白球}) \end{cases}$$

其概率分布为：

$$P(X = 1) = C_3^1 / C_{10}^1 = \frac{3}{10}$$

$$P(X = 0) = C_7^1 / C_{10}^1 = \frac{7}{10}$$

4.2.4.2 二项分布

定义 如果试验 E 每次的试验结果只有两个 A 和 $\bar{A}$，且 $P(A) = p$ 保持不变，将试验 E 在相同条件下独立地重复进行 n 次，则称此 n 次重复独立试验为伯努利（Bernoulli）试验。

在伯努利试验中，事件 A 可能发生 0 次，1 次，$\cdots$，n 次，现在我们来计算 n 次试验中事件 A 恰好发生 $k(0 \leq k \leq n)$ 次的概率 $P_n(k)$。

由于试验的独立性，事件 A 在 k 次试验中发生，而在 $n-k$ 次试验中不发生的概率可由概率乘法公式得出为 $p^k(1-p)^{n-k}$，又由于事件 A 在 n 次试验中发生 k 次共有 C_n^k 种可能情形，因此由概率加法定理可知：

$$P_n(k) = C_n^k p^k q^{n-k} \quad (k = 0, 1, 2, \cdots, n; q = 1 - p) \tag{4-4}$$

如果以 X 表示伯努利试验中事件 A 发生的次数，则 X 是一个随机变量，其所有可能取得值是 $0, 1, \cdots, n$，因此：

$$P(X = k) = P_n(k) = C_n^k p^k q^{n-k} \quad (k = 0, 1, 2, \cdots, n) \tag{4-5}$$

显然，$P(X=k) \geq 0$ $(k=0, 1, 2, \cdots, n)$，且 $\sum_{k=0}^{n} C_n^k p^k q^{n-k} = 1$。

如果随机变量 X 的概率分布为：

$$p_k = P(X = k) = C_n^k p^k q^{n-k} \quad (k = 0, 1, 2, \cdots, n; 0 < p < 1; q = 1 - p)$$

则称 X 服从参数为 n、p 的二项分布，并记作 $X \sim B(n, p)$。

特殊情形，当 $n=1$ 时，则二项分布变为：

$$P(X=k) = p^k q^{1-k} \quad (k = 0, 1)$$

即 $\quad P(X=1) = p, P(X=0) = q$

这即为两点分布。因此，两点分布可以看成二项分布的特殊情形。

【例 4.24】 有一批蛋，其孵出率为 0.9，现在该批种蛋中任取 10 只进行孵化，试求孵出 8 只小鸡的概率。

解：对每只种蛋进行孵化可以看作一次试验，又每只种蛋是否孵出小鸡是互不影响的，所以任取 10 只进行孵化即进行了 10 次互相独立的试验。又每次试验的结果只有两种可能，即孵出和不孵出，所以是伯努利试验。以 X 表示孵出小鸡的只数，则 X 是随机变量，且 $X \sim B(10, 0.9)$，则孵出 8 只小鸡的概率为：

$$P(X=8) = C_{10}^8 p^8 q^{10-8} = 45 \times 0.9^8 \times 0.1^2 = 0.1937$$

4.2.4.3 正态分布

定义 如果连续型随机变量 X 的概率密度函数是 $f(x) = (1/\sigma\sqrt{2\pi}) e^{-\frac{1}{2\sigma^2}(x-\mu)^2}$ $(-\infty < x < +\infty)$，则称 X 服从正态分布，记作 $X \sim N(\mu, \sigma^2)$，其中 $\mu, \sigma (-\infty < \mu < +\infty, \sigma > 0)$ 是两个常数，称为参数。显然 $f(x) \geq 0$，且 $\int_{-\infty}^{+\infty} f(x) \mathrm{d}x = 1$。

正态分布概率密度函数 $f(x)$ 的图像如图 4.7 所示，为对称的山状曲线，称为正态曲线。

$f(x)$ 的图像具有如下性质：

(1) $f(x)$ 关于 $x=\mu$ 对称；

(2) $f(x)$ 在 $x=\mu$ 处达到最大，最大值为 $1/\sigma\sqrt{2\pi}$；

(3) $f(x)$ 在 $x=\mu \pm \sigma$ 处曲线有 2 个拐点，且以 x 轴为水平渐近线；

(4) 参数 μ, σ 的几何意义：μ 为曲线中心位置的横坐标；σ 表示曲线的陡峭程度，σ 越大，曲线越平坦，σ 越小曲线越陡。

若正态分布 $N(\mu, \sigma^2)$ 中的两个参数 $\mu=0, \sigma=1$ 时，称 X 服从标准正态分布，记作 $N(0, 1)$。标准正态分布的图形关于 y 轴对称，如图 4.8 所示。

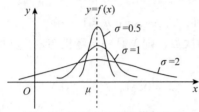
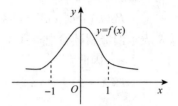

图 4.7　正态分布概率密度曲线　　　图 4.8　标准正态概率密度曲线

通常用 $z(x)$ 与 $Z(x)$ 表示标准正态分布的密度函数与分布函数，即：

$$z(x) = (1/\sqrt{2\pi})e^{-x^2/2} \quad (-\infty < x < +\infty)$$

$$Z(x) = P(X \leq x) = \int_{-\infty}^{x} z(t)dt = \int_{-\infty}^{x} (1/\sqrt{2\pi})e^{-t^2/2}dt$$

这说明：若随机变量 $X \sim N(0, 1)$，则 $P(X \leq x)$ 等于标准正态概率密度曲线下小于 x 的区域面积，如图 4.9 所示的阴影部分的面积。从而得 $P(a < x \leq b)$ 为 $P(a < x \leq b) = \int_{a}^{b}(1/\sqrt{2\pi})e^{-t^2/2}dt = Z(b) - Z(a)$。

由于 $Z(x)$ 是偶函数（图 4.10），可知 $Z(-x) = 1 - Z(x)$ 或 $Z(x) = 1 - Z(-x)$，所以 $Z(0) = 0.5$。

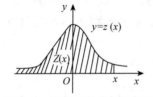
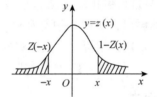

图 4.9　标准正态分布概率图　　　图 4.10　$Z(-x)$ 的含义图

标准正态分布的分布函数值可以用附表 1（标准正态分布数值表）查得，例如：$Z(0.52) = P(X \leq 0.52) = 0.6985$；$Z(1.96) = P(X \leq 1.96) = 0.9750$。

正态分布是一个比较重要的分布，在数理统计中占有重要的地位，这一方面是因为自然现象和社会现象中，大量的随机变量如：测量误差、灯泡寿命、农作物的收获量、人的身高与体重、射击时弹着点与靶心的距离等都可以认为服从正态分布。另一方面，只要某个随机变量是大量相互独立的随机因素的和，而且每个因素的个别影响都很微小，那么这个随机变量也可以认为服从或近似服从正态分布。

正态分布的概率计算经常被用到，若它是标准正态分布 $N(0, 1)$，可直接查附表 1 得到。若为一般正态分布，则要经过标准化变换，化为标准正态分布进行计算。下面我们直接给出一个重要定理，再举例说明如何计算。

定理　设随机变量 $X \sim N(\mu, \sigma^2)$，令 $Z = \dfrac{X-\mu}{\sigma}$，则随机变量 $Z \sim N(0, 1)$。

【**例 4.25**】　设 $X \sim N(1, 0.2^2)$，求 $P(X < 1.2)$ 及 $P(0.7 \leq X < 1.1)$。

解：令 $Z = \dfrac{X-\mu}{\sigma} = \dfrac{X-1}{0.2}$，则 $Z \sim N(0, 1)$，于是：

$$P(X<1.2) = P\left(Z<\dfrac{1.2-1}{0.2}\right) = P(Z<1) = Z(1) = 0.8413$$

$$P(0.7 \leqslant X \leqslant 1.1) = P\left(\dfrac{0.7-1}{0.2} \leqslant Z \leqslant \dfrac{1.1-1}{0.2}\right)$$
$$= P(-1.5 \leqslant Z \leqslant 0.5) = Z(0.5) - Z(-1.5)$$
$$= Z(0.5) + Z(1.5) - 1 = 0.6915 + 0.9332 - 1 = 0.6247$$

【例 4.26】 已知某车间工人完成某道工序的时间 X 服从正态分布 $X \sim N(10, 3^2)$，求：(1) 从该车间工人中任选一人，其完成该道工序的时间不到 7 min 的概率；(2) 为了保证生产连续进行，要求以 95% 的概率保证该道工序上工人完成工作时间不多于 15 min，这一要求能否得到保证？

解：因 $X \sim N(10, 3^2)$，则 $Z = \dfrac{X-\mu}{\sigma} = \dfrac{X-10}{3} \sim N(0, 1)$。

(1) $P(X<7) = P\left(Z<\dfrac{7-10}{3}\right) = P(Z<-1) = Z(-1) = 1 - Z(1) = 1 - 0.8413 = 0.1587$

即从该车间工人中任选一人，其完成该道工序的时间不到 7 min 的概率为 0.1587。

(2) $P(X \leqslant 15) = P\left(Z<\dfrac{15-10}{3}\right) = P(Z \leqslant 1.67) = Z(1.67) = 0.9525 > 0.95$

即该道工序可以 95% 的概率保证工人完成工作时间不多于 15 min，因此可以保证生产连续进行。

下面简单介绍一下实际中经常用到的正态分布的 3σ 原则。

由标准正态分布的查表计算，可以求得当随机变量 $X \sim N(0, 1)$ 时：

$$P(|X|<1) = P(-1<X<1) = Z(1) - Z(-1) = 2Z(1) - 1 = 0.6826$$
$$P(|X|<2) = P(-2<X<2) = Z(2) - Z(-2) = 2Z(2) - 1 = 0.9544$$
$$P(|X|<3) = P(-3<X<3) = Z(3) - Z(-3) = 2Z(3) - 1 = 0.9974$$

可见，X 的取值绝大部分(99.74%)落在区间 $(-3, 3)$ 内，将该结论推广到一般的正态分布，即随机变量 $X \sim N(\mu, \sigma^2)$，就有：

$$P(|X-\mu|<\sigma) = 0.6826$$
$$P(|X-\mu|<2\sigma) = 0.9544$$
$$P(|X-\mu|<3\sigma) = 0.9974$$

显然，随机变量 $X \sim N(\mu, \sigma^2)$ 时，X 的取值绝大部分(99.74%)落在区间 $(\mu-3\sigma, \mu+3\sigma)$ 内，这就是通常所说的 3σ 原则。

4.2.4.4 利用 Excel 进行二项分布、正态分布的概率运算

利用 Excel 中的统计函数工具，可以计算二项分布、正态分布等常用概率分布的概率值、累积(分布)概率等。下面结合例题进行介绍。

(1)二项分布的概率值计算

用 Excel 来计算二项分布的概率值 P_k 需要用 BINOMDIST 函数,其格式为:

BINOMDIST(number_s,trials,probability_s,cumulative)

其中,number_s:试验成功的次数 k;

trials:独立试验的总次数 n;

probability_s:一次试验中成功的概率 p;

cumulative:为一逻辑值,若取 0 或 FALSE 时,计算概率值 P_k。

即对二项分布 $B(n,p)$ 的概率值 P_k,有 P_k=BINOMDIST(k,n,p,0);

现结合下列机床维修问题的概率计算稀疏现象(小概率事件)的发生次数来说明计算二项分布概率的具体步骤。

【例 4.27】 某车间有各自独立运行的机床若干台,设每台机床发生故障的概率为 0.01,每台机床的故障需要一名维修工来排除,试求在下列两种情形下机床发生故障而得不到及时维修的概率:一人负责 15 台机床的维修。

解:第一种方法:手动计算。

依题意,维修人员是否能及时维修机床,取决于同一时刻发生故障的机床数。

设 X 表示 15 台机床中同一时刻发生故障的台数,则 $X \sim B(15,0.01)$。而 $P_k = P(X=k) = C_{15}^{k}(0.01)^k(0.99)^{15-k}$ ($k=0,1,2,\cdots,15$),故所求概率为:

$P(X \geq 2) = 1 - P(X \leq 1) = 1 - P(X=0) - P(X=1) = 1 - (0.99)^{15} - 15 \times 0.01 \times (0.99)^{14} = 1 - 0.8600 - 0.1303 = 0.0097$

第二种方法:Excel 求解。

已知 15 台机床中同一时刻发生故障的台数 $X \sim B(n,p)$,其中 $n=15$,$p=0.01$,则所求概率为:

$P(X \geq 2) = 1 - P(X \leq 1) = 1 - P(X=0) - P(X=1) = 1 - P_{15}(0) - P_{15}(1)$

利用 Excel 计算概率值 $P_{15}(1)$ 的步骤为:

①函数法:在单元格中或工作表上方编辑栏中输入"=BINOMDIST(1,15,0.01,0)"后回车,选定单元格即出现 $P_{15}(1)$ 的概率为 0.130312(图 4.11)。

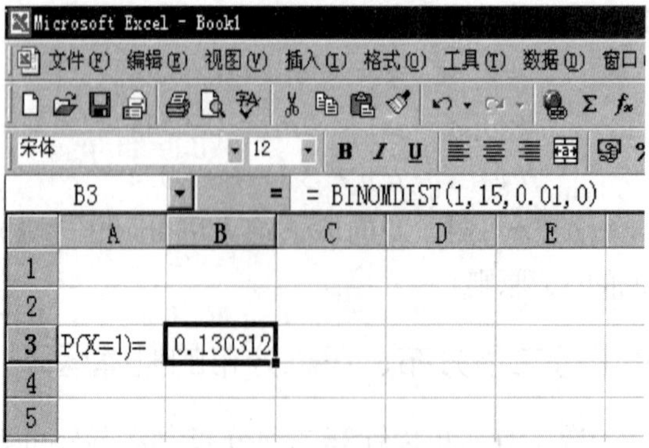

图 4.11 直接输入函数公式的结果(函数法)

②菜单法：点击图标"f_x"或选择"插入"下拉菜单的"函数"子菜单，即进入"函数"对话框(图 4.12)。

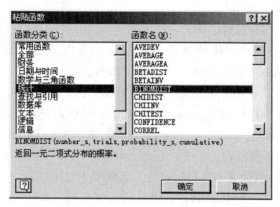

图 4.12 "插入"下的"函数"对话框

在函数对话框中，"函数分类"中选择"统计"，"函数名字"中选定"BINOMDIST"，再单击"确定"(图 4.12)。

进入"BINOMDIST"对话框(图 4.13)，对选项输入适当的值：

在 Number_s 窗口输入：1(试验成功的次数 k)；

在 Trials 窗口输入：15(独立试验的总次数 n)；概率 p；

在 Cumulative 窗口输入：0(或 FALSE，表明选定概率值)；

在 Probability_s 窗口输入：0.01(一次试验中成功的概率 p_k)；

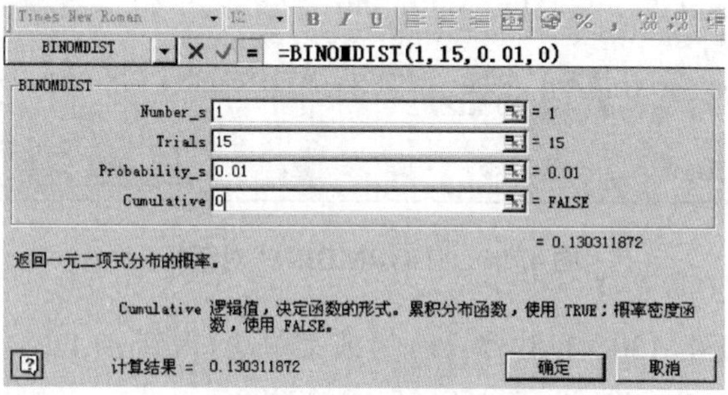

图 4.13 "BINOMDIST"对话框

最后单击"确定"，相应单元格中就出现 $P_{15}(1)$ 的概率为 0.130312。

类似地，若要求 $P_{15}(0)$ 的概率值，只需直接输入"= BINOMDIST(0, 15, 0.01, 0)"或利用菜单法，在其第 3 步选项 Number_s 窗口输入 0，即可得概率值 0.860058，则

$$P(X \geq 2) = 1 - P_{15}(0) - P_{15}(1) = 1 - 0.860058 - 0.130312 = 0.00963$$

(2)正态分布的分布函数及概率计算

①NORMDIST 函数计算正态分布 $N(\mu, \sigma^2)$ 的分布函数值 $F(x)$ 和密度值 $f(x)$：在 Excel 中，用函数 NORMDIST 计算给定均值 μ 和标准差 σ 的正态分布 $N(\mu, \sigma^2)$ 的分布函数值 $F(x) = P(X \leq x)$ 和概率密度函数值 $f(x)$。其格式为：

NORMDIST(x, mean, standard_dev, cumulative)

其中，x：为需要计算其分布的数值；

Mean：正态分布的均值 μ；

standard_dev：正态分布的标准差 σ；

cumulative：为一逻辑值，指明函数的形式。如果取 1 或 TRUE，则计算分布函数 $F(x) = P(X \leq x)$；如果取 0 或 FALSE，计算密度函数 $f(x)$。

即对正态分布 $N(\mu, \sigma^2)$ 的分布函数值 $F(x)$ 和密度函数值 $f(x)$，有

$$F(x) = \text{NORMDIST}(x, \mu, \sigma, 1); f(x) = \text{NORMDIST}(x, \mu, \sigma, 0)$$

说明：如果 mean=0 且 standard_dev=1，函数 NORMDIST 将计算标准正态分布 $N(0, 1)$ 的分布函数 $Z(x)$ 和密度 $z(x)$。

【例4.28】 对零件直径 $X \sim N(135, 5^2)$，求概率 $P(130 \leq X \leq 150)$（Excel求解）。

在 Excel 中，输入"=NORMDIST(150, 135, 5, 1)"即可得到（累积）分布函数 $F(150)$ 的值"0.998650"，或用菜单法进入函数"NORMDIST"对话框，输入相应的值（图 4.14）即可得同样结果。

图 4.14 "NORMDIST"对话框

再输入"=NORMDIST(130, 135, 5, 1)"（或菜单法）得到 $F(130)$ 的值"0.158655"，故 $P(130 \leq X \leq 150) = 0.998650 - 0.158655 = 0.839995$

②NORMSDIST 函数计算标准正态分布 $N(0, 1)$ 的分布函数值 $Z(x)$：函数 NORMSDIST 是用于计算标准正态分布 $N(0, 1)$ 的（累积）分布函数 $Z(x)$ 的值，该分布的均值为 0，标准差为 1，该函数计算可代替书后附表 1 所附的标准正态分布表。其格式为 NORMSDIST(z)。其中 z：为需要计算其分布的数值，即对标准正态分布 $N(0, 1)$ 的分布函数 $Z(x)$，有 $Z(x) = \text{NORMSDIST}(x)$。

【例4.29】 设 $Z \sim N(0, 1)$，试求 $P(-2 \leq Z \leq 2)$。

输入"=NORMSDIST(2)"可得 $Z(2)$ 的值"0.97724994"，输入"=NORMSDIST(-2)"可得 $Z(-2)$ 的值"0.02275006"，故 $P(-2 \leq Z \leq 2) = Z(2) - Z(-2) = 0.9772 - 0.0228 = 0.9544$。

本单元小结

本单元引入了随机变量的概念,并讨论了离散型随机变量和连续型随机变量的概率分布或概率密度函数、分布函数及常见的随机变量分布,重点介绍了正态分布的密度函数、分布函数、密度曲线的特点,标准正态分布的概率运算,一般正态分布的标准化变换及概率的求算。此外,还介绍了如何利用 Excel 求算二项分布和正态分布的概率。

思考与练习

1. 将一枚一元硬币连掷 4 次,如果出现菊花面数的和记为 X,试写出 X 的概率分布列。

2. 设随机变量 X 的概率密度为:
$$f(x) = \begin{cases} Kx & (0 \leq x \leq 1) \\ 0 & (其他) \end{cases}$$
求:(1)常数 K;(2)$P(0.3<X<0.7)$,$P(X \leq 0.5)$。

3. 设随机变量 X 服从二点分布 $P(X=1)=p$,$P(X=0)=1-p$,求分布函数 $F(x)$。

4. 设某射手每次击中目标的概率是 0.9,现连续射击 30 次,求:"击中目标次数 X" 的概率分布。

5. 设随机变量 X 服从标准正态分布 $N(0,1)$,求:
(1)$P(0<X<1.9)$;(2)$P(|X|<1)$;(3)$P(X>-1.77)$。

6. 设随机变量 X 服从正态分布 $N(3,16)$,求:$P(4<X<8)$。

单元 4.3　统计中的常用分布

知识目标

1. 了解正态总体样本均值分布、t 分布、χ^2 分布、F 分布;
2. 理解正态总体样本均值分布、t 分布、χ^2 分布、F 分布等概念。

技能目标

1. 会计算样本均值、标准误;
2. 会查标准正态分布、t 分布、χ^2 分布、F 分布表。

研究总体与从中抽取的样本之间的关系是统计学的中心内容。对这种关系的研究可以从两个方面着手:一是从总体到样本,就是研究抽样分布;二是从样本到总体,就统计推断。统计推断是以总体分布和样本抽样分布的理论关系为基础的。为了能正确地利用样本去推断总体,正确理解统计推断的结论,需对样本的抽样分布有所了解。下面介绍几个与样本相关的常用统计量的抽样分布。

4.3.1 样本均值的抽样分布

4.3.1.1 样本均值的分布

定理 设总体 $X \sim N(\mu, \sigma^2)$，又 $x_1, x_2, \cdots, x_n$ 是 X 的一个样本，则样本均值 $\bar{x} = \frac{1}{n}\sum_{i=1}^{n} x_i$ 也是一个服从正态分布的随机变量，且 $\bar{x} \sim N(\mu, \frac{\sigma^2}{n})$。

当总体 $X \sim N(\mu, \sigma^2)$ 时，不论样本容量 n 多大，均有 $\bar{x} \sim N(\mu, \frac{\sigma^2}{n})$。如果总体 X 不服从正态分布，那么当样本容量 n 充分大时，样本均值 $\bar{x}$ 近似地服从正态分布。

因为 $\bar{x} \sim N(\mu, \frac{\sigma^2}{n})$，将 $\bar{x}$ 标准化，得 $Z = \frac{\bar{x} - \mu}{\sigma/\sqrt{n}} \sim N(0, 1)$，则统计量 Z 服从标准正态分布。

4.3.1.2 标准正态分布的临界值

在研究统计量 Z 的分布问题时，常用到标准正态分布的分界点，为此给出标准正态分布的双侧临界值、上侧临界值、下侧临界值的定义。

（1）双侧临界值

如果 $Z \sim N(0, 1)$，对于给定正数 α（α 为一小概率，通常取值为 0.05，0.01 等），满足 $P(|Z| > Z_\alpha) = \alpha$ 或者 $P(|Z| \leq Z_\alpha) = 1 - \alpha$ 的点 Z_α 的值，称为标准正态分布的 α 水平的双侧临界值。

标准正态分布的双侧临界值的几何意义可从图 4.15 中看出，在临界值 $\pm Z_\alpha$ 点的左、右侧部分的面积均为 $\frac{\alpha}{2}$。标准正态分布的双侧临界值可通过附表 2（标准正态分布的双侧临界值表）查得。例如，当 $\alpha = 0.05$ 时，查标准正态分布的双侧临界值表有 $Z_\alpha = Z_{0.05} = 1.96$；当 $\alpha = 0.01$ 时，$Z_\alpha = Z_{0.01} = 2.58$。

（2）上侧临界值与下侧临界值

定义 如果 $Z \sim N(0, 1)$，对于给定正数 α（通常 α 取 0.05，0.01 等），满足 $P(Z > Z_{2\alpha}) = \alpha$ 的点 $Z_{2\alpha}$ 的值，称为标准正态分布的 α 水平的上侧临界值；满足 $P(Z < -Z_{2\alpha}) = \alpha$ 的点 $-Z_{2\alpha}$ 的值，称为标准正态分布的 α 水平的下侧临界值。

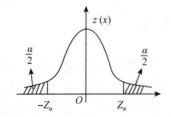

图 4.15 标准正态分布的双侧临界值

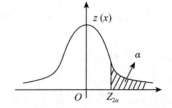

图 4.16 标准正态分布的上侧临界值

标准正态分布的上侧临界值的几何意义可从图 4.16 中看出，在临界值 $Z_{2\alpha}$ 右侧的面积为 α，在临界值 $Z_{2\alpha}$ 左侧的面积为 $1-\alpha$。

根据标准正态分布对称性的特点可得出：标准正态分布的 α 水平的上侧临界值 $Z_{2\alpha}$，为 2α 水平的双侧临界值，因此，查 2α 水平的双侧临界值表可得 $Z_{2\alpha}$ 的数值；而标准正态分布的 α 水平的下侧临界值为上侧临界值的相反数。

4.3.1.3 标准误

标准误，又称均值抽样总体的标准差，$\sigma_{\bar{x}} = \dfrac{\sigma}{\sqrt{n}}$ 的大小反映样本均值 $\bar{x}$ 抽样误差的大小，即精确性高低。标准误 $\sigma_{\bar{x}}$ 大，说明各样本均值之间差异大，样本均值的精确性低；反之，标准误 $\sigma_{\bar{x}}$ 小，说明各样本均值之间差异小，样本均值的精确性高。标准误 $\sigma_{\bar{x}}$ 的大小与原总体的标准差 σ 呈正比，与样本容量 n 的平方根呈反比。从某特定总体抽样，因为 σ 是一个常数，所以只有增大样本容量才能降低样本均值的抽样误差。

在实际工作中，总体标准差 σ 往往是未知的，因而无法求得 $\sigma_{\bar{x}}$。此时，可用样本标准差 s 估计总体标准差 σ。这样，用 $\dfrac{s}{\sqrt{n}}$ 估计 $\sigma_{\bar{x}}$。记 $\dfrac{s}{\sqrt{n}}$ 为 $s_{\bar{x}}$，称为样本标准误或均值标准误。样本标准误 $s_{\bar{x}}$ 是均值抽样误差的估计值。

若样本中各个观测值为 $x_1, x_2, \cdots, x_n$，则：

$$s_{\bar{x}} = \frac{s}{\sqrt{n}} = \sqrt{\frac{\sum (x-\bar{x})^2}{n(n-1)}} = \sqrt{\frac{\sum x^2 - \frac{1}{n}(\sum x)^2}{n(n-1)}} \tag{4-6}$$

样本标准差 s 与样本标准误 $s_{\bar{x}}$ 是既有联系又有区别的两个统计量。上式指明了二者的联系。二者的区别在于：样本标准差 s 是表示样本中各个观测值变异程度大小的统计数，它的大小表示样本均值 $\bar{x}$ 对该样本代表性的强弱；样本标准误 $s_{\bar{x}}$ 是样本均值 $\bar{x}$ 的标准差，它是样本均值 $\bar{x}$ 抽样误差的估计值，它的大小表示样本均值 $\bar{x}$ 精确性的高低。

对于大样本资料，常将样本标准差 s 与样本均值 $\bar{x}$ 配合使用，记为 $\bar{x} \pm s$，用以表示所考察性状或指标的优良性与稳定性；对于小样本资料，常将样本标准误 $s_{\bar{x}}$ 与样本均值 $\bar{x}$ 配合使用，记为 $\bar{x} \pm s_{\bar{x}}$，用以表示所考察性状或指标的优良性与抽样误差的大小。

4.3.2 t 分布

4.3.2.1 t 分布的概念

定义 设 $X \sim N(0, 1)$，$Y \sim \chi^2_{(n)}$，X 与 Y 相互独立，则称随机变量 $t = X/\sqrt{\dfrac{Y}{n}}$ 服从参数为 n 的 t(student) 分布，记作 $t \sim t(n)$，n 也称为自由度，自由度通常用 df 表示，即 $df = n$。

t 分布的概率密度函数为：

$$f(t) = \frac{\Gamma[(n+1)/2]}{\sqrt{n\pi}\,\Gamma(n/2)}(1+t^2/n)^{-(n+1)/2} \quad (-\infty < t < +\infty)$$

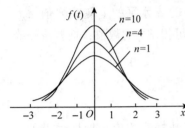

图 4.17 t 分布的概率密度曲线

函数 $f(t)$ 的图形如图 4.17 所示，它是关于 $t=0$ 对称的，可以证明当 n 很大时，t 分布近似于 $N(0,1)$，而 n 很小时差异很大。

在后面讨论中，对于正态总体 $X \sim N(\mu, \sigma^2)$ 的一组样本（样本容量 $n<30$），经常要用到统计量：$t = \dfrac{(\bar{x}-\mu)}{\dfrac{s}{\sqrt{n}}}$，

对于该统计量分布，我们直接给出结论：

定理 设 $x_1, x_2, \cdots, x_n$ 是从总体 $X \sim N(\mu, \sigma^2)$ 中抽取出来的一个样本，其中 $n<30$，则随机变量 $t = \dfrac{(\bar{x}-\mu)}{\dfrac{s}{\sqrt{n}}} \sim t_{(n-1)}$，自由度 $df = n-1$。

定理 设 X 与 Y 是相互独立的两个随机变量，$x_1, x_2, \cdots, x_{n_1}$ 是从总体 $X \sim N(\mu_1, \sigma^2)$ 中抽取的一组样本，$y_1, y_2, \cdots, y_{n_2}$ 是从总体 $Y \sim N(\mu_2, \sigma^2)$ 的一组样本，则：

$$t = \frac{(\bar{x}-\bar{y})-(\mu_1-\mu_2)}{\sqrt{\dfrac{(n_1-1)s_1^2+(n_2-1)s_2^2}{(n_1+n_2-2)} \cdot \left(\dfrac{1}{n_1}+\dfrac{1}{n_2}\right)}} \sim t_{(n_1+n_2-2)} \tag{4-7}$$

式中，$\bar{x}$，$\bar{y}$ 分别是两总体的样本均值；s_1^2，s_2^2 分别是两总体的样本方差；n_1，n_2 分别是两总体的样本容量，均为小样本。

当 $n_1 = n_2 = n$ 时，有

$$t = \frac{(\bar{x}-\bar{y})-(\mu_1-\mu_2)}{\sqrt{s_1^2+s_2^2}/\sqrt{n}} \sim t_{(2n-2)} \tag{4-8}$$

t 分布概率密度曲线的性质：

性质 1 t 分布曲线为左右对称的曲线；

性质 2 $x=0$ 处，纵高值最大；

性质 3 t 分布曲线随自由度不同而异，t 分布为单峰曲线，离散度较正态曲线大，尤其是自由度小的 t 分布，更为明显；

性质 4 当自由度为无穷大时，则 t 分布与正态分布相当。

4.3.2.2 t 分布的临界值

（1）双侧临界值

对于给定，$0<\alpha<1$，如果有 $P\{|t|>t_{\alpha(df)}\} = \int_{-\infty}^{-t_\alpha(df)} f(t)\mathrm{d}t + \int_{t_\alpha(df)}^{+\infty} f(t)\mathrm{d}t = \alpha$，则称 $t_{\alpha(df)}$ 为 t 分布的 α 水平的双侧临界值（图 4.18），其中 $f(t)$ 为 t 分布的概率密度。

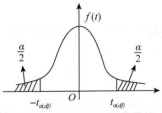

图 4.18 t 分布的双侧临界值

(2)上侧临界值与下侧临界值

如果有 $P\{t>t_{2\alpha(df)}\} = \int_{t_{2\alpha(df)}}^{+\infty} f(t)\mathrm{d}t = \alpha$,则称 $t_{2\alpha(df)}$ 为 t 分布的 α 水平的上侧临界值;如果有 $P\{t<-t_{2\alpha(df)}\} = \int_{-\infty}^{-t_{2\alpha(df)}} f(t)\mathrm{d}t = \alpha$,则称 $-t_{2\alpha(df)}$ 为 t 分布的 α 水平的下侧临界值。

t 分布的双侧临界值,可由附表3查得,与标准正态分布的双侧临界值表的查法类似,①整个曲线下的面积为1;②曲线是以 $t=0$ 为对称,则可以根据此表求出任何部分的面。t 分布与正态分布表的区别在于前者要考虑自由度。

已知两尾的阴影面积 α 和自由度后,可从表中找到对应的双侧临界值 $t_{\alpha(df)}$。如果要查询 α 上侧临界值,则应查 2α 的双侧临界值(即 α 的上侧临界值等于 2α 的双侧临界值)。

例 $\alpha = 0.05$,$df = 20$,查得 α 的双侧临界值为 $t_{0.05(20)} = 2.086$,而 α 的上侧临界值为 $t_{0.10(20)} = 1.725$。

例如,查附表3求,$df = 9$ 时,(1)$\alpha = 0.05$ 时,t 分布的双侧临界值;(2)$P(t \leqslant -1.833)$。

解:(1)$\alpha = 0.05$,$df = 9$ 时,查 t 分布的双侧临界值表(附表3),得 $t_{0.05(9)} = 2.262$;

(2)根据 t 分布的对称性,$P(t \leqslant -1.833) = P(t \geqslant 1.833)$。

当 $df = 9$ 时,查 t 分布的双侧临界值表,得 $t_{0.10(9)} = 1.833$。

当 $\alpha = 0.05$ 时,t 分布的 α 水平上侧临界值为 $t_{0.10}$,所以 $P(t \leqslant -1.833) = P(t \geqslant 1.833) = P[t \geqslant t_{0.10(9)}] = 0.05$。

t 分布的极限分布为标准正态分布,当 $df > 45$ 时,可利用正态分布 $N(0,1)$ 近似:$t_{\alpha(45)} \approx Z_\alpha$。

4.3.3 χ^2 分布

4.3.3.1 χ^2 分布的概念

定义 如果 $x_1, x_2, \cdots, x_n$ 是从总体 X 中抽取出来的一个样本,且 $x_i \sim N(0,1)$($i = 1, 2, \cdots$),则统计量 $\chi^2 = x_1^2 + x_2^2 + \cdots + x_n^2$ 称为服从参数为 n 的 χ^2 分布,记作 $\chi^2 \sim \chi^2_{(n)}$,n 也称为自由度(自由度是指独立的随机变量的"最大个数"),$\chi^2_{(n)}$ 就是自由度为 n 的 χ^2 分布。

χ^2 分布的概率密度函数为:

$$f(x) = \begin{cases} \dfrac{1}{2^{\frac{n}{2}} \Gamma\left(\dfrac{n}{2}\right)} x^{\frac{n}{2}-1} \mathrm{e}^{-\frac{x}{2}} & (x > 0) \\ 0 & (x \leqslant 0) \end{cases}$$

注:(1)其中 $\Gamma\left(\dfrac{n}{2}\right)$ 是 Γ 函数 $\Gamma(t) = \int_0^{+\infty} x^{t-1} \mathrm{e}^{-x} \mathrm{d}x$ ($t > 0$) 在 $\dfrac{n}{2}$ 处的函数值;

(2)χ^2 分布的图形与自由度 n 有关,如图4.19所示。

χ^2 分布具有以下结论:

①可加性:如果 $\chi_1^2 \sim \chi^2_{(n_1)}$,$\chi_2^2 \sim \chi^2_{(n_2)}$,且它们相互独立,则有 $\chi_1^2 + \chi_2^2 \sim \chi^2_{(n_1+n_2)}$。

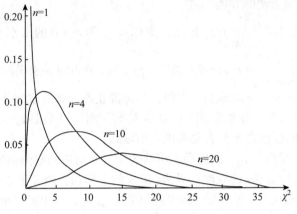

图 4.19 χ^2 分布的概率密度曲线图

②正态总体的样本方差的抽样分布：如果 $X \sim N(\mu, \sigma^2)$，样本方差 $s^2 = \dfrac{1}{n-1} \sum\limits_{i=1}^{n}(x_i - \bar{x})^2$，则有 $(n-1)s^2/\sigma^2 \sim \chi^2_{(n-1)}$。

4.3.3.2 χ^2 分布的临界值

对于给定的正数 α，$0 < \alpha < 1$，如果有 $P\{\chi^2 > \chi^2_{\alpha(df)}\} = \int_{\chi^2_{\alpha(df)}}^{+\infty} f(x) \mathrm{d}x = \alpha$，则称 $\chi^2_{\alpha(df)}$ 为 χ^2 分布的 α 水平的上侧临界值（图 4.20）。对于不同的 α 与 df，α 的上侧临界值 $\chi^2_{\alpha(df)}$ 的值已制成表格（附表 4）可以查得。例如，$\alpha = 0.05$，$df = 16$，查表可得 $\chi^2_{0.05(16)} = 26.30$，即有 $P(\chi^2_{(16)} > 26.30) = \int_{26.30}^{+\infty} f(x) \mathrm{d}x = 0.05$。

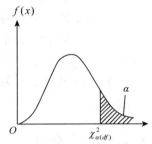

图 4.20 χ^2 分布的上侧临界值

4.3.4 F 分布

4.3.4.1 F 分布的概念

$X_1 \sim \chi^2_{(n_1)}$，$X_2 \sim \chi^2_{(n_2)}$，并且 X_1 与 X_2 相互独立，则称随机变量 $F = \dfrac{X_1/n_1}{X_2/n_2}$ 服从参数为 (n_1, n_2) 的 F 分布，记作：$F \sim F_{(n_1, n_2)}$，n_1 与 n_2 分别称为第一自由度 df_1 与第二自由度 df_2。

F 分布的概率密度函数为：

$$f(x) = \begin{cases} \dfrac{\Gamma\left(\dfrac{n_1+n_2}{2}\right)}{\Gamma\left(\dfrac{n_1}{2}\right)\Gamma\left(\dfrac{n_2}{2}\right)} \left(\dfrac{n_1}{n_2}\right)^{\frac{n_1}{2}} x^{\frac{n_1}{2}-1} \left(1+\dfrac{n_1}{n_2}x\right)^{-\frac{n_1+n_2}{2}} & (x > 0) \\ 0 & (x \leq 0) \end{cases}$$

$f(x)$ 的图形如图 4.21 所示。

F 分布经常被用来对两个样本方差进行比较,它是方差分析的一个基本分布,也被用于回归分析中的显著性检验。

定理 设 x_1, x_2, ⋯, x_n 是来自正态总体 $X \sim N(\mu_1, \sigma^2)$ 的样本,y_1, y_2, ⋯, y_n 是来自正态总体 $Y \sim N(\mu_2, \sigma^2)$ 的样本,且 X 与 Y 相互独立,则随机变量 $s_1^2/s_2^2 \sim F_{(n_1-1, n_2-1)}$。其中,$s_1^2$, s_2^2 分别是两正态总体的样本方差;n_1, n_2 分别是两总体的样本容量。

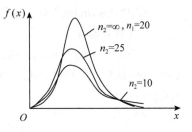

图 4.21 F 分布密度曲线图

4.3.4.2 F 分布的临界值

对于给定的正数 α,$0<\alpha<1$,如果有 $P\{F>F_{\alpha(df_1, df_2)}\} = \int_{F_{\alpha(df_1, df_2)}}^{+\infty} f(x)\mathrm{d}x = \alpha$,则称 $F_{\alpha(df_1, df_2)}$ 为 F 分布的 α 水平的上侧临界值(图 4.22)。

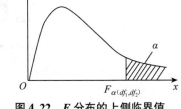

图 4.22 F 分布的上侧临界值

$F_{\alpha(df_1, df_2)}$ 具有性质:$F_{\alpha(df_1, df_2)} = \dfrac{1}{F_{1-\alpha(df_2, df_1)}}$。

这个性质常用来求 F 分布表中没有包括的某些值,如查附表 5 查得 $F_{0.10}(6, 10) = 2.46$,而要求 $F_{0.90}(6, 10)$,可查得 $F_{0.10}(10, 6) = 2.94$,再利用上述性质得:

$F_{0.90}(6, 10) = 1/F_{0.10}(10, 6) = 1/2.94 = 0.34$

4.3.5 利用 Excel 进行临界值的计算

利用 Excel 可以完成正态分布、t 分布、χ^2 分布、F 分布的临界值的计算。下面介绍具体的操作步骤。

(1) 标准正态分布

利用函数"NORM.S.INV"(返回标准正态分布的区间点)来完成。如图 4.23 所示。

图 4.23 标准正态分布区间点的计算

其中"Probability"为正态分布概率(指的是临界值左侧范围的概率),数值介于0与1之间,含有0和1。

如当 α = 0.05,Probability 处输入 0.975,计算输出结果为双侧临界值 $Z_{0.05}$,即:1.959963985;若 Probability 处输入 0.95,计算输出结果为上侧临界值 $Z_{0.10}$,即:1.644853627。

(2) t 分布

利用函数"T.INV.2T"(返回 t 分布的双尾区间点),即 t 分布的双侧临界值,如图 4.24 所示。

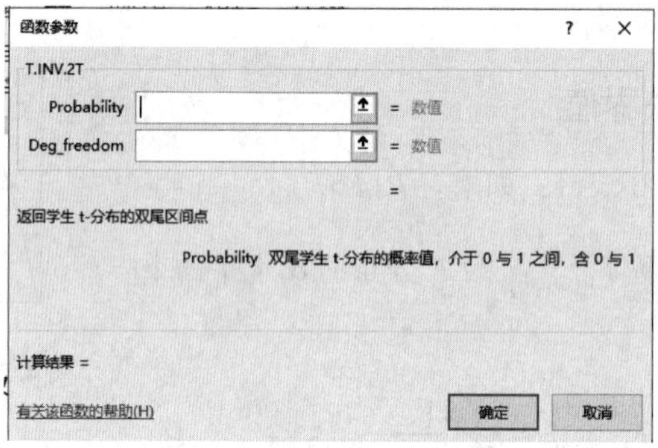

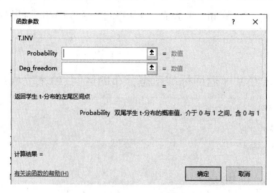

图 4.24 t 分布的双尾区间点

其中:"Probability"为双尾 t 分布的概率值,介于 0 与 1 之间,含 0 与 1。

"Deg_freedom"为一正整数,是定义分布的自由度。

例如:求 $t_{0.10(9)}$,即 α = 0.10,df = 9,需在"Probability"处输入 0.10,"Deg_freedom"处输入 9,点击【确定】后,输出结果为:1.833112933。

利用"T.INV"(返回 t 分布的左尾区间点),即 t 分布的下侧临界值,如图 4.25 所示。

图 4.25 t 分布的左尾区间点

其中:"Probability"为左尾 t 分布的概率值,介于 0 与 1 之间,含 0 与 1。

"Deg_freedom"为一正整数,是定义分布的自由度。

例如:当 α = 0.05,df = 10 时,左尾区间点即下侧临界值 $-t_{2\alpha(10)} = -t_{0.10(10)}$,需在"Probability"处输入 0.05,"Deg_freedom"处输入 10,点击【确定】后,输出结果为:

−1.812461123。

而右尾区间点(上侧临界值)与左尾区间点(下侧临界值)互为相反数。

(3) χ^2 分布

利用函数"CHISQ.INV.RT"(返回 χ^2 分布的右尾区间点),即 χ^2 分布的上侧临界值,如图4.26所示。

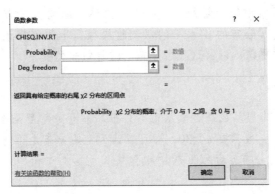

图 4.26　χ^2 分布的右尾区间点

其中:"Probability"为 χ^2 分布的概率值,介于0与1之间,含0与1。"Deg_ freedom"为一正整数,是定义分布的自由度。

例如:当 $\alpha=0.05$,$df=10$ 时,χ^2 分布的右尾区间点,即上侧临界值 $\chi^2_{\alpha(10)}=\chi^2_{0.05(10)}$,需在"Probability"处输入0.05,"Deg_ freedom"处输入10,点击【确定】后,输出结果为:18.30703805。

(4) F 分布

利用函数"F.INV.RT"(返回右尾 F 分布的逆函数值),即 F 分布的上侧临界值,如图4.27所示。

图 4.27　右尾 F 分布的逆函数值

其中:"Probability"为 F 累积分布的概率值,介于0与1之间,含0与1。

"Deg_ freedom1"为分子的自由度,介于1和10^10之间,不含10^10。"Deg_ freedom2"为分母的自由度,介于1和10^10之间,不含10^10。

例如：当 $\alpha=0.05$，$df_1=5$，$df_2=6$ 时，F 分布的上侧临界值 $F_{\alpha(5,6)}=F_{0.05(5,6)}$，需在"Probability"处输入 0.05，"Deg_freedom1"处输入 5，"Deg_freedom2"处输入 6，点击【确定】后，输出结果为：4.387374187。

本单元小结

本单元主要介绍了常用统计量的分布：正态总体样本均值分布、t 分布、χ^2 分布、F 分布；标准正态分布与 t 分布的 α 水平的双侧临界值、上侧临界值、下侧临界值；χ^2 分布、F 分布的 α 上侧临界值；以及这几个分布的临界值表的使用。

相关链接

样本均值的抽样分布服从或逼近服从正态分布。不论变量 X 是连续型还是离散型，也不论 X 服从何种分布，一般只要 $n\geq 30$，即可以认为 $\bar{x}$ 的分布是正态的。若 X 的分布不很偏奇，在 $n>20$ 时，$\bar{x}$ 的分布就近似正态分布了。

思考与练习

1. 从总体 X 中任意抽取一个容量为 10 的样本，样本值为 4.5、2.0、1.0、1.5、3.5、4.5、6.5、5.0、3.5、4.0，求样本均值及方差。

2. 查表求下列各式的 λ 值：
(1) 设 $X\sim\chi^2_{(30)}$，$P(X<\lambda)=0.95$；
(2) 设 $X\sim t_{(25)}$，$P(X>\lambda)=0.05$。

3. 已知 $F\sim F_{(3,8)}$，$\alpha=0.05$，求 F 关于 α 的上侧临界值和下侧临界值。

4. 已知 $X\sim\chi^2_{(8)}$ 分布，求满足 $\chi^2_{(8)}$ 分布的 0.05 的上侧临界值和下侧临界值。

实训 4.1　常用分布概率计算的 Excel 应用

一、实训目的
学会利用 Excel 进行常用分布的概率计算。

二、实训形式
在老师指导下，每个同学独立完成，并提交计算处理结果

三、实训资料
1. 随机变量 X 服从 $B(20, 0.3)$ 的二项分布，求 $P(X=5)$ 的概率。
2. X 服从 $N(10, 16)$ 的正态分布，求 $F(15)$ 的概率。

四、实训内容
利用 Excel 中插入函数的方法，计算实训资料 1 和实训资料 2 进行概率的运算。

五、实训作业
将计算过程及计算结果进行整理形成实训报告上交。

实训 4.2　利用 Excel 进行临界值的计算

一、实训目的

1. 能利用 Excel 进行标准正态分布、t 分布的 α 水平的双侧临界值、上侧临界值和下侧临界值的计算；

2. 能利用 Excel 进行 χ^2 分布、F 分布的上侧临界值的计算。

二、实训资料

1. 分别计算 $\alpha=0.01$，$\alpha=0.05$，$\alpha=0.10$ 时，标准正态分布的双侧临界值、上侧临界值和下侧临界值；当 $\alpha=0.05$，$df=12$ 时，t 分布的 α 水平的双侧临界值、上侧临界值和下侧临界值。

2. 求当 $\alpha=0.05$，$df=12$ 时，χ^2 分布的 α 水平的上侧临界值；当 $\alpha=0.05$，$df_1=12$，$df_2=18$ 时，F 分布的 α 水平的上侧临界值。

三、实训内容

1. 利用 Excel 对实训资料 1 分别计算 α 水平的双侧临界值、上侧临界值和下侧临界值。

2. 利用 Excel 对实训资料 2 分别计算 α 水平的上侧临界值。

四、实训作业

将计算过程及结果整理到报告纸上，以 Word 文件形式上交。文件命名：学生姓名-实训名称。

模块 5　统计推断

单元 5.1　统计推断的基本概念与原理

知识目标

1. 了解统计推断的概念、原理；
2. 掌握假设检验的步骤；
3. 了解假设检验的类型与错误。

5.1.1　统计推断的概念

进行试验的目的是根据所获得的样本资料对总体特征作出统计推断。所谓统计推断就是根据从未知总体中获得的已知的随机样本进行分析和推断，如对总体的分布形式、总体参数的取值等问题的推断。统计推断能排除试验误差影响，揭示事物的内在规律。

统计推断包括假设检验和参数估计两部分内容。

假设检验是指根据样本统计量对样本所属总体参数提出的假设是否被否定所进行的检验。对总体的未知参数作出定性的回答，即对一个论断作出"是"或"否"的回答。假设检验又称为显著性检验，假设检验的方法很多，常用的有 Z 检验、t 检验、F 检验和 χ^2 检验等。

参数估计是指根据样本统计量对样本所属总体参数在一定概率保证下估计出具体的数值(点估计)或者取值范围(区间估计)，区间估计即以一定概率保证参数位于某两个数值之间。不论点估计还是区间估计都是对未知参数进行定量的探讨。

5.1.2　假设检验的意义

为了便于理解，结合实际例子说明假设检验的意义。例如，用两种不同的处理方法处理鸡爪槭的种子，然后进行播种，出苗后待苗木生长一段时间后分别随机抽取 10 株测定苗高，发现第一种处理方法的平均苗高为 10.2 cm，第二种处理方法的平均苗高为 12.5 cm。能否根据 $\bar{x}_2 - \bar{x}_1 = 12.5 - 10.2 = 2.3$ cm，就认为第二种处理方法和第一种方法的鸡爪槭实生苗的苗高不同($\mu_1 \neq \mu_2$)呢？结论是：不一定。

因为根据10个样点的观测值计算出的样本平均数仅是每种处理方法的总体平均数的μ的估计值。由于存在试验误差，任何一个样点的观测值x_i，都可以表示为：$x_i = \mu + \varepsilon_i$（$i = 1$，2，…，10），其中$\varepsilon_i$为试验误差。对于接受不同处理的两个样本来说，$\bar{x}_1 = \mu_1 + \bar{\varepsilon}_1$，$\bar{x}_2 = \mu_2 + \bar{\varepsilon}_2$。这里$\bar{\varepsilon}_1$和$\bar{\varepsilon}_2$分别表示两个样本的平均误差。则：

$$(\bar{x}_1 - \bar{x}_2) = (\mu_1 - \mu_2) + (\bar{\varepsilon}_1 - \bar{\varepsilon}_2) \tag{5-1}$$
表面效应　　处理效应　　误差效应

将试验结果表现出来的差异，也即两样本平均数的差值称为试验的表面效应，由上式可以看出，表面效应包含着两种不同性质的效应。试验误差效应由试验过程中不可避免的偶然因素造成的；试验处理效应由试验处理因素(如品种、药剂、温度等)引起的。两种效应混杂在一起，难以直观分辨。显然，仅凭样本平均数的差异得出处理效应是否存在差异的结论是不可靠的。两个总体是否有差异，只有通过假设检验，将误差效应发生的概率推算出来，然后根据小概率原理进行统计推断，才能得出结论。

5.1.3 小概率原理

假设检验的基本原理是小概率原理，即小概率事件在一次试验中几乎不发生的原理。它是人们在实践中总结出来而被普遍应用的一条概率原理。

具体说：概率很小的事件在一次试验中几乎是不发生的。如果根据一定的假设条件，正确地估算出事件A发生的概率很小，现在在试验中事件A竟然发生了，则我们可以认为假设条件不正确而将假设推翻。

例如，假设某人根据一些理由认为一片落叶松人工林患心腐病的比率只有1%，现做一次试验，在该林中随机抽取一株落叶松，伐倒后发现是心腐病木，由于1%这样的概率通常认为是小概率，而现在随机抽取一株就是心腐病木，说明小概率事件在一次试验中发生了，这是一个不合理现象，究其原因认为心腐率只有1%不正确，从而推翻假设。

一般情况下，将概率不超过0.05或0.01的事件当作小概率事件。

上述小概率的标准在假设检验中称为显著水平，记作α。在许多试验研究领域，一般惯例是使用0.05和0.01两种显著水平，其中0.05为显著水平，0.01为极显著水平。在应用时根据具体情况灵活掌握。

从上面的分析讨论中可以看出，假设检验的推理方法有两个特点：

(1)采用反证法的思想

为了检验一个"假设"是否成立，我们是假定这个"假设"成立，而看由此产生什么后果，如果导致了一个不合理现象的出现，那就表明原来的假定是不正确的，也就是说"假设"是不能成立的。因此，我们拒绝这个"假设"。如果由此没有导出不合理的现象发生，则不能拒绝原来的"假设"，称原假设是相容的。

(2)区别于纯数学中的反证法

因为我们这里所谓的"不合理"，并不是形式逻辑中的绝对矛盾，而是基于人们在实践中广泛采用的一个原则：小概率事件在一次试验中可以认为基本上不会发生。而这个原则在生活中是不自觉的在使用的。

5.1.4 假设检验的步骤

下面以一个实例来说明假设检验的步骤。设某一地区的当地小麦一般亩产 300 kg，即当地品种这个总体的平均数 μ_0 = 300 kg，并从多年种植的结果获得其标准差 σ 为 75 kg，而现在某新品种通过 25 个小区的试验，计算得出样本平均产量为每亩 330 kg，即 $\bar{x}$ = 330 kg，那么新品种样本所属总体的平均产量与 μ_0 = 300 kg 的当地品种的总体是否有显著差异呢？

(1) 对试验样本所在总体提出假设，包括无效假设(原假设)和备择假设

通常所做的无效假设常为所比较的两个总体间无差异。无效假设的意义在于以无效假设为前提，可以计算试验结果出现的概率。检验单个平均数，则假设该样本是从一已知总体(总体平均数为指定的 μ_0)中随机抽出的，即 $H_0 : \mu = \mu_0$，即假定新品种的总体平均数 μ 等于原品种的总体平均数 μ_0 = 300 kg，而样本平均数 $\bar{x}$ 和 μ_0 之间的差数 330−300 = 30 kg 属于随机误差；其对应的备择假设为：$H_1 : \mu \neq \mu_0$。如果测验两个平均数，则假设两个样本的总体平均数相等，即 $H_0 : \mu_1 = \mu_2$，也就是假设两个平均数的差数 $\bar{x}_1 - \bar{x}_2$ 属随机误差，而非真实差异，其对应的备择假设为：$H_1 : \mu_1 \neq \mu_2$。

(2) 规定检验的显著水平 α 的取值

用来检验假设正确与否的概率标准称为显著水平 α。α 的取值一般为 0.05 或 0.01，也可以选 α = 0.10 或 α = 0.001 等。到底选哪种显著水平，应根据试验的要求或试验结论的重要性而定。如果试验中难以控制的因素较多，试验误差可能较大，则检验的标准可降低些，即 α 值可取大些。反之，如果试验耗费较大，对精度要求较高，不容许反复，或者试验结论的应用事关重大，则检验的标准应提高，即 α 的取值应该小些。显著水平 α 对假设检验的结论是有直接影响的，所以它应在试验开始前就规定下来。

(3) 在 H_0 为正确的假定下，根据平均数或其他统计量的抽样分布，计算出检验统计量的数值

检验统计量是专门用于检验原假设能否成立的统计量，它是一种特殊的统计量，必须满足 2 个条件：第一是它要利用原假设所提供的信息；第二是它的抽样分布已知。

在假设 H_0 成立的条件下，找出某一与统计假设相关联的统计量，根据其所遵从的分布类型，计算统计量的数值。

例如：利用正态分布计算 Z 值，$Z = \dfrac{\bar{x} - \mu}{\sigma} = \dfrac{\bar{x} - \mu_0}{\sigma} = \dfrac{330 - 300}{75} = 0.4$。

(4) 将规定的 α 值和计算的检验统计量的数值所处的概率(相伴概率)进行比较，或者将检验统计量的数值与拒绝域的临界值进行比较，根据小概率原理作出接受或拒绝无效假设的判断

例如，当 α = 0.05 时，查标准正态分布的双侧临界值表得 $Z_\alpha = Z_{0.05}$ = 1.96，因而划出两个拒绝区域为：$Z \leq -1.96$ 和 $Z \geq 1.96$，即 $|Z| \geq 1.96$。无论 Z 值在这两个区域的哪个，都代表小概率事件发生了，也就是相伴概率 $P < 0.05$，因此需要拒绝无效假设；如 Z 值在上述区域以外，则接受无效假设。本例中 $|Z|$ = 0.4 < 1.96，因此不能拒绝无效假设，即认

为新品种的平均产量与当地品种的平均产量没有显著差异。

5.1.5 两类错误

当我们检验一个统计假设 H_0 时，总希望做到：当 H_0 为真，则接受无效假设；若不真，则拒绝无效假设。我们对总体并不了解，所以需要检验，但我们的检验是基于一次抽样测定的结果，由于抽样结果有随机性或者说偶然性，所以，无论是接受 H_0 还是拒绝 H_0 都有犯错误的可能。假设检验的错误有两种类型。

(1) 第一类错误

若客观上 H_0 为真，我们的结论却是"拒绝 H_0"，就会犯第一类错误，弃真。犯第一类错误的概率恰好等于显著水平 α，而 $1-\alpha$ 为可靠性。

(2) 第二类错误

若客观上假设 H_0 为假，而我们的结论却是"不拒绝 H_0"，就犯了第二类错误，存伪。犯第二类错误的概率用 β 表示。

尽管 β 无法确定，但已知其值的大小受到下列因素影响。α 由小变大，则 β 由大变小，即犯这两类错误的可能性是互相矛盾的，要想减少第一类错误的可能性就得增加第二类错误的可能性。而要两类错误都减小，唯一的办法就是增加样本单元数，但实际中我们不能无限制的增大样本单元数。所以，在实际检验时常常这样做：在给定犯第一类错误的概率的条件下进行检验，这时犯第一类错误的可能性被控制住了，而这个概率 α，就是前面规定的小概率 α。

5.1.6 参数估计

与假设检验不同，在实践中还有许多重要问题与假设检验问题的提法不同。例如，在森林抽样调查中，常常根据若干样地的蓄积量来估计整个林分的蓄积量；或者根据若干农作物的产量来估计某区域某种农作物的产量，这些问题就是参数估计的问题，是研究如何根据已知的样本结果去估计未知总体的参数(如 μ、σ^2 等)的问题。根据估计的方式不同可分为点估计和区间估计。

(1) 点估计

所谓点估计就是利用样本的一个统计量直接对总体的相应的参数进行估计，如用 $\bar{x}$ 估计 μ，用 s 估计 σ。这种估计结果表现为数轴上的一个点，此即点估计的由来。但由于不同的样本可以产生不同的估计值，点估计无法提供关于估计精度和估计可靠性方面的信息，因此，很有必要进行区间估计。

(2) 区间估计

所谓区间估计就是在一定概率保证下，利用样本结果估算出一个区间，使该区间包含被估计的参数。例如，我们可以用 90% 的概率估计某植物品种一年生苗的平均高度为 [25.2，32.4]cm。也就是说区间 [25.2，32.4] 包含该品种一年生苗的总体的平均高度 μ 的概率是 90%。在这里，90% 这一概率称为置信度，用 $1-\alpha$ 表示，代表估计的可靠程度，通常取 1-α 的数值为 95%，99% 或 90%。[25.2, 32.4] 这一区间称为 90% 置信度下的置信区间，简称置信区间，该区间的下限为 25.2，上限为 32.4，上下限的差值即置信区间的长短反映了估计的精度，区间越短，估计越精确。

本单元小结

本单元主要介绍了统计推断的概念，统计推断的种类包括假设检验和参数估计；假设检验是利用样本资料对总体作出定性的判断，参数估计是利用样本资料对总体作出定量的估计。统计推断的原理是利用的小概率原理，即小概率事件在一次试验中几乎不发生的原理。

假设检验的解题步骤主要分为四步，即①对试验样本所在总体提出假设，包括无效假设和备择假设；②规定检验的显著水平 α 的取值；③在 H_0 为正确的假定下，根据平均数或其他统计量的抽样分布，计算出检验统计量的数值；④将规定的 α 值和计算的检验统计量的数值所处的概率(相伴概率)进行比较，或者将检验统计量的数值与拒绝域的临界值进行比较，从而作出接受或拒绝无效假设的判断。假设检验中会犯两类错误，即弃真和存伪的错误。

参数估计包括点估计和区间估计，点估计就是利用样本的数值估计总体的数值；区间估计则是估计出总体参数的置信区间。参数估计不是随便的估计，必须是在一定的置信度要求下估计的置信区间，该区间越短，则估计越精确。

相关链接

在假设检验中犯第二类错误的概率为 β，而 1-β 称为检验功效或检验效能，也叫把握度，其意义是当两总体确有差异时，能发现它们差异的能力。例如，1-β=0.9，意味着两总体确有差异时，在 100 次试验中，平均有 90 次能发现差异。一般情况下，检验效能不能小于 0.75。在试验设计时，应使两样本容量相等，以取得较大的检验效能。

β 值的大小受以下因素的影响：检验的显著水平 α 越小，β 越大；样本容量 n 越大，β 越小；两样本所属总体平均数之差越大，β 越小；两样本所属总体的方差越小，β 越小。

在进行假设检验时，无论是接受还是拒绝无效假设均有犯错误的可能性，所以，假设所作的结论是概率性质的。

因为 α 和 β 不能同时减小，因此，在选择显著水平时，应考虑到犯第一类错误和第二类错误所产生的后果、试验的难易程度以及试验的重要程度。如果一个试验耗费大，可靠性要求高，不容许反复，那么显著水平应取小一些；反之，可以取大一些。

思考与练习

1. 叙述假设检验的基本步骤。
2. 统计推断时可能发生哪两类错误？如何降低两类错误发生的概率？
3. 什么是点估计和区间估计？
4. 什么是小概率原理？

单元 5.2 单样本平均数的假设检验

知识目标

1. 了解平均数的双侧检验、单侧检验的类型；
2. 掌握平均数的假设检验的方法步骤。

技能目标

1. 学会平均数假设检验的分析方法；
2. 学会使用 Excel 进行描述统计分析。

5.2.1 双侧检验

利用单个样本平均数对总体平均数进行假设检验的目的在于检验样本所属总体平均数 μ 与已知总体平均数 μ_0 之间是否有差异，即检验该样本是否来自总体平均数为 μ_0 的总体。

如果问题是问样本所在总体平均数是否与已知总体平均数间存在差异或者问样本是否来源于总体平均数已知的总体，则为平均数的双侧检验。双侧检验的无效假设和备择假设为：

$$H_0: \mu=\mu_0(\mu_0 \text{ 为已知数}); \quad H_1: \mu \neq \mu_0$$

5.2.1.1 总体方差 σ^2 已知的情况

当总体方差 σ^2 已知时，采用 Z 检验。现通过一道例题进行分析。

【例 5.1】 某苗圃多年培育二年生落叶松苗，在正常条件下，平均苗高为 32 cm（苗高可以认为遵从正态分布），$\sigma^2=5.76$，经过杂交试验，从中随机抽取 10 株苗木组成样本，测得数据如下：36.5、38.3、37.1、40.2、43.6、38.7、42.1、37.9、41.7、40.9（cm），经计算样本平均苗高为 39.7 cm，就平均苗高而言，试以 95% 的可靠性判断样本是否来自平均高为 32 cm 的总体。

解：题目中 $\sigma^2=5.76$ 已知，所以利用标准正态分布做检验，即 Z 检验。

①提出假设 $H_0: \mu=\mu_0=32$ cm；$H_1: \mu \neq \mu_0$。
②规定显著水平为 $\alpha=0.05$。
③构造统计量 Z，并计算 $|Z|$ 的数值。

从题意知，样本平均数遵从正态分布 $N(\mu, \sigma^2/n)$，因为假设 $H_0: \mu=\mu_0=32$ cm 成立，所以 $\bar{x} \sim N(\mu_0, \sigma^2/n)$，对于这个遵从正态分布的随机变量的标准化变量为 $Z=\dfrac{\bar{x}-\mu_0}{\sigma/\sqrt{n}} \sim N(0, 1)$。计算 $|Z|=\left|\dfrac{\bar{x}-\mu_0}{\sigma/\sqrt{n}}\right|=\left|\dfrac{39.7-32}{\sqrt{5.76/10}}\right|=10.15$。

④做出判断，并做结论。

根据标准正态分布的规律，有：$P\{|Z|<Z_\alpha\}=1-\alpha$ 或者 $P\{|Z|\geq Z_\alpha\}=\alpha$，因为给定的 $\alpha=0.05$，查标准正态分布的双侧临界值表可得：$Z_\alpha=Z_{0.05}=1.96$，则有：$P\{|Z|<1.96\}=0.95$ 或 $P\{|Z|\geq 1.96\}=0.05$。

所以，如果计算出的 $|Z|\geq 1.96$，即相伴概率 $P\leq 0.05$，就表明小概率事件在一次试验中发生了，根据小概率事件在一次试验中不应该发生的原理，应拒绝无效假设。如果计算出的 $|Z|<1.96$，则接受无效假设。

本题中通过样本的数据计算统计量 $|Z|=\left|\dfrac{\bar{x}-\mu_0}{\sigma/\sqrt{n}}\right|=10.15>1.96$，所以无效假设不能成立，应该拒绝无效假设。即：认为样本并非来源于平均苗高为 32 cm 的总体。

5.2.1.2 总体方差 σ^2 未知道的情况

（1）当总体方差未知，样本容量大于等于 30 时

即为大样本时，仍然使用 Z 检验，但此时的统计量中的总体标准差 σ 用样本标准差 s 来代替，即统计量为：

$$Z=\dfrac{\bar{x}-\mu_0}{\sigma/\sqrt{n}}\approx\dfrac{\bar{x}-\mu_0}{s/\sqrt{n}} \qquad (5-2)$$

【例 5.2】 林场内造了一块杨树丰产林，5 年后调查其树高，从中重复抽得 50 株，测得 $\bar{x}=10.8$ m，$s=2.2$ m。问：是否可以认为该丰产林的平均树高与 10 m 无显著差异（$\alpha=0.05$）。

解：①假设 H_0：$\mu=\mu_0=10$ m，即假设该丰产林的平均高与 10 m 间无显著差异。

②$\alpha=0.05$。

③计算：$|Z|=\left|\dfrac{\bar{x}-\mu_0}{s/\sqrt{n}}\right|=\left|\dfrac{10.8-10}{2.2/\sqrt{50}}\right|\approx 2.57$

④查表得：$Z_\alpha=Z_{0.05}=1.96$，因为 2.57>1.96，所以 $p<0.05$，故拒绝无效假设，即该丰产林的平均树高与 10 m 之间有显著差异。

（2）当总体方差未知，样本容量小于 30，且为正态总体时

即为小样本时，则应采用 t 检验，下面通过例题讲解。

【例 5.3】 已知某植物良种的千粒重（千粒重服从正态分布）总体平均数 $\mu_0=27.5$ g。现育成一高产品种，在 9 个小区种植，收获后各小区随机测定一个千粒重，所得观测值为 32.5、28.6、28.4、34.7、29.1、27.2、29.8、33.3、29.7（g）。检验新育成的品种的平均千粒重与原良种的平均千粒重有无差异（$\alpha=0.05$）。

该题总体方差未知，且为小样本，所以采用 t 检验。

解：①假设 H_0：$\mu=\mu_0=27.5$ g；H_1：$\mu\neq\mu_0=27.5$ g。

②$\alpha=0.05$。

③计算 t：计算公式为 $t=\dfrac{\bar{x}-\mu_0}{s_{\bar{x}}}$，$df=n-1$。 $\qquad (5-3)$

先计算样本平均数 $\bar{x}$、样本标准差 s、样本均数的标准误 $s_{\bar{x}}$，计算过程如下：

$$\bar{x} = \frac{\sum_{i=1}^{n} x_i}{n} = \frac{32.5+28.6+\cdots+29.7}{9} = \frac{273.3}{9} = 30.4(g)$$

$$s = \sqrt{\frac{\sum_{i=1}^{n}(x_i-\bar{x})^2}{n-1}} = \sqrt{\frac{(32.5-30.4)^2+(28.6-30.4)^2+\cdots+(29.7-30.4)^2}{9-1}} = 2.53(g)$$

$$s_{\bar{x}} = \frac{s}{\sqrt{n}} = \frac{2.53}{\sqrt{9}} = 0.84, \text{ 所以 } t = \frac{\bar{x}-\mu_0}{s_{\bar{x}}} = \frac{30.4-27.5}{0.84} = 3.45$$

④做判断，根据 $df = n-1 = 9-1 = 8$，查 t 分布的双侧临界值表，得临界 t 值，$t_{0.05(8)} = 2.306$，因为 $t > t_{0.05(8)}$，所以 $p < 0.05$，否定 H_0，即认为新育成的品种的平均千粒重与原良种的平均千粒重差异显著，结合平均数的大小，可认为新育成的品种平均千粒重显著高于原良种的平均千粒重。

5.2.2 单侧检验

在实践中，经常有这样的情况，问样本所在总体的平均数是否超过或小于某一标准。这种条件下进行的是单侧检验。单侧检验包括：左侧检验：$H_0: \mu \geq \mu_0$；$H_1: \mu < \mu_0$、右侧检验：$H_0: \mu \leq \mu_0$；$H_1: \mu > \mu_0$，步骤与双侧检验类似。

5.2.2.1 左侧检验

（1）假设 $H_0: \mu \geq \mu_0$；$H_1: \mu < \mu_0$

（2）确定显著水平 α

（3）构造统计量

当总体方差已知时，统计量为：

$$Z = \frac{\bar{x}-\mu_0}{\sigma/\sqrt{n}} \tag{5-4}$$

当总体方差未知时，且为小样本时，统计量为：

$$t = \frac{\bar{x}-\mu_0}{s/\sqrt{n}} \tag{5-5}$$

（4）做判断，并做结论

当总体方差已知时，根据标准正态分布下侧临界值的定义有：$P\left\{\frac{\bar{x}-\mu}{\sigma/\sqrt{n}} \leq -Z_{2\alpha}\right\} = \alpha$，因为假设 $H_0: \mu \geq \mu_0$ 成立，所以 $\frac{\bar{x}-\mu_0}{\sigma/\sqrt{n}}$ 是比 $\frac{\bar{x}-\mu}{\sigma/\sqrt{n}}$ 更大的数，则有 $\left\{\frac{\bar{x}-\mu_0}{\sigma/\sqrt{n}} \leq -Z_{2\alpha}\right\} \subset \left\{\frac{\bar{x}-\mu}{\sigma/\sqrt{n}} \leq -Z_{2\alpha}\right\}$，因而有 $P\left\{\frac{\bar{x}-\mu_0}{\sigma/\sqrt{n}} \leq -Z_{2\alpha}\right\} \leq P\left\{\frac{\bar{x}-\mu}{\sigma/\sqrt{n}} \leq -Z_{2\alpha}\right\}$，从而得到 $Z = \frac{\bar{x}-\mu_0}{\sigma/\sqrt{n}} \leq -Z_{2\alpha}$ 是

比 α 更小的小概率事件,故当 H_0 成立时,拒绝域为 $Z = \dfrac{\bar{x}-\mu_0}{\sigma/\sqrt{n}} \leqslant -Z_{2\alpha}$。

当总体方差未知时,且为小样本时,相应的拒绝域为 $t \leqslant -t_{2\alpha(n-1)}$。

5.2.2.2 右侧检验

(1)假设 H_0: $\mu \leqslant \mu_0$; H_1: $\mu > \mu_0$

(2)确定显著水平 α

(3)构造统计量

当总体方差已知时,统计量为 $Z = \dfrac{\bar{x}-\mu_0}{\sigma/\sqrt{n}}$,当总体方差未知时,且为小样本时,统计量为 $t = \dfrac{\bar{x}-\mu_0}{s/\sqrt{n}}$。

(4)确定拒绝域,做判断

当总体方差已知时,拒绝域为 $Z = \dfrac{\bar{x}-\mu_0}{\sigma/\sqrt{n}} \geqslant Z_{2\alpha}$;当总体方差未知,且为小样本时,拒绝域为 $t \geqslant t_{2\alpha(n-1)}$。

【例 5.4】 按规定苗木平均高达 1.6 m 以上可以出圃,今在苗圃中随机抽取 10 株苗木测得苗高(单位:m),资料如下:1.75、1.58、1.71、1.64、1.55、1.72、1.62、1.83、1.63、1.64。假定苗高遵从正态分布,试检验苗木平均高是否达到出圃要求($\alpha = 0.05$)?

解:由题意知:$n = 10$,为小样本,且总体方差未知;通过计算得:样本平均数为 1.67 m,$s = 0.08$ m。

建立假设 H_0:$\mu \leqslant \mu_0 = 1.6$,统计量 $t = \dfrac{\bar{x}-\mu_0}{s/\sqrt{n}} = 2.504$,对 $\alpha = 0.05$,$df = n - 1 = 9$,查表得 2α 的 t 分布的双侧临界值 $t_{0.1(9)} = 1.833$,即 $\alpha = 0.05$ 的上侧临界值 $t_{0.1(9)} = 1.833$。因为 $t = 2.504 > 1.833$,故拒绝 H_0,认为该苗木总体平均高已经超过 1.6 m,可以出圃。

5.2.3 利用 Excel 进行描述统计

利用 Excel 的描述统计功能可以进行单样本平均数的检验,下面通过一道例题介绍具体的步骤。

【例 5.5】 5 名学生彼此独立地测量同一块土地,分别测得其面积为:1.27、1.24、1.21、1.28、1.23(单位:hm^2);设测定值服从正态分布,试根据这些数据检验是否可以认为这块土地实际面积为 1.23 hm^2,显著水平为 0.05。

首先将原始数据输入 Excel 的工作表中,放置一列,在单元格 A1~A5 的区域中,选择【数据】,点开【数据分析】,选择【描述统计】,如图 5.1 所示,在弹出的对话框中的输入数据区域,分组方式中的选项中选定逐列,在输出选项中选定输出区域并给出起始单元格;在选项中选定汇总统计和平均数置信度 95%,如图 5.2 所示,点击【确定】按钮,得到计算结果，如图 5.3 所示。将计算结果中的算术平均数分别加和减置信度一栏的数值(置信半径)即可得到置信度为 95% 的总体平均数的置信区间，若该区间包含已知总体平均数，则差异不显著，若不包含则差异显著。

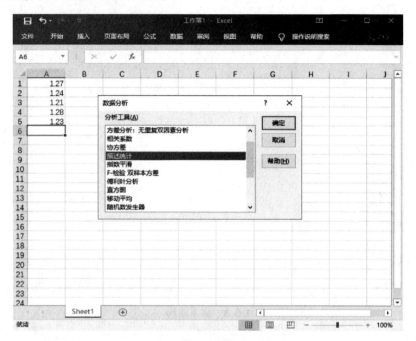

图 5.1　数据的录入

图 5.2　"描述统计"对话框

图 5.3 结果输出

本题中平均数为 1.246，置信度(95%)的置信半径为 0.036，所以平均数的置信区间为[1.246−0.036，1.246+0.036]，即[1.21，1.282]，因为该区间包含总体平均数 1.23，所以认为这块土地实际面积与 1.23hm² 没有显著差异。

本单元小结

本单元主要介绍了单样本平均数的检验，包括双侧检验(H_0：$\mu=\mu_0$；H_1：$\mu \neq \mu_0$)和单侧检验，单侧检验分为左侧检验(H_0：$\mu \geq \mu_0$；H_1：$\mu < \mu_0$)和右侧检验(H_0：$\mu \leq \mu_0$；H_1：$\mu > \mu_0$)。当总体方差已知时，选用 Z 检验，当总体方差未知，且为小样本时，采用 t 检验。

双侧检验的拒绝域为：$|Z|=\left|\dfrac{\bar{x}-\mu_0}{\sigma/\sqrt{n}}\right| \geq Z_\alpha$ 或者 $|t|=\left|\dfrac{\bar{x}-\mu_0}{s/\sqrt{n}}\right| \geq t_{\alpha(n-1)}$；

左侧检验的拒绝域为：$Z=\dfrac{\bar{x}-\mu_0}{\sigma/\sqrt{n}} \leq -Z_{2\alpha}$ 或者 $t=\dfrac{\bar{x}-\mu_0}{s/\sqrt{n}} \leq -t_{2\alpha(n-1)}$；

右侧检验的拒绝域为：$Z=\dfrac{\bar{x}-\mu_0}{\sigma/\sqrt{n}} \geq Z_{2\alpha}$ 或者 $t=\dfrac{\bar{x}-\mu_0}{s/\sqrt{n}} \geq t_{2\alpha(n-1)}$。

相关链接

单个样本平均数的假设检验适用条件，必须符合以下条件之一：①随机变量 X 服从正态分布；②X 不服从正态分布，n 要相当大($n \geq 30$)。总体的 σ 可以已知，也可以未知，已知时利用 Z 检验；未知时，大样本时，用 s 代替 σ，仍然采用 Z 检验，而小样本时，则

采用 t 检验。

思考与练习

1. 某种材料中规定含水量不得超过 9.5 g/100 g。现随机抽取 8 个样本进行测定，其样本含水量的平均数为 9.6 g/100 g，标准差 s 为 0.3 g/100 g，试分析该种材料的含水量是否合格(假定含水量服从正态分布)？

2. 从正态总体中随机抽取容量为 8 的一个样本，得样本平均数为 61，样本方差为 93.26，试以 0.05 的显著水平检验 H_0：$\mu=64$(假定平均数服从正态分布)。

3. 某苗圃规定杨树平均苗高达 62 cm 可以出圃，今在一批苗木中抽取 50 株，求得平均苗高为 64 cm，标准差为 9 cm，问该批苗木平均高是否与预计的 62 cm 有显著差异(假定苗高服从正态分布)。

4. 为防治某种害虫而将某种农药施入土中，但规定经三年后土壤中如有 5 mg/kg 以上浓度时，认为有残效。现在施药区内分别抽取 10 个土样(施药三年后)进行分析，它们的浓度分别为 4.8、3.2、3.6、6.0、5.4、7.6、2.1、2.5、3.1、3.5(单位：mg/kg)；设该农药浓度近似地服从正态分布，问经三年后该农药是否有残效？

单元 5.3　两个样本的平均数的假设检验

知识目标

1. 了解两样本平均数的双侧检验、单侧检验的类型；
2. 掌握两样本平均数的假设检验的方法步骤。

技能目标

1. 学会两样本平均数假设检验的分析方法；
2. 学会利用 Excel 进行双样本的 t 检验。

5.3.1　成组资料的两个样本平均数的假设检验

成组资料指的是将试验单元随机地分为两组，然后随机地对两组分别实施两个不同处理所获得的资料。两组试验单位相互独立，所得观测值相互独立；两个处理的样本容量可以相等也可以不相等。成组资料的试验设计适用于试验单位初始条件比较一致的情况。

成组资料的两个样本平均数的假设检验分为两总体等方差的情况和异方差的情况。因此，在确定用哪种检验方法之前应先进行两总体方差的检验，即方差齐性检验。该内容见相关链接。

下面具体介绍两总体方差相等和不相等情况下的平均数的假设检验。

5.3.1.1 两个样本的总体方差 σ_1^2 与 σ_2^2 相等时，对两总体平均数的检验

（1）当 $\sigma_1^2 = \sigma_2^2 = \sigma^2$ 相等，且已知时

利用统计量：

$$Z = \frac{\bar{x}_1 - \bar{x}_2}{\sigma_{\bar{x}_1 - \bar{x}_2}} = \frac{\bar{x}_1 - \bar{x}_2}{\sqrt{\frac{\sigma_1^2}{n_1} + \frac{\sigma_2^2}{n_2}}} = \frac{\bar{x}_1 - \bar{x}_2}{\sigma \sqrt{\frac{1}{n_1} + \frac{1}{n_2}}} \tag{5-6}$$

式中，n_1，n_2 为两样本容量；$\bar{x}_1$，$\bar{x}_2$ 为两样本的平均数；$\sigma_{\bar{x}_1 - \bar{x}_2}$ 为样本平均数差数的标准误。

（2）当 $\sigma_1^2 = \sigma_2^2$，未知，且为小样本（$n_1 < 30$，$n_2 < 30$）时

采用 t 检验法，统计量为：

$$t = \frac{\bar{x}_1 - \bar{x}_2}{s_{\bar{x}_1 - \bar{x}_2}} = \frac{\bar{x}_1 - \bar{x}_2}{\sqrt{\frac{(n_1-1)s_1^2 + (n_2-1)s_2^2}{(n_1-1) + (n_2-1)} \cdot \left(\frac{1}{n_1} + \frac{1}{n_2}\right)}} \sim t_{(n_1+n_2-2)} \tag{5-7}$$

$df = n_1 + n_2 - 2$，其中，$s_{\bar{x}_1 - \bar{x}_2}$ 为样本平均数差数的标准误。

下面通过一道例题讲解检验过程。

【例 5.6】 杨树育苗试验株距对苗高的影响，试验采用两种株距：20 cm 和 15 cm，除株距不同之外，其他条件相同，经一定时间后，按重复抽样的方式对两种株距的树苗分别抽取 $n_1 = 9$，$n_2 = 6$ 株，并测其树高，数据见表 5.1。设苗高分布遵从正态分布，两总体等方差，试分析株距 20 cm 的苗高与株距 15 cm 的苗高的总体平均数是否存在显著差异（$\alpha = 0.05$）？

表 5.1 不同株距的苗高

x_{1i}	221	244	243	288	233	220	210	258	245
x_{2i}	268	213	188	189	217	207			

解：本题为小样本，且总体方差相等但未知，采用 t 检验法。

建立假设检验：$H_0: \mu_1 = \mu_2$；$H_1: \mu_1 \neq \mu_2$。

由题意可知：$n_1 = 9$，$n_2 = 6$；$\bar{x}_1 = 213.67$，$\bar{x}_2 = 220.22$；$s_1^2 = 548.45$，$s_2^2 = 855.07$。

计算 t 值：

$$t = \frac{\bar{x}_1 - \bar{x}_2}{s_{\bar{x}_1 - \bar{x}_2}}, \quad df = n_1 + n_2 - 2$$

$$s_{\bar{x}_1 - \bar{x}_2} = \sqrt{\frac{(n_1-1)s_1^2 + (n_2-1)s_2^2}{(n_1-1) + (n_2-1)} \cdot \left(\frac{1}{n_1} + \frac{1}{n_2}\right)}$$

将已知数据代入式中，得：

$$t = \frac{\bar{x}_1 - \bar{x}_2}{s_{\bar{x}_1 - \bar{x}_2}} = \frac{\bar{x}_1 - \bar{x}_2}{\sqrt{\frac{(n_1-1)s_1^2 + (n_2-1)s_2^2}{(n_1-1) + (n_2-1)} \cdot \left(\frac{1}{n_1} + \frac{1}{n_2}\right)}} = 1.95$$

当 $\alpha = 0.05$，$df = n_1 + n_2 - 2 = 9 + 6 - 2 = 13$，查 t 分布的双侧临界值表得 $t_{0.05(13)} = 2.160$，因

为 $|t|=1.95<2.160$，所以不能否定 H_0，即接受 H_0，认为株距 20 cm 的苗高与株距 15 cm 的苗高的总体平均数无显著差异。

5.3.1.2 两个样本的总体方差 σ_1^2 与 σ_2^2 不等时，对两总体平均数的检验

(1) 当 $\sigma_1^2 \neq \sigma_2^2$，但已知时

利用统计量：

$$Z = \frac{\bar{x}_1 - \bar{x}_2}{\sigma_{\bar{x}_1 - \bar{x}_2}} = \frac{\bar{x}_1 - \bar{x}_2}{\sqrt{\frac{\sigma_1^2}{n_1} + \frac{\sigma_2^2}{n_2}}} \tag{5-8}$$

(2) 当 $\sigma_1^2 \neq \sigma_2^2$，但未知，且为小样本($n_1<30$，$n_2<30$)时
采用近似 t 检验法，计算公式为：

$$t' = \frac{\bar{x}_1 - \bar{x}_2}{s_{\bar{x}_1 - \bar{x}_2}} = \frac{\bar{x}_1 - \bar{x}_2}{\sqrt{\frac{s_1^2}{n_1} + \frac{s_2^2}{n_2}}} \tag{5-9}$$

t' 近似 t 分布，有效自由度 $df' = \dfrac{1}{\dfrac{R^2}{n_1-1} + \dfrac{(1-R)^2}{n_2-1}}$，式中 $R = \dfrac{\dfrac{s_1^2}{n_1}}{\dfrac{s_1^2}{n_1} + \dfrac{s_2^2}{n_2}}$。

【例5.7】 测定 1 号糯玉米品种的出籽率(%)8 次，得 $\bar{x}_1 = 83.06$，$s_1^2 = 323.74$；测定 2 号糯玉米品种的出籽率(%)6 次，得 $\bar{x}_2 = 62.88$，$s_2^2 = 46.67$。检验这两个糯玉米品种的平均出籽率是否有差异(经方差齐性检验，发现两个总体方差不相等)。

解：由于两总体方差不相等，未知，且为小样本，所以采用近似 t 检验法。
提出假设：H_0：$\mu_1 = \mu_2$；H_1：$\mu_1 \neq \mu_2$。

计算 t' 值：$t' = \dfrac{\bar{x}_1 - \bar{x}_2}{s_{\bar{x}_1 - \bar{x}_2}} = \dfrac{\bar{x}_1 - \bar{x}_2}{\sqrt{\dfrac{s_1^2}{n_1} + \dfrac{s_2^2}{n_2}}} = 2.905$；$R = \dfrac{\dfrac{s_1^2}{n_1}}{\dfrac{s_1^2}{n_1} + \dfrac{s_2^2}{n_2}} = 0.839$，有效自由度 $df' = \dfrac{1}{\dfrac{R^2}{n_1-1} + \dfrac{(1-R)^2}{n_2-1}} = 9.452 \approx 9$。

根据 $df' = 9$，查 t 分布的双侧临界值表得：$t_{0.05(9)} = 2.262$，$t_{0.01(9)} = 3.250$，因为 $t_{0.05(9)} < t' < t_{0.01(9)}$，所以 $0.01 < p < 0.05$，故否定 H_0：$\mu_1 = \mu_2$，接受 H_1：$\mu_1 \neq \mu_2$，表明两个糯玉米品种的平均出籽率差异显著。

5.3.1.3 利用 Excel 进行成组资料的 t 检验

Excel 的数据分析中提供了成组资料的双样本等方差和双样本异方差的 t 检验，下面结合实例具体介绍一下。

(1) 双样本等方差的 t 检验

以例 5.6 为例，打开 Excel，录入数据，选择【数据】，点开【数据分析】，选择【t 检验：双样本等方差假设】，如图 5.4 所示，点击【确定】，在弹出的窗口中，选定变量区域，标志值，设定 α 大小(默认为 0.05，可进行修改)，假定平均差默认为 0，选定结果的输出位置，如图 5.5 所示，点击【确定】，可以看到输出结果，如图 5.6 所示。

图 5.4　数据录入及功能选择

图 5.5　选项的设置

(2) 双样本异方差的 t 检验

方法类似于"双样本等方差的 t 检验"，打开 Excel，录入数据，选择【数据】，点开【数

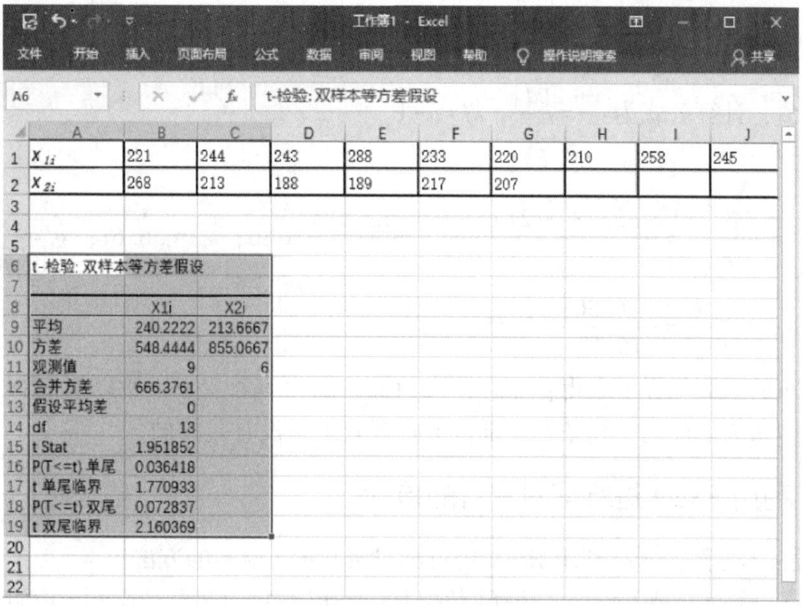

模块 5　统计推断

图 5.6　结果输出

据分析】，选择【t 检验：双样本异方差假设】，点击【确定】，在弹出的窗口中，选定变量区域，标志值，设定 α 大小（默认为 0.05，可进行修改），假定平均差：输入 0（如不输入，则默认为 0），选定结果的输出位置，点击【确定】，就可以看到输出结果了。

而例 5.7，由于没有原始数据，只给出了平均数、标准差、样本数量，则只能通过编写函数的方式来计算 t 统计量以及相应的 P 值，这里就不再介绍了。

5.3.2　配对资料的两个样本的平均数的假设检验

5.3.2.1　配对资料的检验方法

配对设计是将试验对象按照性质相同的原则，两两配对，使对子内的环境条件尽量一致，对子间允许有差异，对子内的两个个体用随机的办法确定应接受哪种处理。配对资料的统计分析一般采用 t 检验。

【例 5.8】　为了探索加杨同一枝条不同部位扦插效果是否相同，从 14 株加杨上分别采集枝条，每一条分为 4 段，用第一段与第四段配成对子，成对扦插于田间，田间管理等完全一致。经过一段时间生长后，统计苗高（单位：cm），结果见表 5.2，试判断加杨枝条的不同部位扦插效果是否有差异。

表 5.2　苗高调查数据

第 1 段苗高 H_1	231	205	161	278	146	218	256	282	272	295	172	281	190	142
第 4 段苗高 H_4	256	226	204	246	232	281	235	286	212	315	156	150	218	208
$d = H_1 - H_4$	−25	−21	−43	32	−86	−63	21	−4	60	−20	16	131	−28	−66

解：提出假设：H_0：$\mu_d = \mu_1 - \mu_2 = 0$；$H_1$：$\mu_d = \mu_1 - \mu_2 \neq 0$。

计算 t 值，计算公式为：$t = \dfrac{|\bar{d}|}{s_{\bar{d}}}$，$df = n - 1$。

其中 $\bar{d} = \dfrac{\sum_{i=1}^{n} d_i}{n} = \dfrac{(-25) + (-21) + \cdots + (-66)}{14} = -6.86$；$s_d = 56.61$；$s_{\bar{d}} = \dfrac{s_d}{\sqrt{n}} = \dfrac{56.61}{\sqrt{14}} = 15.13$；所以，$t = \dfrac{|\bar{d}|}{s_{\bar{d}}} = \dfrac{|-6.86|}{15.13} = 0.45$。

查 t 分布的双侧临界值表得：$t_{0.05(13)} = 2.160$，因为 $t < t_{0.05(13)}$，所以不能否定 H_0：$\mu_d = \mu_1 - \mu_2 = 0$，即认为加油同一枝条不同部位的扦插效果是没有差异的。

5.3.2.2　利用 Excel 进行配对资料的检验

仍以例 5.8 为例，介绍利用 Excel 进行配对资料的 t 检验的方法。

首先打开 Excel，录入数据，选择【数据】，点开【数据分析】，选择【t 检验：平均值的成对二样本分析】，如图 5.7 所示。在弹出的窗口中，填入变量区域；假设平均差：如果检验两总体均值是否相等，则输入 0；如果检验两总体均值是否等于某个常数，则输入该常数。输入显著水平：0.05、0.01 或 0.1；选定输出区域，如图 5.8 所示。点击【确定】，输出检验结果，如图 5.9 所示。输出结果中既有单侧 t 检验，又有双侧 t 检验。从结果中看出，单尾与双尾的 p 均大于 0.05，所以处理间差异不显著。

图 5.7　数据录入及选择分析选项

图 5.8　分析选项的设置

图 5.9　输出结果

本单元小结

本单元主要介绍了双样本平均数的检验,包括成组资料和成对资料的检验。成组资料的样本数量可以相等也可以不等;成对资料则需首先按照材料的特点配成对子,在每个对子内随机地采用两种不同的处理方法。在进行解题时,首先根据题目信息确定是成组资料还是成对资料,成组资料如果未告知两总体方差情况,则需先用F检验进行两总体方差的齐性检验,根据检验结果,再确定使用等方差或异方差的检验方法。

相关链接

两样本平均数的假设检验的目的在于检验两个样本所属的两个总体平均数是否相同。对于两个样本平均数的假设检验,因试验设计不同,分为成组资料和配对资料的两样本平均数的假设检验。成组资料的检验又分为两样本所在两总体的方差相等的情况和方差不相等的情况。

1. 两总体方差齐性检验

在解题过程中,如果仅给了样本数据,并未告知两样本所在总体的方差是否相等,则必须先利用F检验中的双侧检验来检验两总体方差是否一致(方差齐性),下面具体介绍一下检验的方法。

此时无效假设与备择假设为$H_0:\sigma_1^2=\sigma_2^2$, $H_1:\sigma_1^2\neq\sigma_2^2$。检验对象为两个均方(样本方差)$s_1^2$与$s_2^2$。$F$的计算公式为:$F=\dfrac{s_1^2}{s_2^2}$,$df_1=n_1-1$(分子的自由度),$df_2=n_2-1$(分母的自由度)。注意:分子为数值大的均方,分母为数值小的均方。将计算所得的F与根据两个自由度查表得到的F分布的上侧临界值$F_{\alpha(df_1,df_2)}$比较,若计算所得的$F<F_{\alpha(df_1,df_2)}$,即$p>\alpha$,则不能否定H_0;可以认为σ_1^2与σ_2^2相同;若计算所得$F\geqslant F_{\alpha(df_1,df_2)}$、$p\leqslant\alpha$,则否定$H_0$,接受$H_1$,即认为$\sigma_1^2$与$\sigma_2^2$不相同。

仍以例5.6为例,试做株距20 cm的苗高与株距15 cm的苗高的总体方差齐性检验($\alpha=0.05$)。

解:建立$H_0:\sigma_1^2=\sigma_2^2$, $H_1:\sigma_1^2\neq\sigma_2^2$;

经计算得:$s_1^2=548.45$, $s_2^2=855.07$,因为$s_2^2>s_1^2$,所以用s_2^2做分子,s_1^2做分母,建立F统计量。

$F=\dfrac{s_2^2}{s_1^2}=\dfrac{855.07}{548.45}=1.56$,此时分子的自由度为$df_2=n_2-1=6-1=5$;分母的自由度为$df_1=n_1-1=9-1=8$;查$F$分布的$\alpha$水平上侧临界值$F_{\alpha(df_2,df_1)}=F_{0.05(5,8)}=3.688$,因为$F=1.56<3.688$,所以接受$H_0$,即认为两总体等方差。

2. 利用Excel进行两总体的方差齐性检验

仍为例5.6,利用Excel进行两总体的方差齐性检验过程如下:

首先录入数据;选择【数据】,再选择【数据分析】中的"F检验:双样本方差",如图5.10所示,点击【确定】,在弹出的窗口中,分别选定"变量1的区域""变量2的区域",如选择变量区域时连同标志一起选定了,则需在"标志"前勾选中,设置 α 的大小以及结果的输出区域,如图 5.11 所示,点击【确定】按钮,则 F 检验的结果输出来,如图 5.12 所示。从结果得出:F 值,F 单尾临界值,和相伴概率 p,因为 $F<F$ 单尾临界值,或者 $p>\alpha$,所以检验结论为两总体等方差。

图 5.10 数据录入

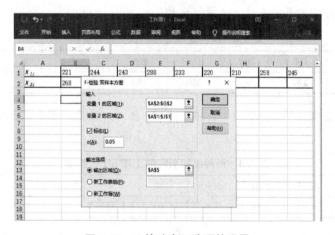

图 5.11 F 检验窗口选项的设置

思考与练习

1. 为了比较两个白榆种源苗高生长的差异,现从两种不同种源的白榆苗中分别随机抽取 11 株,测其苗高,数据见表 5.3,请分析这两个白榆种源的苗高生长差异是否显著。(假设苗高满足独立、正态、等方差的条件)。

表 5.3 两个不同种源的苗高调查数据

种源 A	70	74	75	69	70	72	71	74	69	76	71
种源 B	66	63	70	64	60	56	59	63	62	62	60

图 5.12　F 检验的输出结果

2. 据以往资料,已知某小麦品种每平方米产量的 $\sigma^2 = 0.4$ kg。今在该品种的一块地上用 A、B 两法取样,A 法取 12 个样点,得每平方米产量 1.2 kg;B 法取 8 个样点,得 1.4 kg。试比较 A 和 B 两法的每平方米产量是否有显著差异。

3. 研究矮状素使玉米矮化的效果,在抽穗期测定喷矮状素小区玉米 8 株、对照区玉米 9 株,其株高(cm)结果见表 5.4,试做假设检验。

表 5.4　两种处理方法的株高调查数据

喷矮壮素	160	160	200	160	200	170	150	210	—
对照	170	270	180	250	270	290	270	230	170

4. 用两种电极测定同一土壤 10 个样品的 pH 值,结果见表 5.5,问两种电极测定的结果有无差异?

表 5.5　两种电极测定的土样 pH 值数据

A 电极	5.78	5.74	5.84	5.80	5.80	5.79	5.82	5.81	5.85	5.78
B 电极	5.82	5.87	5.96	5.89	5.90	5.81	5.83	5.86	5.90	5.80

5. 经过测定与计算得到某品种玉米自交一代 25 穗每穗粒重的平均数 $\bar{x}_1 = 356.8$ g,标准差 $s_1 = 13.3$ g;自交二代 30 穗每穗粒重的平均数 $\bar{x}_2 = 338.9$ g,标准差 $s_2 = 20.1$ g。问该品种玉米的自交一代与自交二代每穗平均粒重是否有差异?

单元 5.4　频率的假设检验

知识目标

1. 了解总体频率的假设检验的类型;
2. 掌握单样本频率、双样本频率的假设检验的方法步骤。

技能目标

1. 学会单样本、双样本频率的假设检验方法；
2. 学会使用 Excel 进行频率的假设检验。

5.4.1 单个样本的频率的假设检验

对于总体频率的假设检验，在实践中大部分只对大样本进行。对于大样本的资料，无论总体是否为正态分布，当利用重复抽样法抽取样本，样本中有某种特点的单元数 m 遵从二项分布，当 n 充分大时，二项分布渐近于正态分布，即：$m \sim N[np, np(1-p)]$，p 为总体频率。

因为样品频率 $w = \dfrac{m}{n}$，于是样本频率 w 渐近服从 $N\left[p, \dfrac{p(1-p)}{n}\right]$ 的分布。将上述 w 进行标准化变换，则统计量：

$$Z = \dfrac{w - p}{\sqrt{\dfrac{p(1-p)}{n}}} \sim N(0, 1) \tag{5-10}$$

一个总体频率的假设检验也有 3 种类型：

(1) $H_0: p = p_0$；$H_1: p \neq p_0$（双侧检验）
(2) $H_0: p \leqslant p_0$；$H_1: p > p_0$（单侧检验：右侧检验）
(3) $H_0: p \geqslant p_0$；$H_1: p < p_0$（单侧检验：左侧检验）

5.4.1.1 双侧检验

假设 $H_0: p = p_0$；$H_1: p \neq p_0$，统计量为 $Z = \dfrac{w - p_0}{\sqrt{\dfrac{p_0(1-p_0)}{n}}} \sim N(0, 1)$；若取显著性水平为 α，有 $P(|Z| \geqslant Z_\alpha) = \alpha$，则 H_0 的拒绝域为 $|Z| \geqslant Z_\alpha$，接受域为 $|Z| < Z_\alpha$。

5.4.1.2 单侧检验

假设 $H_0: p \leqslant p_0$；$H_1: p > p_0$（单侧检验：右侧检验）。$H_0: p \geqslant p_0$；$H_1: p < p_0$（单侧检验：左侧检验）。统计量仍为 $Z = \dfrac{w - p_0}{\sqrt{\dfrac{p_0(1-p_0)}{n}}} \sim N(0, 1)$。

由 $P(|Z| \geqslant Z_{2\alpha}) = 2\alpha$，再由正态分布的对称性，上式可分为以下两式：
$P(Z \geqslant Z_{2\alpha}) = \alpha$（$H_0$ 拒绝域为 $Z \geqslant Z_{2\alpha}$，为右侧检验）
$P(Z \leqslant -Z_{2\alpha}) = \alpha$（$H_0$ 拒绝域为 $Z \leqslant -Z_{2\alpha}$，为左侧检验）

【例 5.9】 林场与乡政府订立合同，若造林成活率大于等于 80% 时认为达到要求，在验收时用重复抽样方式分别在甲乡所造的林中抽 400 株，结果有 336 株成活；在乙乡所造的林中抽 300 株，结果有 221 株成活，问两乡造林成活率是否达到了要求？（$\alpha=0.05$）

解：此问题是检验总体频率是否大于等于，或小于某一已知标准，即 $p_0=0.80$。

而且该题为大样本。根据初步计算：$w_1=\dfrac{336}{400}=0.84$；$w_2=\dfrac{221}{300}=0.74$，分别对甲乡和乙乡做检验。

（1）甲乡：H_0：$p \leqslant p_0=0.80$；H_1：$p>p_0=0.80$（单侧检验：右侧检验）

统计量 $Z=\dfrac{w_1-p_0}{\sqrt{\dfrac{p_0(1-p_0)}{n}}}=\dfrac{0.84-0.80}{\sqrt{\dfrac{0.80(1-0.80)}{400}}}=2$，当显著性水平为 $\alpha=0.05$ 时，单侧检验的临界值为 $Z_{2\alpha}=Z_{0.10}=1.64$，右侧检验的 H_0 拒绝域为 $Z \geqslant Z_{2\alpha}$，因为 $Z=2>1.64$，所以拒绝 H_0，即认为甲乡造林成活率超过了 80%。

（2）乙乡：H_0：$p \geqslant p_0=0.80$；H_1：$p<p_0=0.80$（单侧检验：左侧检验）；$Z=\dfrac{w_2-p_0}{\sqrt{\dfrac{p_0(1-p_0)}{n_2}}}=\dfrac{0.74-0.80}{\sqrt{\dfrac{0.8(1-0.8)}{300}}}=-2.60$

左侧检验：H_0 拒绝域为 $Z<-Z_{2\alpha}$。因为 $Z<-1.64$，故拒绝 H_0，即认为乙乡造林成活率未达到 80%，不符合要求。

【例 5.10】 某地果树种子的平均发芽率为 0.80，现随机抽取 200 粒，用某药剂浸种后发芽了 183 粒，问：药剂浸种后是否改变了种子发芽率？（$\alpha=0.05$）

解：本题为双侧检验。假设 H_0 为浸种后未改变种子发芽率，即 $p=p_0$。

$$Z=\dfrac{w-p_0}{\sqrt{\dfrac{p_0(1-p_0)}{n}}}=4.07$$

因为 $|Z|>Z_\alpha=1.96$，故拒绝 H_0，即认为浸种后发芽率有显著改变。

5.4.2 两个样本频率的假设检验

例如，两生产队比较生产效率的问题，用两总体频率的差异显著性检验。和一个总体频率的检验一样，生产中通常只用到大样本，由于是大样本，所以正态总体和非正态总体的检验方法是相同的。

设在两个总体中分别采取重复抽样的方式抽取两个大样本，其样本容量，样本频率分别为 n_1，n_2，w_1，w_2，设两总体的频率分别为 p_1，p_2，则有 $w_1 \sim N\left[p_1, \dfrac{p_1(1-p_1)}{n_1}\right]$；$w_2 \sim N\left[p_2, \dfrac{p_2(1-p_2)}{n_2}\right]$；$w_1-w_2 \sim N\left[p_1-p_2, \dfrac{p_1(1-p_1)}{n_1}+\dfrac{p_2(1-p_2)}{n_2}\right]$。

将 w_1-w_2 进行标准化变换，则标准化变量：

$$Z=\frac{w_1-w_2-(p_1-p_2)}{\sqrt{\frac{p_1(1-p_1)}{n_1}+\frac{p_2(1-p_2)}{n_2}}} \sim N(0, 1)$$

当假设 $p_1=p_2$，则统计量为 $Z=\dfrac{w_1-w_2}{\sqrt{\dfrac{p_1(1-p_1)}{n_1}+\dfrac{p_2(1-p_2)}{n_2}}}$。

两样本的总体频率的显著性检验也有 3 种模式：
(1) H_0：$p_1=p_2$；H_1：$p_1 \neq p_2$（双侧检验）
(2) H_0：$p_1 \leq p_2$；H_1：$p_1 > p_2$（单侧检验：右侧检验）
(3) H_0：$p_1 \geq p_2$；H_1：$p_1 < p_2$（单侧检验：左侧检验）

5.4.2.1 双侧检验

假设 H_0：$p_1=p_2=p$；H_1：$p_1 \neq p_2$，统计量为 $Z=\dfrac{w_1-w_2}{\sqrt{\dfrac{p_1(1-p_1)}{n_1}+\dfrac{p_2(1-p_2)}{n_2}}}=\dfrac{w_1-w_2}{\sqrt{p(1-p)\left(\dfrac{1}{n_1}+\dfrac{1}{n_2}\right)}} \sim$

$N(0, 1)$，因为 p 未知，可用样本频率的加权平均值代替 p，即 $p \approx \bar{w}=\dfrac{n_1 w_1+n_2 w_2}{n_1+n_2}$，故：

$$Z=\frac{w_1-w_2}{\sqrt{\bar{w}(1-\bar{w})\left(\dfrac{1}{n_1}+\dfrac{1}{n_2}\right)}} \tag{5-11}$$

根据显著性水平 α，查正态分布的双侧临界值表，得 H_0 的拒绝域为 $|Z| \geq Z_\alpha$，接受域为 $|Z| < Z_\alpha$。

5.4.2.2 单侧检验

和双侧检验的统计量相同，所不同是拒绝域。左侧检验拒绝域为：$Z < -Z_{2\alpha}$；右侧检验拒绝域为：$Z \geq Z_{2\alpha}$。

【例 5.11】 采用两种不同的方法造林，在第一种方法所造林中随机抽取 300 株，结果发现成活的为 210 株，在第二种方法所造林中随机抽取 200 株，结果发现成活的 185 株，试问两种方法造林成活率是否有显著差异。（$\alpha=0.05$）

解：假设 H_0：$p_1=p_2$，即没有显著差异。通过计算得：$w_1=\dfrac{210}{300}=0.7$；$w_2=\dfrac{185}{200}=0.925$。两种方法造林成活率的加权平均数为：$\bar{w}=\dfrac{n_1 w_1+n_2 w_2}{n_1+n_2}=\dfrac{210+185}{300+200}=0.79$，故：

$$Z=\frac{w_1-w_2}{\sqrt{\bar{w}(1-\bar{w})\left(\dfrac{1}{n_1}+\dfrac{1}{n_2}\right)}}=-6.1$$

根据显著性水平 $\alpha=0.05$，查表得：$Z_{0.05}=1.96$。因为 $|Z|=6.1>1.96$，所以拒绝无效假设，即认为两种方法的造林成活率有显著的差异。

5.4.3 利用 Excel 进行总体频率的检验

Excel 的分析工具库中没有提供专门的频率检验的方法。但是我们可以通过 Excel 的函数功能帮助进行总体频率的检验。

下面以例 5.9 中的甲乡为例具体介绍一下。

首先打开 Excel 表，在表中录用已知的总体频率，甲乡的样本频率，甲乡的样本容量，通过公式 $Z=\dfrac{w_1-p_0}{\sqrt{p_0(1-p_0)/n}}$ 计算 Z 的数值，计算方法：首先选中 B2 单元格，输入等号，将各数据的相对地址录入公式，具体公式为"=(B2-B1)/sqrt(B1*(1-B1)/B3)"，如图 5.13 所示，点击回车按钮，Z 的计算结果输出为 2。然后通过插入"fx"函数的方法，选择"NORM.S.INV"函数（返回标准正态分布的区间点），如图 5.14 所示。点击确定，弹出的对话框中的"Probility"栏中输入"0.95"，即：显著水平 $\alpha=0.05$，如图 5.15 所示，点击确定，则 $\alpha=0.05$ 水平的上侧临界值结果输出出来，如图 5.16 所示。用统计量 Z 值与临界值比较，因为 $Z>$临界值，所以拒绝无效假设，即认为甲乡的造林成活率超过了 80%。

对于单样本的左侧检验、双侧检验以及双样本的假设检验方法类似，也是采用计算公式计算统计量的数值，然后利用插入函数的方法计算临界值，然后进行比较。注意，计算 $\alpha=0.05$ 水平的双侧临界值时，"Probility"栏中应输入"0.975"。

图 5.13　录入数据及计算统计量

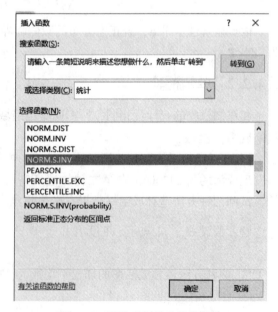

图 5.14　计算右侧检验的临界值

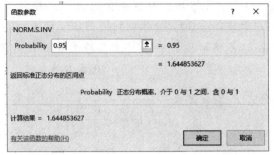

| 图 5.15 "NORM. S. INV"函数参数的设置 | 图 5.16 右侧检验临界值的输出结果 |

本单元小结

本单元主要介绍了样本容量为大样本时的总体频率的检验，包括单样本频率的检验和双样本频率的检验。

单样本频率的假设检验，统计量为：$Z=\dfrac{w-p_0}{\sqrt{\dfrac{p_0(1-p_0)}{n}}}$，双侧检验的拒绝域为：$|Z|\geqslant Z_\alpha$；左侧检验的拒绝域为：$Z\leqslant -Z_{2\alpha}$，右侧检验的拒绝域为：$Z\geqslant Z_{2\alpha}$。

双样本频率的假设检验，统计量为：$Z=\dfrac{w_1-w_2}{\sqrt{\bar{w}(1-\bar{w})\left(\dfrac{1}{n_1}+\dfrac{1}{n_2}\right)}}$，其中 $\bar{w}=\dfrac{n_1w_1+n_2w_2}{n_1+n_2}$，双侧检验的拒绝域为：$|Z|\geqslant Z_\alpha$；左侧检验的拒绝域为：$Z\leqslant -Z_{2\alpha}$；右侧检验的拒绝域为：$Z\geqslant Z_{2\alpha}$。

相关链接

前面学习过的二项分布指出，由具有两个属性类别的性状利用统计次数法得来的次数资料进而计算得到频率资料，如结实率、发芽率、死亡率、成活率等是服从二项分布的。这类频率资料的假设检验应按二项分布进行。当样本含量 n 足够大、p 不过小、np 和 $np(1-p)$ 均大于 5 时，二项分布接近于正态分布，此时可近似采用 Z 检验法对服从二项分布的频率资料进行假设检验。适用于正态近似法所需要的服从二项分布的频率资料的样本容量 n 见表 5.6。

表 5.6 适用于正态近似法所需要的服从二项分布的频率资料的样本容量 n

p（频率）	np（较小组的次数）	n（样本容量）
0.5	15	30
0.4	20	50
0.3	24	80
0.2	40	200
0.1	60	600
0.05	70	1400

当满足 n 足够大、p 不过小、np 和 np(1-p) 均大于 5 时,可以近似的采用 Z 检验法,即正态近似法进行检验。如果 np 或 np(1-p) 小于或等于 30,虽然也利用正态近似法检验,但还需要对 Z 进行连续性矫正。连续性矫正后的 Z 值即为 Z_c,单样本检验的矫正公式 Z_c 为:$Z_c = \dfrac{|w-p_0| - \dfrac{0.5}{n}}{\sqrt{\dfrac{p_0(1-p_0)}{n}}}$;双样本检验的矫正公式 Z_c 为:$Z_c = \dfrac{|w_1-w_2| - \dfrac{0.5}{n_1} - \dfrac{0.5}{n_2}}{\sqrt{\bar{w}(1-\bar{w})\left(\dfrac{1}{n_1}+\dfrac{1}{n_2}\right)}}$。检验的其他步骤与未矫正的方法相同。

当 np 和 np(1-p) 值有一个小于 5,不能近似地用 Z 检验,而应按二项分布直接计算实得差异的概率或用 χ^2 检验。χ^2 检验将在模块 6 进行介绍。

思考与练习

1. 某地区历年血吸虫发病率为 1%,采取某种预防措施后,当年普查了 1000 个人,发现 6 名患者,是否可认为预防措施有效?

2. 某植物品种做抗虫试验,甲品种检查 300 株苗,受害 62 株,乙品种检查 280 株苗,受害 74 株,问该植物这两个品种的抗虫性是否有差异。

3. 一批种子发芽率高于 80% 为合格,现对一批种子随机抽取 200 粒进行发芽试验,结果有 178 粒发芽,问这批种子是否合格?

单元 5.5 总体参数的区间估计

知识目标

1. 掌握什么是点估计与区间估计;
2. 掌握总体平均数和总体频率的区间估计方法。

技能目标

1. 学会单样本总体平均数和总体频率的估计方法;
2. 学会利用 Excel 进行区间估计。

5.5.1 总体平均数的区间估计

参数估计有点估计和区间估计,利用样本统计量作为总体参数的估计值称为点估计。点估计只给出了总体参数的估计值,没有考虑抽样误差,也没有指出估计的可靠程度。区间估计是在一定概率保证下给出的总体参数的可能范围,所给出的可能范围称为置信区间,给出的概率保证称为置信度或置信概率。

5.5.1.1 总体方差已知时,对总体平均数的估计

设总体遵从 $N(\mu, \sigma^2)$,并且 σ^2 已知,要估计总体平均数 μ。由抽样分布理论可知 $\bar{x} \sim N(\mu, \sigma^2/n)$。对 μ 作区间估计时,可将 $\bar{x}$ 进行标准化变换后,得到统计量 $Z = \dfrac{\bar{x}-\mu}{\sigma/\sqrt{n}} \sim N(0,1)$;对于事先给定的概率 α(危险率)或置信度 $p = 1-\alpha$,有 $P(|Z| \leq Z_\alpha) = 1-\alpha$,从而可得 $P\left(|\bar{x}-\mu| \leq Z_\alpha \dfrac{\sigma}{\sqrt{n}}\right) = 1-\alpha$,变形后得:$P\left(\bar{x}-Z_\alpha \dfrac{\sigma}{\sqrt{n}} \leq \mu \leq \bar{x}+Z_\alpha \dfrac{\sigma}{\sqrt{n}}\right) = 1-\alpha$。

在统计推断中,样本平均数即统计量 $\bar{x}$ 的标准差称为标准误差,记作 $\sigma_{\bar{x}}$,即 $\sigma_{\bar{x}} = \dfrac{\sigma}{\sqrt{n}}$,对于置信度 $p = 1-\alpha$,绝对误差限 $\Delta = Z_\alpha \sigma_{\bar{x}} = Z_\alpha \dfrac{\sigma}{\sqrt{n}}$。

Z_α 为标准正态分布的双侧临界值,μ 的估计区间为 $(\bar{x}-\Delta, \bar{x}+\Delta)$,即 $\left(\bar{x}-Z_\alpha \dfrac{\sigma}{\sqrt{n}}, \bar{x}+Z_\alpha \dfrac{\sigma}{\sqrt{n}}\right)$。

【例 5.12】 从一批 2 年生白皮松苗木中随机抽取 100 株苗木测其苗高得样本平均数 $\bar{x} = 10$ cm。设苗高遵从正态分布,总体方差 $\sigma^2 = 9$,试以 $p = 95\%$ 的置信度估计这批白皮松苗木的平均高。

解:由于总体方差已知,则由 $\bar{x} = 10$,$n = 100$,$\sigma^2 = 9$,$p = 1-\alpha = 0.95$,$Z_\alpha = 1.96$ 可得 $\Delta = Z_\alpha \dfrac{\sigma}{\sqrt{n}} = 1.96 \times \dfrac{3}{\sqrt{100}} = 0.588 \text{(cm)}$。

μ 的 95% 置信度的置信区间为 $(\bar{x}-\Delta, \bar{x}+\Delta)$,即 $(9.142, 10.588)$(单位:cm)。

5.5.1.2 总体方差未知时,对总体平均数的估计

对正态总体的总体平均数作估计时,总体方差往往是未知的,且为小样本,对 μ 作区间估计时,统计量应为:$t = \dfrac{\bar{x}-\mu}{s/\sqrt{n}}$,自由度 $df = n-1$。

对于 t 分布,根据给定的 $p = 1-\alpha$,由 α 和自由度 df 可查 t 分布的 α 水平的双侧临界值 $t_{\alpha(df)}$,有 $P(|t| \leq t_{\alpha(df)}) = 1-\alpha$,即 $P\left(|\bar{x}-\mu| \leq t_{\alpha(df)} \dfrac{s}{\sqrt{n}}\right) = 1-\alpha$,变形后可得 $P\left(\bar{x}-t_{\alpha(df)} \dfrac{s}{\sqrt{n}} \leq \mu \leq \bar{x}+t_{\alpha(df)} \dfrac{s}{\sqrt{n}}\right) = 1-\alpha$。

于是对 μ 作区间估计时,对于置信度 $p = 1-\alpha$,估计的误差限为 $\Delta = t_{\alpha(df)} \dfrac{s}{\sqrt{n}}$,$\mu$ 的估计区间为 $(\bar{x}-\Delta, \bar{x}+\Delta)$,即 $\left(\bar{x}-t_{\alpha(df)} \dfrac{s}{\sqrt{n}}, \bar{x}+t_{\alpha(df)} \dfrac{s}{\sqrt{n}}\right)$。

【例 5.13】 已知树高分布近似正态,现重复抽样测得槐树苗高资料见表 5.7(单位:cm),试以 95% 置信度估计该批树苗的平均高。

表 5.7 槐树树高数据

256	310	185	320	250	202	207	152	280	323
301	160	262	240	248	133	262	276	298	240

解：由计算得：$\bar{x}=245.25$，$s=56.27$

对 μ 作区间估计 已知 $p=95\%$，$1-\alpha=0.95$ 和 $df=19$，查得 t 分布的双侧临界值表得：$t_{0.05(19)}=2.093$，则 $\Delta=t_{\alpha(df)}\dfrac{s}{\sqrt{n}}=2.093\times\dfrac{56.27}{\sqrt{20}}=26.34$。

所以，该批树苗的平均高 μ 的 95% 的置信区间为：$(245.25-26.34,\ 245.25+26.34)$，即 $(218.91,\ 271.59)(\mathrm{cm})$。

5.5.2 总体频率的区间估计

对于总体频率的估计在实践中通常采用大样本估计，即采用正态近似法进行估计。下面介绍该方法。

因为当 n 为大样本时，样本频数 m 服从正态分布 $N[np,\ np(1-p)]$，样本频率 $w=\dfrac{m}{n}$，所以有样本频率 $w=\dfrac{m}{n}\sim N\left[p,\ \dfrac{p(1-p)}{n}\right]$，则标准化变量 $Z=\dfrac{w-p}{\sqrt{\dfrac{p(1-p)}{n}}}\sim N(0,\ 1)$。则在给定的小概率 α 时，由标准正态分布的规律得到：$P\left[\left|\dfrac{w-p}{\sqrt{\dfrac{p(1-p)}{n}}}\right|\leqslant Z_\alpha\right]=1-\alpha$，进一步变化可得：$P\left[|w-p|\leqslant Z_\alpha\sqrt{\dfrac{p(1-p)}{n}}\right]=1-\alpha$。

即用样本频率 w 估计总体频率 p，误差限为 $\Delta=Z_\alpha\sqrt{\dfrac{p(1-p)}{n}}$。则总体频率的 $1-\alpha$ 的置信区间为 $[w-\Delta,\ w+\Delta]$。

由于上式中 p 为未知参数，当样本观测值取定后，仍计算不出估计的误差限和置信区间。在实践中一般用它的估计值 w 的取值近似地代替，则有：误差限为：$\Delta=Z_\alpha\sqrt{\dfrac{w(1-w)}{n}}$，$1-\alpha$ 的置信区间为 $[w-\Delta,\ w+\Delta]$。

【例 5.14】 调查某林场造林成活率，共调查 1000 株，成活了 850 株，求该林场造林成活率的 95% 的置信区间。

解：由题意知：$n=1000$，$m=850$，$w=\dfrac{m}{n}=\dfrac{850}{1000}=0.85$，$1-\alpha=95\%$，$\alpha=0.05$，$Z_\alpha=1.96$，所以，$\Delta=Z_\alpha\sqrt{\dfrac{w(1-w)}{n}}=1.96\times\sqrt{\dfrac{0.85\times(1-0.85)}{1000}}=0.022$，则 95% 的置信区间为 $[w-\Delta,\ w+$

Δ] = [0.85−0.022, 0.85+0.022] = [0.828, 0.872]。

5.5.3 利用 Excel 进行平均数的区间估计

区间估计抽样误差限 Δ 的计算在 Excel 中所用函数为 CONFIDENCE(Alpha, Standard, Size)。其中，Alpha：指用于显著水平 α；Standard-dev：指总体标准差，若无，则用样本标准差代替；Size：指样本容量 n。

【例 5.15】 某地区 2018 年有 30000 名初二学生参加期末物理统考，采用随机不重复抽样方法抽取 50 名学生的成绩，见表 5.8，请以 95% 的概率分析该地区所有参加物理统考的学生的平均成绩的可能范围。

表 5.8 50 名学生的成绩

60	66	75	60	53	45	72	77	89	60	65	78	60
63	40	53	66	72	70	75	68	73	52	76	57	81
82	68	73	79	80	58	79	70	82	75	50	72	
65	70	46	76	74	80	68	70	78	88	90	80	

此题所给资料未分组，首先将数据录入 Excel 中，利用"AVERAGE"函数计算平均数，"STDEV.S"计算标准差，如图 5.17 所示。在 B3 单元格输入"误差限"，选中 C3 单元格，点击【公式】，选择【插函数入 fx】，选择"CONFIDENCE.NORM"函数，如图 5.18 所示，点击【确定】，在弹出的对话框里对参数进行设置，如图 5.19 所示，点击【确定】，误差限的计算结果输出，再进一步利用输入公式的方法计算置信下限（"=C1-C3"）和置信上限（"=C1+C3"），结果如图 5.20 所示。

图 5.17 数据录入及平均数、标准差的计算

图 5.18 误差限的计算

图 5.19 误差限参数的设置

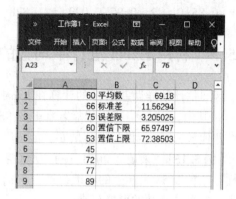

图 5.20 计算结果

本单元小结

本单元主要介绍了总体平均数和总体频率的区间估计。对于正态总体，当总体方差已知时，对总体平均数的估计，误差限为 $\Delta = Z_\alpha \sigma_{\bar{x}} = Z_\alpha \dfrac{\sigma}{\sqrt{n}}$，置信度为 $p = 1-\alpha$ 的置信区间为：$(\bar{x}-\Delta, \bar{x}+\Delta)$。当总体方差未知时，对总体平均数的估计，误差限为 $\Delta = t_{\alpha(df)} \dfrac{s}{\sqrt{n}}$，$\mu$ 的估计区间为 $(\bar{x}-\Delta, \bar{x}+\Delta)$。

利用正态近似法对总体频率的估计，误差限为 $\Delta = Z_\alpha \sqrt{\dfrac{p(1-p)}{n}}$，由于 p 未知，一般用它的估计值 w 近似代替，则总体频率的 $1-\alpha$ 的置信区间为 $[w-\Delta, w+\Delta]$。

相关链接

在参数估计中有两个需重点明确问题：①估计的误差限与置信度有一定的关系。误差限反映估计准确程度的问题，置信度反映估计的正确程度，也就是可信程度的问题。一般说来，在样本容量不变的情况下，提高置信度，则误差限随着增大，估计的准确度随之降低；反之，提高估计的准确度，即减小误差限，则置信度随之降低。林业上常采用95%或99%的置信度，这个指标往往在估计之前给出。②对于置信度为 $1-\alpha$ 的置信区间 $(\bar{x}-\Delta, \bar{x}+\Delta)$，指该区间以 $1-\alpha$ 的概率大小包含总体平均数 μ，而不是"总体平均数 μ 落入区间 $(\bar{x}-\Delta, \bar{x}+\Delta)$ 的概率为 $1-\alpha$"。

思考与练习

1. 对某农场10000亩小麦进行抽样调查，随机抽取200亩，测得平均亩产量为350 kg/亩，标准差为30 kg/亩，以99%的概率测算：(1)该农场10000亩小麦平均亩产量的置信区间；(2)该农场10000亩小麦总产量的可能范围。

2. 在一次地籍测量中，由测距仪对某两点间距离进行了12次独立测量，测量数据见表5.9(单位：m)，设测量值遵从正态分布，且仪器无误差，试以95%的置信度对两点距

表5.9 两点距离测量值

319.30	320.47	320.60	320.45	320.05	320.48
320.30	320.45	320.53	320.15	320.46	320.56

离进行估计。

3. 在一油松林分中用重复抽样的方法抽取50株组成样本,测其胸径,得样本平均数 $\bar{x}=22$ cm, $s^2=4.84$ cm^2。试以95%的置信度对该油松林分的平均胸径做区间估计。

4. 在一正态总体中,等概重复抽取10个单元组成样本,样本单元标志值2.8、1.8、2.0、0.9、0.4、1.8、0.2、2.2、2.3、1.6,若已知 $\sigma^2=9$,试以95%的可靠性估计总体平均数 μ。

实训5.1 单样本平均数的假设检验

一、实训目的

1. 能进行单样本平均数的假设检验;
2. 能利用Excel的数据分析功能中的描述统计进行单样本平均数的检验。

二、实训资料

1. 某普通水稻单株产量服从正态分布,平均单株产量为250 g,标准差为2.78 g,现随机测定10株杂交水稻单株产量分别为272、200、268、247、267、246、363、216、206、256(g)。问该杂交水稻平均单株产量与普通水稻平均单株产量是否有差异?

2. 由长期的经验和资料分析,某苗圃的某种苗木高度服从正态分布,且现从该种苗木中随机抽取20株,并算得这20株苗木的平均高为58.2 cm,标准差为4 cm,问:该批苗木可否认为已达60 cm的标准要求?

三、实训内容

1. 利用单样本平均数假设检验的方法分别对实训资料1和实训资料2进行检验分析。
2. 利用Excel对实训资料1进行描述统计分析。

四、实训作业

1. 将假设检验分析过程整理到报告纸上;
2. 将利用Excel进行的描述统计分析结果以截图的方式整理到Word文件中,并附上对结果的解释,以Word文件形式上交,文件命名:学生姓名-实训名称。

实训5.2 双样本平均数的假设检验

一、实训目的

1. 能进行双样本平均数的假设检验;
2. 能利用Excel进行双样本平均数的检验。

二、实训资料

1. 某种羊毛在处理前后各抽取8个样本进行处理前和处理后的含脂率测定,结果见

表 5.10　羊毛含脂率处理前后调查数据

处理前	0.19	0.18	0.30	0.66	0.42	0.08	0.12	0.30
处理后	0.15	0.13	0.07	0.24	0.19	0.04	0.08	0.20

表 5.10。

问：经处理后含脂量有无明显变化？（假定含脂量遵从正态分布）

2. 在不同的土壤上进行较大面积的育苗试验，秋后进行随机抽样调查，得到的苗高资料见表 5.11（单位：cm）（苗高服从正态分布）。

表 5.11　两种土壤类型的苗高调查数据

砂土	32	34	76	72	75	64	66	40	38	42	—	—
壤土	50	51	55	87	91	93	55	57	62	74	76	72

根据这两个样本资料，检验两种土壤类型上苗高生长有无差异？

三、实训内容

1. 利用配对资料的双样本平均数检验对实训资料 1 进行分析；

2. 利用成组资料的双样本平均数检验对实训资料 2 进行分析；

3. 利用 Excel 分别对实训资料 1 和实训资料 2 进行假设检验（注意成组资料，先用 F 检验进行方差齐性检验，然后选择合适的 t 检验方法进行检验）。

四、实训作业

1. 将假设检验分析过程整理到报告纸上；

2. 将利用 Excel 进行统计分析的结果整理到 Word 文件中，并附上对结果的解释，以 Word 文件形式上交，文件命名：学生姓名-实训名称。

实训 5.3　频率的假设检验

一、实训目的

1. 能利用手工方法对频率进行假设检验；

2. 能借助于 Excel 进行频率的假设检验。

二、实训资料

1. 若规定种子发芽出土率达到 0.90 以上为合格，今随机抽取 500 粒播种试验，结果有 440 粒种子发芽出土，试检验这批种子是否合格？

2. 调查春大豆品种 A 的 100 个豆荚，瘪荚 48 个，瘪荚率 $w_1 = \dfrac{48}{100} = 0.48$；调查春大豆品种 B 的 120 个豆荚，瘪荚 72 个，瘪荚率 $w_2 = \dfrac{72}{120} = 0.6$，检验这两个大豆品种的瘪荚率是否相等。

三、实训内容

1. 利用手工方法分别对实训资料 1、实训资料 2 进行频率的假设检验。

2. 利用 Excel 中输入公式和插入函数的方法，对实训资料 1 和实训资料 2 进行假设检验，并对检验结果做分析。

四、实训作业

1. 将假设检验分析过程整理到报告纸上；

2. 将利用 Excel 进行统计分析的结果整理到 Word 文件中，并附上对结果的解释，以 Word 文件形式上交。

实训 5.4 利用 Excel 进行区间估计

一、实训目的

能借助于 Excel 进行总体平均数和总体频率的区间估计。

二、实训资料

以例 5.13 和例 5.14 为实训资料。

三、实训内容

利用 Excel 分别对例 5.13 和例 5.14 资料进行参数估计。

四、实训作业

将利用 Excel 进行统计分析的结果整理到 Word 文件中，并附上对结果的解释，以 Word 文件形式上交。文件命名：学生姓名-实训名称。

模块 6　χ^2 检验

单元 6.1　符合性检验

知识目标

1. 了解 χ^2 检验的意义和步骤；
2. 掌握在不同分类情况下，对 χ^2 公式的正确选择。

技能目标

1. 能利用 χ^2 检验进行符合性检验；
2. 能借助于 Excel，利用 χ^2 分布进行符合性检验。

6.1.1　χ^2 检验的意义

6.1.1.1　χ^2 检验的意义

χ^2 检验主要是用于频数资料的假设检验，检验实际频数与理论频数的符合程度。其检验是借助于服从 χ^2 分布的统计量进行的，因此又被称为 χ^2 检验。它的应用范围较广，可用于独立性检验、符合性检验，也可用于拟合优度假设检验等。

6.1.1.2　χ^2 的连续性矫正

频数的分布服从二项分布，而利用属于连续型的随机变量的 χ^2 分布来分析离散型的二项分布资料，会存在一定的偏差，尤其是在分类类别较少的情况下，偏差会更大。因此，χ^2 检验中所建立的统计量，在不同的分类情况下，需要使用不同的 χ^2 公式。

（1）当自由度大于 1 时，χ^2 检验中所建立的 χ^2 统计量与连续型随机变量 χ^2 分布相近似，这时，可不作连续性矫正，但要求各组内的理论频数不小于 5。若某组的理论频数小于 5，则应把该组与其相邻的一组或几组合并，直到理论频数大于 5 为止。此时，所建立的 χ^2 统计量公式为：

$$\chi^2 = \sum \frac{(O-E)^2}{E} \tag{6-1}$$

其中，O 为各分类组的实际观察频数；E 为各分类组的理论观察频数。

(2)当自由度为 1 时，偏差较大，需要用矫正后的公式进行检验，矫正公式记为 χ_c^2，其计算公式为：

$$\chi_c^2 = \sum \frac{(|O-E|-0.5)^2}{E} \tag{6-2}$$

6.1.1.3 检验的方法步骤

χ^2 检验的方法步骤与总体平均数假设检验一样。其步骤如下：

(1)提出假设

H_0：实际观察频数与理论频数的差异不显著。

H_1：实际观察频数与理论频数之间存在真实差异。

(2)规定显著水平 α

显著水平一般取 0.05 或 0.01。

(3)计算统计量 χ^2 或者 χ_c^2 的数值

在无效假设正确的前提下，计算统计量 χ^2 或 χ_c^2 的数值，并根据自由度 df 查 χ^2 分布的上侧临界值表，得 $\chi_{\alpha(df)}^2$ 值，将算得的 χ^2 或 χ_c^2 与 $\chi_{\alpha(df)}^2$ 值进行比较。

(4)统计推断

如果 χ^2 或 $\chi_c^2 < \chi_{0.05(df)}^2$，则 $p > 0.05$ 接受 H_0，观察频数与理论频数相符，其差异是由误差造成的。如果 $\chi_{0.05(df)}^2 \leq \chi^2$ 或 $\chi_c^2 < \chi_{0.01(df)}^2$，则 $0.01 < p \leq 0.05$，拒绝 H_0，接受 H_1，说明观察频数与理论频数差异显著。如果 χ^2 或 $\chi_c^2 \geq \chi_{0.01(df)}^2$，则 $p \leq 0.01$，则拒绝 H_0，接受 H_1，说明观察频数与理论频数差异极显著。

6.1.2 符合性检验

6.1.2.1 符合性检验的意义

用 χ^2 检验法来检验实际试验中测定的结果与对科学试验中所作出的某种理论推断或某种科学的假设是否相符合的问题，故又称为符合性检验。符合性检验可以判断实际观察的属性类别分配是否符合已知属性类别分配理论或学说。

在符合性检验中，无效假设为 H_0：实际观察的属性类别分配符合已知属性类别分配的理论或学说；备择假设为 H_1：实际观察的属性类别分配不符合已知属性类别分配的理论或学说。并在无效假设成立的条件下，按已知属性类别分配的理论或学说计算各属性类别的理论频数。因所计算得的各个属性类别理论频数的总和应等于各个属性类别实际观察频数的总和，即独立的理论频数的个数等于属性类别分类数减 1。也就是说，符合性检验的自由度等于属性类别分类数减 1。若属性类别分类数为 m，则符合性检验的自由度为 $df = m-1$。然

后计算出 χ^2 或者 χ_c^2。将所计算得的 $\chi^2 = \sum_{i=1}^{m} \frac{(O_i - E_i)^2}{E_i}$ 或 $\chi_c^2 = \sum_{i=1}^{m} \frac{(|O_i - E_i| - 0.5)^2}{E_i}$ 值与根据自由度 $df = m - 1$ 查 χ^2 值表所得的临界 $\chi_{\alpha(df)}^2$ 值：$\chi_{0.05(df)}^2$ 或 $\chi_{0.01(df)}^2$ 比较。利用小概率原理进行判断。

若 χ^2 或者 $\chi_c^2 < \chi_{0.05(df)}^2$，则 $p > 0.05$，接受 H_0，表明实际观察频数与理论频数差异不显著，可以认为实际观察的属性类别分配符合已知属性类别分配的理论或学说；

若 $\chi_{0.05(df)}^2 \leq \chi^2$ 或者 $\chi_c^2 < \chi_{0.01(df)}^2$，则 $0.01 < p \leq 0.05$，拒绝 H_0，表明实际观察频数与理论频数差异显著，实际观察的属性类别分配显著不符合已知属性类别分配的理论或学说；

若 χ^2 或者 $\chi_c^2 \geq \chi_{0.01(df)}^2$，则 $p \leq 0.01$，拒绝 H_0，表明实际观察频数与理论频数差异极显著，实际观察的属性类别分配极显著不符合已知属性类别分配的理论或学说。

6.1.2.2 符合性检验的方法

【例 6.1】 真实遗传的紫茎缺刻叶植株（$AACC$）与真实遗传的绿茎马铃薯叶植株（$aacc$）杂交，F_2 结果如下：紫茎缺刻叶，247 株；紫茎马铃薯叶，90 株；绿茎缺刻叶，82 株；绿茎马铃薯叶，34 株。问：这两对基因是否符合自由组合定律？

解：假设 H_0：这两对基因符合自由组合定律，即：F_2 代比例关系应符合 9:3:3:1 的比例。所以，此题，即为根据给定的样本信息检验总体是否遵从 9:3:3:1 的比例。

在 H_0 成立的条件下，计算各分类组的理论频数 E_i 的值，分别为：

$$E_1 = (247+90+82+34) \times \frac{9}{16} = 453 \times \frac{9}{16} = 254.8$$

$$E_2 = (247+90+82+34) \times \frac{3}{16} = 453 \times \frac{3}{16} = 84.9$$

$$E_3 = (247+90+82+34) \times \frac{3}{16} = 453 \times \frac{3}{16} = 84.9$$

$$E_4 = (247+90+82+34) \times \frac{1}{16} = 453 \times \frac{1}{16} = 28.3$$

计算统计量：由于本例属性类别分类数 $m = 4$，自由度 $df = m - 1 = 4 - 1 = 3$，须使用 $\chi^2 = \sum_{i=1}^{m} \frac{(O_i - E_i)^2}{E_i}$ 来计算。

$$\chi^2 = \sum_{i=1}^{m} \frac{(O_i - E_i)^2}{E_i} = \frac{(247 - 254.8)^2}{254.8} + \frac{(90 - 84.9)^2}{84.9} + \cdots + \frac{(34 - 28.3)^2}{28.3} = 1.79$$

查 χ^2 临界值，当自由度 $df = m - 1 = 4 - 1 = 3$ 时，查得 $\chi_{0.05(3)}^2 = 7.815$，因为 $\chi^2 < \chi_{0.05(3)}^2$，即 $p > 0.05$，不能拒绝 H_0，表明实际观察频数与理论频数差异不显著，可以认为这两对基因是符合自由组合定律的。

【例 6.2】 大豆的紫花（P）对白花（p）为显性，紫花与白花杂交，F_1 全为紫花，F_2 共有 1653 株，其中紫花 1240 株，白花 413 株，检验该试验结果是否符合 3:1 的分离比例。

解：(1) 建立原假设与备择假设

H_0：实际观察频数之比符合 3∶1 的理论比例。

H_1：实际观察频数之比不符合 3∶1 的理论比例。

(2) 选择计算公式

由于本例的属性类别分类数 $m = 2$；自由度 $df = m - 1 = 2 - 1 = 1$，故利用 $\chi_c^2 = \sum_{i=1}^{m} \frac{(|O_i - E_i| - 0.5)^2}{E_i}$。

(3) 计算理论次数

依据各理论比例 3∶1 计算理论频数 E_i：

$E_1 = 1653 \times \frac{3}{4} = 1239.75$；$E_2 = 1653 \times \frac{1}{4} = 408.75$

(4) 计算

$$\chi_c^2 = \sum_{i=1}^{m} \frac{(|O_i - E_i| - 0.5)^2}{E_i} = \frac{(|1240-1239.75|-0.5)^2}{1239.5} + \frac{(|413-408.75|-0.5)^2}{408.75} = 0.034$$

查临界 χ^2 值，作出统计推断：

当 $df = 1$ 时，$\chi_{0.05(1)}^2 = 3.84$，因 $\chi_c^2 < \chi_{0.05(1)}^2$，即 $p > 0.05$，不能拒绝 H_0，表明实际观察频数与理论频数差异不显著，可以认为分离现象符合孟德尔遗传规律中 3∶1 的遗传比例。

6.1.2.3 利用 Excel 进行符合性检验

利用 Excel 无法直接进行符合性检验，但可以借助于 Excel 的公式计算功能，计算 χ^2 或者 χ_c^2 数值，利用 "CHISQ.INV.RT" 函数，计算获得卡方临界值，然后进行比较。以 6.1 为例，首先利用 Excel 的计算功能，计算得到各分类组理论频数，然后选定单元格 D2，输入公式 "=(C2-B2)^2/B2"，如图 6.1 所示，按回车键，得出计算结果，并用填充柄的功能，计算出 D3，D4，D5 的结果；然后在 D6 单元格，利用求和 "∑" 公式，计算出 D2-D5 的和，通过 $\chi^2 = \sum_{i=1}^{m} \frac{(O_i - E_i)^2}{E_i}$ 计算得到的卡方值，$\chi^2 = 1.79$，如图 6.2 所示；选中 D7 单元格，插入【fx】，选择 "CHISQ.INV.RT" 函数（返回具有给定概率的右尾 χ^2 分布的区间点），在弹出的窗口设置参数，如图 6.3 所示，点击确定后结果输出，即临界值 $\chi_{0.05(3)}^2 = 7.815$。因为 $\chi^2 < \chi_{0.05(3)}^2$，即 $p > 0.05$，不能拒绝 H_0，表明实际观察频数与理论频数差异不显著，可以认为这两对基因是符合自由组合定律的。

	A	B	C	D	E
1	理论频数		实际频数	(O-E)²/E	
2	E1	255	247	=(C2-B2)^2/B2	
3	E2	84.9	90		
4	E3	84.9	82		
5	E4	28.3	34		
6					

图 6.1 理论频数的计算

	A	B	C	D	E
1	理论频数		实际频数	(O-E)²/E	
2	E1	255	247	0.2387755	
3	E2	84.9	90	0.3063604	
4	E3	84.9	82	0.0990577	
5	E4	28.3	34	1.1480565	
6	合计			1.7922502	

图 6.2 卡方值的计算

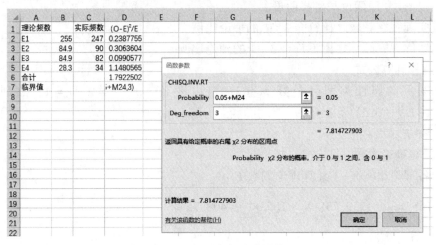

图 6.3 卡方临界值的计算

本单元小结

χ^2 检验是非参数检验中的一种常用检验方法，它不依赖于总体分布的形式，应用时可以不考虑被研究的对象为何种分布以及分布的参数是否已知。

符合性检验是检验观察的实际频数与依照某种理论或模型计算出来的理论频数之间是否一致，可直接依据已知理论的概率来检验实际频数是否等于某种预期的理论频数。

在符合性检验中，当分类数大于 2，即自由度大于 1 时，所建立的 χ^2 统计量公式为：$\chi^2 = \sum \dfrac{(O-E)^2}{E}$，其中，$O$ 为各分类组的实际观察频数；E 为各分类组的理论观察频数。

当分类数为 2，即自由度为 1 时，所建立的统计量公式为：$\chi_c^2 = \sum \dfrac{(|O-E|-0.5)^2}{E}$。

相关链接

χ^2 检验是借助于皮尔逊定理中给出的服从 χ^2 分布的皮尔逊统计量进行的，是关于理论频数与实际频数间吻合的紧密程度的一个检验方法。下面介绍一下皮尔逊定理。

设总体 X 服从某一分布，将 X 的可能取值范围分成互不相交的 m 个区间，X 落在第 i 个区间的理论概率为 $p_i(i=1, 2, \cdots, m)$。若做 n 次独立的重复试验，以 $O_i(i=1, 2, \cdots, m)$ 表示样本观察值落入第 i 个区间的实际频数，则皮尔逊给出如下定理。

定理 若试验次数 n 充分大时，不论总体服从什么分布，在上述条件下近似地有：

$$\chi^2 = \sum_{i=1}^{m} \dfrac{(O_i-E_i)^2}{E_i} \stackrel{近似}{\sim} \chi^2(m-1)$$

当总体的分布已知时，总体 X 落在各区间的理论概率 p_i 可以直接计算出，从而可以计算各区间的理论频数 $E_i = np_i(i=1, 2, \cdots, m)$；当总体分类类型已知，而参数未知时，可由样本先估计出总体参数的估计值。若总体的分布中含有 k 个未知参数需要用样本资料估计，而以估计的参数值再计算各区间的理论概率 $p_i(i=1, 2, \cdots, m)$ 和各区间的理论频数 $np_i(i=1, 2, \cdots, m)$，则有：

$$\chi^2 = \sum_{i=1}^{m} \frac{(O_i - E_i)^2}{E_i} \stackrel{近似}{\sim} \chi^2(m-k-1)$$

思考与练习

1. 用于快速生长的洋葱种子要求其发芽率达90%（发芽：不发芽=9:1）。现引进一批洋葱种子，随机选取1801粒进行发芽试验，有1423粒发芽，这批种子能否用于洋葱的快速生长？

2. 以绿子叶大豆和黄子叶大豆杂交，在F_2代得黄子叶苗755株，绿子叶苗47株，试检验此结果与黄、绿的总体比率为15:1是否相符？

3. 对茉莉花色进行遗传研究，以红花亲本(RR)和白花亲本(rr)杂交，F_1(Rr)的花色不是红色，而是粉红色。F_2群体有3种表现型，共观察833株，其中红花196株，粉红花419株，白花218株。问红花亲本和白花亲本杂交F_2的3种表现型分配是否符合1:2:1的理论比例？

单元6.2　独立性检验

知识目标

1. 了解独立性检验的意义；
2. 掌握独立性检验的方法。

技能目标

1. 根据题目信息能判断出需做何种检验；
2. 学会独立性检验的方法；
3. 学会借助于Excel进行独立性检验。

6.2.1　独立性检验的意义

独立性检验主要用于两个或两个以上因素多项分类的计数资料分析，也就是研究两类变量之间的关联性和依存性问题。如果两变量无关联即相互独立，说明对于其中一个变量而言，另一变量在多项分类的频数变化上是在无差异范围之内；如果两变量有关联即不独立，说明二者之间有交互作用存在。

例如：植物喷洒农药与否与植物病虫害的发生是否有关？

若两者相互独立，即表示喷洒农药无效；喷洒农药后植物的病虫害发生率与没有喷洒农药是一样的。如果喷洒农药后植物的病虫害发病率显著降低了，表示植物的发病率与喷洒农药与否这两者间是有关系的，因此，独立性检验的无效假设是两变量相互独立，其备择假设是两变量相关（即两者之间有依存关系）。

独立性检验常利用列联表进行检验。列联表是一种将观察数据按两个或多个变量分类的频数表。表6.1显示按两个变量（行变量和列变量），且行变量有r个等级，列变量有c个等级，排列为一个r行c列的二维列联表，称为$r×c$表。O_{ij}是行变量第i等级和列变量第j等级出现的频数，R_i是行变量第i等级总频数，C_j是列变量第j等级总频数，n为试验总频数。

表6.1　$r×c$表的一般化形式

行变数	列变数						
	1	2	…	j	…	C	合计
1	O_{11}	O_{12}	…	O_{1j}	…	O_{1c}	R_1
2	O_{21}	O_{22}	…	O_{2j}	…	O_{2c}	R_2
…	…	…	…	…	…	…	…
i	…	…	…	O_{ij}	…	O_{ic}	R_i
…	…	…	…	…	…	…	…
r	O_{r1}	O_{r2}	…	O_{rj}	…	O_{rc}	R_r
合计	C_1	C_2	…	C_j	…	C_c	n

6.2.2　独立性检验的一般问题与步骤

（1）提出原假设与备择假设

假设行变量和列变量间无关联，或者说根据实际观察的结果与两者之间无关联的前提下，从理论上推导出的理论数E之间无差异。

（2）理论次数的计算

独立性检验没有理论比率，因此，必须用列表的方式从现有的观测值次数来推算理论比值。根据概率乘法法则，若事件A和事件B是相互独立的，也就是说它们之间无关联，这时事件A和事件B同时出现的概率等于它们分别出现的概率乘积，即$P(AB)=P(A)×P(B)$。

反过来，若事件A和事件B同时出现的概率等于它们分别出现时的概率乘积，那么事件A和事件B是独立的，两者无关联；若事件A和事件B同时出现的概率不等于它们分别出现时的概率乘积，则这两个事件是有关联的。

在原假设成立的条件下，以p_{11}表示行变量为第1等级和列变量为第1等级出现的概率，则根据乘法法则，得$p_{11}=\dfrac{R_1}{n}×\dfrac{C_1}{n}$，理论频数为$E_{11}=n×p_{11}=n×\dfrac{R_1}{n}×\dfrac{C_1}{n}=\dfrac{R_1C_1}{n}$。

由此获得行变量第i等级和列变量第j等级的理论频数为：$E_{ij}=n×\dfrac{R_i}{n}×\dfrac{C_j}{n}=\dfrac{R_iC_j}{n}$

(3)计算卡方值

因为每一行的理论数受该行总频数的约束,每一列的理论数同样受该列总频数的约束,所以总的自由度 $df=(r-1)(c-1)$。

(4)查卡方临界值表

当卡方值小于卡方临界值时,接受原假设,即两变量相互独立;否则,否定原假设,接受备择假设,即两变量之间存在相关。

6.2.2.1 2×2表

结合实际例子来说明这种表的使用

【例6.3】 栽苗前对土壤进行消毒,检验消毒能否减轻苗木发病情况,先做一试验,得数据见表6.2。

表6.2 苗木发病情况调查表

土壤处理	发病	不发病	合计
消毒	300	920	1220
不消毒	580	630	1210
合计	880	1550	2430

这张表共2行、2列,因此称为2×2表。

从这张表中可以看出,消毒后的土壤中,有发病的苗木,也有不发病的苗木;没消毒的土壤中,苗木也有发病和不发病两种。因此,必须通过检验的方法检验土壤是否消毒与苗木发病的关联性。

解:(1)提出原假设和备择假设

H_0:土壤是否消毒不影响苗木的发病情况;H_1:土壤消毒与苗木发病情况有关联。

(2)计算理论 E

根据公式:$E_{ij}=n\times\dfrac{R_i}{n}\times\dfrac{C_j}{n}=\dfrac{R_i C_j}{n}$,计算各理论值。

$E_{11}=\dfrac{1220\times880}{2430}=441.81$

$E_{12}=\dfrac{1220\times1550}{2430}=778.19$

$E_{21}=\dfrac{1210\times880}{2430}=438.19$

$E_{22}=\dfrac{1210\times1550}{2430}=771.81$

需要注意的是,这种结构的卡方检验其自由度是横行数减1乘以纵列数减1,即 $df=(2-1)\times(2-1)=1$。因此,这里应该使用校正公式 $\chi_c^2=\sum\dfrac{(|O-E|-0.5)^2}{E}$。

(3) 计算卡方值

$$\chi_c^2 = \frac{(|300-441.81|-0.5)^2}{441.81} + \frac{(|920-778.19|-0.5)^2}{778.19} + \cdots + \frac{(|630-771.81|-0.5)^2}{771.81}$$

$$= 142.30$$

(4) 查卡方临界值表

卡方临界 $\chi^2_{0.01(1)} = 6.64$，因为 142.30>6.64，所以否定原假设，即土壤消毒与否极显著地影响着苗木的发病。

6.2.2.2 $R \times C$ 表（R：行　C：列）

$R \times C$ 表是 2×2 表的扩展，反之，2×2 表也可以看作 $R \times C$ 表的一个特例。当行数大于2、列数大于 2 时，2×2 表就成为 $R \times C$ 表，这样的表称为列联表。

【例 6.4】 检查三个苗圃苗木的质量，得到以下结果：三个苗圃分别为 A、B、C；苗木质量分合格株数和不合格株数。试分析不同苗圃对苗木的合格率有无显著影响（数据见表 6.3）？

表 6.3　三个苗圃苗木质量调查表

苗圃	苗木质量		合计
	合格株数	不合格株数	
A	225	30	255
B	188	7	195
C	265	15	280
合计	678	52	730

解：(1) 设 H_0：不同苗圃对苗木合格率没有显著影响；H_1：不同苗圃对苗木合格率有显著影响。

(2) 利用公式 $E_{ij} = n \times \frac{R_i}{n} \times \frac{C_j}{n} = \frac{R_i C_j}{n}$，计算各理论值。

$$E_{11} = \frac{255 \times 678}{730} = 236.84$$

$$E_{12} = \frac{255 \times 52}{730} = 18.16$$

$$E_{21} = \frac{195 \times 678}{730} = 181.11$$

$$E_{22} = \frac{195 \times 52}{730} = 13.89$$

$$E_{31} = \frac{280 \times 678}{730} = 260.05$$

$$E_{32} = \frac{280 \times 52}{730} = 19.95$$

(3) 计算χ^2值：

$$\chi^2=\frac{(225-236.84)^2}{236.84}+\frac{(30-18.16)^2}{18.16}+\cdots+\frac{(15-19.95)^2}{19.95}=13.31$$

$df=(3-1)\times(2-1)=2$

(4) 查卡方临界值得：$\chi^2_{0.05(2)}=5.99$

因为$\chi^2=13.31>\chi^2_{0.05(2)}=5.99$，所以，拒绝 H_0，即认为不同苗圃对苗木合格率有显著影响。

从该例我们还可以看出，列联表的独立性检验可用于两个及多个样本频率间的差异显著性检验，这就解决了前面检验所不能解决的多个样本频率间的差异显著性检验的问题。

6.2.3　利用 Excel 进行独立性检验

下面利用 Excel 对例 6.6 进行独立性检验。

(1) 构建工作表

新建一工作表，选定适当区域将题目中的实际观察数的数据输入表中，如图 6.4 所示。

(2) 运用 SUM 求和

利用公式计算工作表中的行合计与列合计(如已给，可直接录入)。

(3) 计算理论频数

根据实际频数和合计值，计算理论频数。利用公式 $E_{ij}=\frac{R_iC_j}{n}$进行理论频数的计算；具体步骤为：选定 A 苗圃合格株数的输出单元格 B11，在该单元格或编辑栏中输入公式“= $D3 * B $6/ $D $6”，并计算出结果。然后选定 B10：C12 区域，按 Ctrl+R 组合键，再按 Ctrl+D 组合键，即可将公式复制到 B10：C12 区域中的其他单元格，并计算行列合计，如图 6.5 所示。

	A	B	C	D
1	实际观察数			
2	苗圃	合格株数	不合格株数	行合计
3	A	225	30	
4	B	188	7	
5	C	265	15	
6	列合计			
7				

图 6.4　数据输入图

	A	B	C	D
1	实际观察数			
2	苗圃	合格株数	不合格株数	行合计
3	A	225	30	255
4	B	188	7	195
5	C	265	15	280
6	列合计	678	52	730
7				
8	理论频数			
9	苗圃	合格株数	不合格株数	行合计
10	A	236.8356	18.16438	255
11	B	181.1096	13.89041	195
12	C	260.0548	19.94521	280
13	列合计	678	52	730
14				

图 6.5　理论频数的计算

(4)根据实际频数和理论频数，列卡方统计表，计算卡方统计量

在 B17 中输入公式“=(B3-B10)^2/B10”，并计算出结果，然后选定 B17：C19 区域，利用 Ctrl+R 组合键和 Ctrl+D 组合键，将公式复制到 B17：C19 区域的其他单元格，最后计算行列合计，如图 6.6 所示，单元格 D20 的输出结果即为计算得到的卡方统计量的值。

(5)计算临界值

选定输出单元格，插入 f_x，选择统计函数 CHISQ. INV. RT，如图 6.7 所示，在弹出的对话框中“Probability”(显著水平)的空白框填入 0. 05，Deg_freedom[自由度 $df=(3-1)(2-1)=2$]的空白框填入 2，如图 6.8 所示，点击【确定】，即可输出卡方临界值 5. 99。

	A	B	C	D
1	实际观察数			
2	苗圃	合格株数	不合格株数	行合计
3	A	225	30	255
4	B	188	7	195
5	C	265	15	280
6	列合计	678	52	730
7				
8	理论频数			
9	苗圃	合格株数	不合格株数	行合计
10	A	236.8356	18.16438	255
11	B	181.1096	13.89041	195
12	C	260.0548	19.94521	280
13	列合计	678	52	730
14				
15	卡方统计表			
16	苗圃	合格株数	不合格株数	行合计
17	A	0.591473	7.711895	8.303368
18	B	0.262149	3.418024	3.680174
19	C	0.094038	1.226112	1.32015
20	列合计	0.94766	12.35603	13.30369
21				

图 6.6　卡方统计量的计算

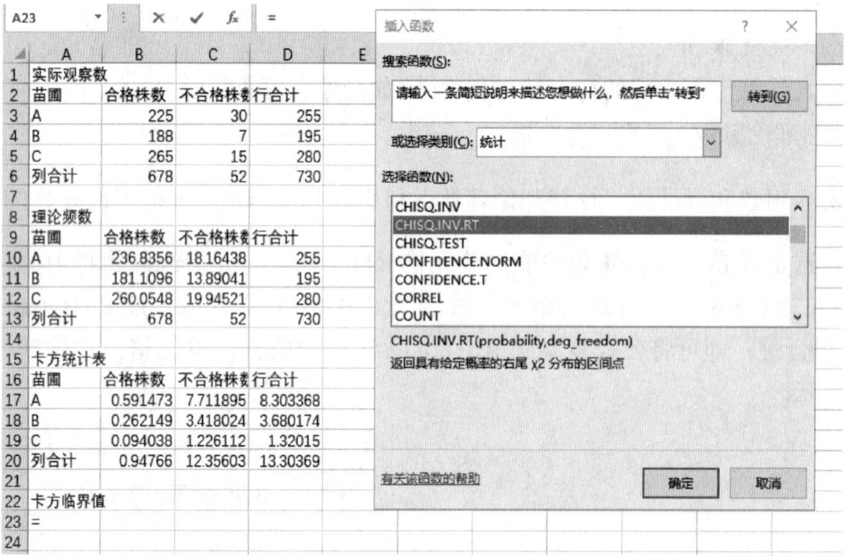

图 6.7　选择“CHISQ. INV. RT”函数

(6)将卡方统计量的值与卡方临界值进行比较，即可得到统计结果

因为卡方统计量的数值为 13. 3 大于卡方临界值 5. 99，所以拒绝原假设，从而得出结论。

本单元小结

独立性检验是检验两个或两个以上变量之间彼此关联程度。独立性检验需要将频数资料按照行变量和列变量两个属性进行分类，做成一个 r 行 c 列的列联表。在假设 H_0：行变

图6.8 进行"CHISQ. INV. RT"函数的参数设置

量和列变量是彼此独立的条件下，计算出列联表中每一分类项与实际频数相应的理论频数，计算 χ^2 或 χ_c^2 值，并将 χ^2 或 χ_c^2 值与临界值 $\chi^2_{\alpha(df)}$ 做比较，从而做出判断。

相关链接

虽然独立性检验和符合性检验利用的公式相同，但两种检验方法还是有明显的不同。首先，两者研究目的不同，符合性检验是检验实际观察分类与已知理论的或假设分类是否一致，独立性检验是研究两个变量间相关性。其次，符合性检验只按一个变量的属性进行分类，而独立性检验的频数资料是按行变量和列变量两个属性进行分类。再次，符合性检验的理论频数是按已知的属性分类理论或假设计算的，而独立性检验的理论频数则是在假设两个分类变量相互独立情况下，由观察值数据计算出的。最后，符合性检验的自由度确定时，用了各理论频数之和等于实际频数之和这一个，而独立性检验的自由度的确定有2个约束条件，即每一行的理论数受该行总频数的约束，每一列的理论数同样受该列总频数的约束，所以总的自由度 $df=(r-1)(c-1)$。

思考与练习

1. 表6.4、表6.5分别为土壤消毒处理对樟子松苗木抗病效果的试验结果数据，

表6.4 抗病效果(1)

消毒处理	抗病效果	
	健康苗数	发病苗数
对照	81	29
处理	80	10

表6.5　抗病效果(2)

消毒处理	抗病效果	
	健康苗数	发病苗数
处理1(高锰酸钾)	116	12
处理2(盐酸)	211	18
处理3(烧表土)	198	14

试问：(1)由表6.4判断消毒处理(烧表土)是否对抗病有效；(2)由表6.5判断这3种消毒处理是否有显著差异？

2. 人类遗传学研究表明控制ABO血型遗传的基因在人体第九条染色体上，与性别无关。表6.6数据显示某地区畲族男、女性别的ABO血型分布。比较畲族少数民族男、女性别的ABO血型分布有无差异？

表6.6　畲族男女血型分布

性别	血型表现			
	O型	A型	B型	AB型
男	210	114	99	19
女	92	56	42	9

3. 在3个家系中，由两对基因 Aa 与 Bb 所决定的遗传性状的分离情况见表6.7，试分析不同家系间遗传性状分离情况是否有差异？

表6.7　3个家系两对基因的性状分离情况

家系	$A\_B\_$	A_bb	$aaB\_$	$aabb$	和
1	94	25	26	15	160
2	102	17	36	5	160
3	72	43	39	6	160
和	268	85	101	26	480

实训6.1　符合性检验

一、实训目的

1. 能利用卡方分布进行符合性检验；
2. 能借助于Excel的计算功能进行符合性检验。

二、实训资料

1. 孟德尔用开红花的豌豆植株与开白花的豌豆植株进行杂交得F_1代，再由F_1自交得F_2代，在F_2群体中出现红花、白花植株929株，其中705株开红花，224株开白花，试问这两种花的比例是否符合3∶1的理论比例？

2. 种子紫色甜质的玉米与种子白色粉质的玉米杂交，在F_2得到4种表现型：紫色粉质 921 粒、紫色甜质 312 粒、白色粉质 279 粒、白色甜质 104 粒。问种子紫色甜质的玉米与种子白色粉质的玉米杂交 F_2 的 4 种表现型分配是否符合 9∶3∶3∶1 的理论比例（即这两对相对性状是否独立遗传）？

三、实训内容

1. 分别对实训资料 1 和实训资料 2 进行符合性检验；
2. 利用 Excel 对实训资料 1 和实训资料 2 进行符合性检验。

四、实训作业

1. 将符合性检验分析过程整理到报告纸上；
2. 将利用 Excel 进行符合性检验，将含有卡方值和卡方临界值的计算结果以截图的方式整理到 Word 文件中，并附上对结果的解释，以 Word 文件形式上交，文件命名：学生姓名-实训名称。

实训 6.2　利用 Excel 进行独立性检验

一、实训目的

1. 学会独立性检验的方法；
2. 通过利用 Excel 中的公式和数学函数、统计函数等功能，使学生熟悉 χ^2 分布进行独立性检验的方法。

二、实训资料

1. 用某药剂浸种某植物种根以便杀死种根内的天牛幼虫，为了解不同浸种时间对天牛幼虫的杀伤情况，设有 3 种浸种时间，数据见表 6.8。试分析不同浸种时间对天牛幼虫的杀伤情况是否存在显著差异（$\alpha = 0.05$）。

表 6.8　某药剂防治天牛的试验资料

效果	浸种 1 h	浸种 2 h	浸种 3 h
死虫数	33	56	50
活虫数	23	12	5

2. 用不同灌溉方式灌溉某种植物，调查其叶片衰老情况，结果见表 6.9，试说明该植物叶片衰老情况是否与灌溉方式有关。

表 6.9　某植物在不同灌溉方式下叶片的衰老情况

灌溉方式	绿叶数	黄叶数	枯叶数
深水	150	8	8
浅水	182	8	14
湿润	154	16	15

三、实训内容

1. 分别对实训资料 1 和实训资料 2 进行独立性检验；
2. 利用 Excel 对实训资料 1 和实训资料 2 进行独立性检验。

四、实训作业

1. 将独立性检验分析过程整理到报告纸上；

2. 将利用 Excel 进行独立性检验的过程及检验结果整理成 Excel 或 Word 文件，并附上对结果的解释，以电子文件形式上交，文件命名：学生姓名-实训名称。

模块 7　方差分析

单元 7.1　方差分析的基本概念与原理

知识目标

1. 了解方差分析的意义；
2. 掌握方差分析的原理。

7.1.1　方差分析的意义

统计推断适用于样本平均数与总体平均数间及两样本平均数间的差异显著性检验，但在生产和科学研究中经常会遇到比较多个处理优劣的问题，如一试验包含 4 个处理，采用统计推断要进行 $C_4^2=6$ 次两两平均数的差异显著性检验；若有 k 个处理，则要作 $\frac{k(k-1)}{2}$ 次类似的检验，检验过程烦琐；此时，若仍采用统计推断就不适宜了，应采用方差分析法。方差分析是将 k 个处理的观测值作为一个整体看待，将总变异剖分为各个变异来源的相应部分，从而发现各变异原因在总变异中相对重要程度的一种统计分析方法，把观测值总变异的平方和及自由度分解为相应于不同变异来源的平方和及自由度，进而获得不同变异来源总体方差估计值；通过计算这些总体方差的估计值的适当比值，就能检验各样本所属总体平均数是否相等。方差分析是科学研究和生产实践进行试验设计和分析的一个十分重要的工具。

7.1.2　方差分析的原理

7.1.2.1　平方和与自由度的分解

我们知道，方差与标准差都是用来度量样本的变异程度的。方差在统计分析上有许多优点，而且无须开方，所以在方差分析中用样本方差来度量资料的变异程度。方差是平方和除以自由度的商。要将一个试验资料的总变异分解为各个变异来源的相应变异，首先必须将总自由度和总平方和分解为各个变异来源的相应部分。因此，自由度和平方和的分解是方差分析的第一步。

下面先从简单的类型说起。假设某单因素试验有 k 个处理，每个处理有 n 次重复，共有 nk 个观测值。这类试验资料的数据模式见表7.1。

表7.1　每组具 n 个观察值的

组别	观察值(x_{ij}, $i=1,2,\cdots,k$; $j=1,2,\cdots,n$)						总和	平均	均方(方差)
1	x_{11}	x_{12}	$\cdots$	x_{1j}	$\cdots$	x_{1n}	$T_{1.}=x_{1.}$	$\bar{x}_{1.}$	$MS_1=s_1^2$
2	x_{21}	x_{22}	$\cdots$	x_{2j}	$\cdots$	x_{2n}	$T_{2.}=x_{2.}$	$\bar{x}_{2.}$	$MS_2=s_2^2$
$\vdots$	$\vdots$	$\vdots$	$\cdots$	$\vdots$	$\cdots$	$\vdots$	$\vdots$	$\vdots$	$\vdots$
i	x_{i1}	x_{i2}	$\cdots$	x_{ij}	$\cdots$	x_{in}	$T_{i.}=x_{i.}$	$\bar{x}_{i.}$	$MS_i=s_i^2$
$\vdots$	$\vdots$	$\vdots$	$\cdots$	$\vdots$	$\cdots$	$\vdots$	$\vdots$	$\vdots$	$\vdots$
k	x_{k1}	x_{k2}	$\cdots$	x_{kj}	$\cdots$	x_{kn}	$T_{k.}=x_{k.}$	$\bar{x}_{k.}$	$MS_k=s_k^2$
							$T=\sum_{i=1}^{n}\sum_{j=1}^{k}x_{ij}=x_{..}$	$\bar{x}_{..}$	

上表中全部观测值的总变异可以用总均方来度量。将总变异分解为处理间变异和处理内(误差)变异，就是要将总均方分解为处理间均方和处理内(误差)均方。但这种分解是通过将总均方的分子(即总离均差平方和，简称为总平方和)，分解成处理间平方和与处理内(误差)平方和两部分；将总均方的分母(总自由度)，分解成处理间自由度与处理内(误差)自由度两部分，从而实现平方和与自由度的分解。

(1) 总平方和的分解

在表7.1中，反映全部观测值总变异的总平方和是各观测值 x_{ij} 与总平均数 $\bar{x}_{..}$ 的离均差平方和，记为 SS_T。

$$SS_T = \sum_{i=1}^{k}\sum_{j=1}^{n}(x_{ij}-\bar{x}_{..})^2 - C \tag{7-1}$$

式(7-1)中的 C 称为矫正数：

$$C = \frac{\left(\sum_{i=1}^{k}\sum_{j=1}^{n}x_{ij}\right)^2}{nk} = \frac{x_{..}^2}{nk} = \frac{T^2}{nk} \tag{7-2}$$

总变异为第1, 2, $\cdots$, k 组的变异相加，利用式(7-1)总变异可以分解为：

$$SS_T = \sum_{i=1}^{k}\sum_{j=1}^{n}(x_{ij}-\bar{x}_{..})^2 = \sum_{i=1}^{k}\sum_{j=1}^{n}(x_{ij}-\bar{x}_{i.})^2 + n\sum_{i=1}^{k}(\bar{x}_{i.}-\bar{x}_{..})^2 \tag{7-3}$$

即：总平方和 SS_T=处理内(误差)平方和 SS_e+处理间平方和 SS_t

处理间平方和 SS_t：

$$SS_t = n\sum_{i=1}^{k}(\bar{x}_{i.}-\bar{x}_{..})^2 = \frac{\sum_{i=1}^{k}T_{i.}^2}{n} - C \tag{7-4}$$

组内变异为各组内观察值与组平均数的变异，平方和 $\sum_{j=1}^{n}(x_{ij}-\bar{x}_{i.})^2$；而资料共有 k 组，故组内平方和 SS_e 为：

$$SS_e = \sum_{i=1}^{k}\sum_{j=1}^{n}(x_{ij}-\bar{x}_{i.})^2 = SS_T - SS_t \tag{7-5}$$

(2) 总自由度的分解

在表 7.1 中，总变异是 nk 个观察值的变异，故其自由度为：

$$df_T = nk - 1 \tag{7-6}$$

处理间变异由 k 个 $\bar{x}_{i.}$ 的变异引起，故其自由度为：

$$df_t = k - 1 \tag{7-7}$$

处理内变异为各组内观察值与组平均数的变异，故每组具有自由度；而资料共有 k 组，故组内自由度为：

$$df_e = k(n-1) \tag{7-8}$$

因此，得到表 7.1 类型资料的自由度分解式为：

$$(nk-1) = (k-1) + k(n-1) \tag{7-9}$$

总自由度 df_T = 处理间自由度 df_t + 处理内自由度 df_e。

7.1.2.2 均方的计算

各部分平方和除以各自的自由度便得到总均方、处理间均方和处理内均方，分别记为 (MS_T 或 S_T^2)、MS_t (或 S_t^2) 和 MS_e (或 S_e^2)。即

$$MS_T = S_T^2 = \frac{SS_T}{df_T} \quad MS_t = S_t^2 = \frac{SS_t}{df_t} \quad MS_e = S_e^2 = \frac{SS_e}{df_e} \tag{7-10}$$

若假定组间平均数差异不显著(或处理无效)时，MS_t 与 MS_e 是 σ^2 的两个独立估值，均方用 MS 表示，也用 s^2 表示，两者可以互换。其中组内均方 MS_e 也称误差均方，它是由多个总体或处理所提供的组内变异(或误差)的平均值。

【例 7.1】以 A、B、C、D 4 种肥料处理某树种植株，其中 A 为对照，每处理各得 4 个株高观察值，其结果见表 7.2，试分解其自由度和平方和。

表 7.2 不同肥料处理的燕麦株高　　　　　　　　　　　　cm

肥料	株高					合计 $x_{i.}$	平均 $\bar{x}_{i.}$
A	31.9	27.9	31.8	28.4	35.9	155.9	31.18
B	24.8	25.7	26.8	27.9	26.2	131.4	26.28
C	22.1	23.6	27.3	24.9	25.8	123.7	24.74
D	27.0	30.8	29.0	24.5	28.5	139.8	27.96
合计						$T = x_{..} = 550.8$	

这是一个单因素试验，处理数 $k=4$，重复数 $n=5$。各项平方和及自由度计算如下：

矫正数：

$$C = \frac{T^2}{nk} = \frac{x_{..}^2}{nk} = \frac{550.8^2}{4 \times 5} = 15169.03$$

总平方和：
$$SS_T = \sum_{i=1}^{k}\sum_{j=1}^{n} x_{ij}^2 - C = 31.9^2 + 27.9^2 + \cdots + 28.5^2 - C = 15368.7 - 15169.03 = 199.67$$

处理间平方和：
$$SS_t = \frac{1}{n}\sum_{i=1}^{k} x_{i.}^2 - C = \frac{1}{5}(155.9^2 + 131.4^2 + 123.7^2 + 139.8^2) - C$$
$$= 15283.3 - 15169.03 = 114.27$$

处理内平方和：
$$SS_e = SS_T - SS_t = 199.67 - 114.27 = 85.40$$

总自由度：
$$df_T = nk - 1 = 5 \times 4 - 1 = 19$$

处理间自由度：
$$df_t = k - 1 = 4 - 1 = 3$$

处理内自由度：
$$df_e = df_T - df_t = 19 - 3 = 16$$

用 SS_t、SS_e 分别除以 df_t 和 df_e 便得到处理间均方 MS_t 及处理内均方 MS_e。

$$MS_t = \frac{SS_t}{df_t} = \frac{114.27}{3} = 38.09$$

$$MS_e = \frac{SS_e}{df_e} = \frac{85.40}{16} = 5.34$$

因为方差分析中不涉及总均方的数值，所以不必计算之。

7.1.2.3 F 分布与 F 测验

(1) F 分布

模块 4 中我们已经学习了 F 分布，即在一正态总体 $N(\mu, \sigma^2)$ 中随机抽取样本含量为 n 的样本 k 个，将各样本观测值整理成表 7.1 的形式。此时所谓的各处理没有真实差异，各处理只是随机分的组。因此，由式(7-11)算出的 s_1^2 和 s_2^2 都是误差方差 σ^2 的估计量。以 s_2^2 为分母，s_1^2 为分子，求其比值。统计学上把两个均方(方差)之比值称为 F 值。即：

$$F = \frac{s_1^2}{s_2^2} \tag{7-11}$$

而在方差分析中，我们需要对处理间变异和处理内变异进行比较，即 $F = \frac{MS_t}{MS_e} = \frac{s_t^2}{s_e^2}$，$F$ 具有两个自由度：$df_1 = df_t = k-1$，$df_2 = df_e = k(n-1)$。

(2) F 检验

附表 5 是专门为检验 s_1^2 代表的总体方差是否显著大于 s_2^2 代表的总体方差而设计的。这时，$F = s_1^2/s_2^2$。若所得 $F \geq F_{0.05}$ 或 $\geq F_{0.01}$，则 H_0 发生的概率小于等于 0.05 或 0.01，应该在 $\alpha = 0.05$ 或 $\alpha = 0.01$ 水平上否定 H_0，接受 H_1；若所得 $F < F_{0.05}$ 或 $F < F_{0.01}$，则 H_0 发生的概率大于 0.05 或 0.01，应接受 H_0。这种用 F 值出现概率的大小推断两个总体方差是否

相等的方法称为 F 检验。

在方差分析中所进行的 F 检验目的在于推断处理间的差异是否存在，检验某项变异因素的效应方差是否为零。因此，在计算 F 值时总是以被检验因素的均方作分子，以误差均方作分母。在此测验中，如果作分子的均方小于作分母的均方，则 $F<1$；此时不必查 F 表即可确定 $p>0.05$，应接受 H_0。

F 检验需具备：①变量 X 遵循正态分布 $N(\mu, \sigma^2)$；②s_1^2 和 s_2^2 彼此独立两个条件。当资料不符合这些条件时，需作适当转换，参见本模块数据转换部分的相关内容。

在单因素试验结果的方差分析中，要判断处理间均方是否显著大于处理内（误差）均方，计算 F 值，$F=\dfrac{MS_t}{MS_e}$，然后将由试验资料所算得的 F 值与根据 $df_1=df_t$（大均方，即分子均方的自由度）、$df_2=df_e$（小均方，即分母均方的自由度）查附表 5b 和 5d 所得的临界 F 值 $F_{0.05(df_1,df_2)}$，$F_{0.01(df_1,df_2)}$ 相比较，并做出统计推断的。

若 $F<F_{0.05(df_1,df_2)}$，即 $p>0.05$，接受 H_0，统计学上，将这一检验结果表述为：各处理间差异不显著，在 F 值的右上方标记"ns"，或不标记符号；若 $F_{0.05(df_1,df_2)} \leq F<F_{0.01(df_1,df_2)}$，即 $0.01<p\leq 0.05$，否定 H_0，接受 H_1，统计学上，将这一检验结果表述为：各处理间差异显著，在 F 值的右上方标记"*"；若 $F\geq F_{0.01(df_1,df_2)}$，即 $p\leq 0.01$，否定 H_0，接受 H_1，统计学上，将这一检验结果表述为：各处理间差异极显著，在 F 值的右上方标记"**"。

对于例 7.1，因为 $F=\dfrac{MS_t}{MS_e}=\dfrac{38.09}{5.34}=7.13$；根据 $df_1=df_t=3$，$df_2=df_e=16$ 查附表 5 d，得 $F>F_{0.01(3,16)}=5.29$，$p<0.01$，表明 4 种不同肥料对某树种株高效果差异极显著。

在方差分析中，通常将变异来源、平方和、自由度、均方和 F 值归纳成一张方差分析表（表 7.3）。

表 7.3　不同肥料处理的燕麦株高方差分析表

变异来源	平方和 SS	自由度 df	均方 MS	F 值
处理间	114.27	3	38.09	7.13**
处理内	85.40	16	5.34	
总变异	199.67	19		

经 F 检验差异极显著，故在 F 值 7.13 右上方标记"**"。

在实际进行方差分析时，只须计算出各项平方和与自由度，各项均方的计算及 F 值检验可在方差分析表上进行。

7.1.2.4　多重比较

对一组试验数据通过平方和与自由度的分解，将所估计的处理均方与误差均方作比较，由 F 测验推论处理间有显著差异，否定了无效假设 H_0，结果表明试验的总变异主要来源于处理间的变异，即试验中各处理平均数间存在显著或极显著差异，但这并不意味着每两个处理平均数间的差异都显著或极显著。所有处理中哪些处理间存在真实差异，需进一步做处理平均数间的比较，统计学把多个平均数两两间的相互比较称为多重比较。

多重比较有多种方法，本节将介绍常用的两种：最小显著差数法（LSD 法）和新复极差法(SSR 法），现分别介绍如下。

（1）最小显著差数法

最小显著差数法（简称 LSD 法），LSD 法实质上是第 5 模块中的 t 测验。此法的基本做法是：在处理间的 F 测验为显著的前提下，计算出显著水平为 α 的最小显著差数 LSD_α；任何两个平均数的差数（$\bar{x}_i - \bar{x}_j$），若 $|\bar{x}_i - \bar{x}_j| \geq LSD_\alpha$，即两个平均数在 α 水平上差异显著；反之，则为在 α 水平上差异不显著。这种方法又称为 F 测验保护下的最小显著差数法（LSD）。

最小显著差数为：

$$LSD_\alpha = t_{\alpha(df_e)} s_{\bar{x}_i - \bar{x}_j} \tag{7-12}$$

式中，$t_{\alpha(df_e)}$ 为在 F 检验中误差自由度下，显著水平为 α 的临界 t 值；$s_{\bar{x}_i - \bar{x}_j}$ 为均数差数标准误，当两样本的容量 n 相等时：

$$s_{\bar{x}_i - \bar{x}_j} = \sqrt{\frac{2MS_e}{n}} \tag{7-13}$$

式中，MS_e 为 F 检验中的误差均方；n 为各处理的重复数。

当显著水平 $\alpha = 0.05$ 和 0.01 时，从附表 3 中查出 $t_{0.05(df_e)}$ 和 $t_{0.01(df_e)}$，代入式（7-12）得：

$$LSD_{0.05} = t_{0.05(df_e)} s_{\bar{x}_i - \bar{x}_j}$$
$$LSD_{0.01} = t_{0.01(df_e)} s_{\bar{x}_i - \bar{x}_j} \tag{7-14}$$

利用 LSD 法进行多重比较时，可按以下步骤进行：

①列出平均数的多重比较表，比较表中各处理按其平均数从大到小依次排列；
②计算最小显著差数 $LSD_{0.05}$ 和 $LSD_{0.01}$；
③将平均数多重比较表中两两平均数的差数与 $LSD_{0.05}$、$LSD_{0.01}$ 比较，做出统计推断。

对于例 7.1，各处理的多重比较见表 7.4。

表 7.4 不同肥料处理的燕麦株高（LSD 法）

处理	平均数 $\bar{x}_i$	$\bar{x}_i - 24.74$	$\bar{x}_i - 26.28$	$\bar{x}_i - 27.96$
A	31.18	6.44**	4.90**	3.22*
D	27.96	3.22*	1.68^{ns}	
B	26.28	1.54^{ns}		
C	24.74			

因为，$s_{\bar{x}_i - \bar{x}_j} = \sqrt{\dfrac{2MS_e}{n}} = \sqrt{\dfrac{2 \times 5.34}{5}} = 1.462$；查附表 3 得：$t_{0.05(df_e)} = t_{0.05(16)} = 2.120$，$t_{0.01(df_e)} = t_{0.01(16)} = 2.921$。

所以，显著水平为 0.05 与 0.01 的最小显著差数为：

$$LSD_{0.05} = t_{0.05(df_e)} s_{\bar{x}_i - \bar{x}_j} = 2.120 \times 1.462 = 3.099$$
$$LSD_{0.01} = t_{0.01(df_e)} s_{\bar{x}_i - \bar{x}_j} = 2.921 \times 1.462 = 4.271$$

小于 $LSD_{0.05}$ 者不显著，在差数的右上方标记"ns"，或不标记符号；介于 $LSD_{0.05}$ 与 $LSD_{0.01}$ 之间为显著但不是极显著，在差数的右上方标记"*"；大于 $LSD_{0.01}$ 者极显著，在差数的右上方标记"**"。将表 7.4 中的 6 个差数与 $LSD_{0.05}$、$LSD_{0.01}$ 比较：肥料 D 与 B，B 与 C 差数分别为 1.68，1.54，小于 3.099，说明差异不显著。处理 A 与 D 差为 3.22，大于 3.099，但是小于 4.271，说明差异显著但不是极显著。处理 A 分别于 B、C 处理差分别为 4.9 和 6.44，均大于 4.271，说明 A 与 B、C 的差异均达到了极显著。

（2）新复极差法

SSR 法基于 t 检验是根据两个样本平均数差数（$k=2$）的抽样分布而提出的，但是一组处理（$k>2$）是同时抽取 k 个样本的结果。抽样理论指出 $k=2$ 时与 $k>2$ 时（如 $k=10$），其随机极差是不同的，随着 k 的增大而增大，因而用 $k=2$ 时的 t 测验有可能夸大了 $k=10$ 时最大与最小两个样本平均数差数的显著性。基于极差的抽样分布理论 D. B. Duncan 提出了新复极差法，又称最小显著极差法（SSR）。SSR 法的特点是把平均数的差数看作平均数的极差，根据极差范围内所包含的处理数（称为秩次距）k 的不同而采用不同的检验尺度，以克服 LSD 法的不足。其尺度值构成为：

$$LSR_\alpha = SSR_{\alpha(df_e,\ k)} s_{\bar{x}} \tag{7-15}$$

$$s_{\bar{x}} = \sqrt{\frac{MS_e}{n}} \tag{7-16}$$

当显著水平 $\alpha=0.05$ 和 0.01 时，根据误差自由度 df_e、秩次距 k，由附表 6 SSR 值表中查出临界 SSR 值，代入式（7-15）得：

$$LSR_{0.05,\ k} = SSR_{0.05(df_e,\ k)} s_{\bar{x}}$$
$$LSR_{0.01,\ k} = SSR_{0.01(df_e,\ k)} s_{\bar{x}} \tag{7-17}$$

利用 SSR 法进行多重比较时，可按如下步骤进行：

①列出平均数多重比较表；

②由自由度 df_e、秩次距 k 查临界 SSR 值，计算最小显著极差 $LSR_{0.05,k}$，$LSR_{0.01,k}$；

③将平均数多重比较表中的各极差与相应的最小显著极差 $LSR_{0.05,k}$，$LSR_{0.01,k}$ 比较，作出统计推断。

对于例 7.1，各处理均数多重比较表同表 7.4。

已算出 $s_{\bar{x}}=1.033$，依 $df_e=16$，$k=2$，3，4，由附表 6 查临界 $SSR_{0.05(16,k)}$ 和 $SSR_{0.01(16,k)}$ 值，乘以 $s_{\bar{x}}=1.033$，求得各最小显著极差，所得结果列于表 7.5，SSR 法比较结果列于表 7.6。

表 7.5 SSR 值与 LSR 值

df_e	秩次距 k	$SSR_{0.05}$	$SSR_{0.01}$	$LSR_{0.05}$	$LSR_{0.01}$
16	2	3.00	4.13	3.099	4.266
	3	3.15	4.34	3.254	4.483
	4	3.23	4.45	3.337	4.597

表 7.6 SSR 法多重比较结果

处理	平均数 $\bar{x}_i$	$\bar{x}_i-24.74$	$\bar{x}_i-26.28$	$\bar{x}_i-27.96$
A	31.18	6.44**	4.90**	3.22*
D	27.96	3.22	1.68^{ns}	
B	26.28	1.54^{ns}		
C	24.74			

(3)多重比较结果的表示方法

各平均数经多重比较后,应以简洁明了的形式将结果表示出来。常用的表示方法有:列梯形表法、划线法、标记字母法,介绍如下。

①列梯形表法:将全部平均数从大到小顺次排列,然后算出各平均数间的差数。凡达到 $\alpha=0.05$ 水平的差数在右上角标一个"*"号,凡达到 $\alpha=0.01$ 水平的差数在右上角标"**"号,凡未达到 $\alpha=0.05$ 水平的差数则不予标记或标"ns"。列梯形表法表示见表 7.4,7.6。该法十分直观,但占篇幅较大,特别是处理平均数较多时。因此,在科技论文中少见。

②划线法:将平均数按大小顺序依次排列,以第 1 个平均数为标准与以后各平均数比较,在平均数下方把差异不显著的平均数用横线连接起来,依次以第 2,3,…,$k-1$ 个平均数为标准按上述方法进行。这种方法称划线法。表 7.7 就是表 7.6 资料用划线法标出 0.01 水平下平均数差异显著性结果(SSR 法)。该法直观、简单方便,所占篇幅也较少。

表 7.7　多重比较的划线法

31.18cm(A)	27.96cm(D)	26.28cm(B)	24.74cm(C)

③标记字母法:首先将全部平均数从大到小依次排列。然后在最大的平均数上标上字母 a;并将该平均数与以下各平均数相比,凡相差不显著的,都标上字母 a,直至某一个与之相差显著的平均数则标以字母 b(向下过程),再以该标有 b 的平均数为标准,与上方各个比它大的平均数比,凡不显著的也一律标以字母 b(向上过程);再以该标有 b 的最大平均数为标准,与以下各未标记的平均数比,凡不显著的继续标以字母 b,直至某一个与之相差显著的平均数则标以字母 c……如此重复进行下去,直至最小的一个平均数有了标记字母且与以上平均数进行了比较。这样各平均数间,凡有一个相同标记字母的即为差异不显著,凡没有相同标记字母的即为差异显著。

在实际应用中,往往还需区分 $\alpha=0.05$ 水平上显著和 $\alpha=0.01$ 水平上显著。这时可以小写字母表示 $\alpha=0.05$ 显著水平,大写字母表示 $\alpha=0.01$ 显著水平。该法在科技论文中常常出现。

对于例 7.1,现根据表 7.6 所表示的多重比较结果用字母标记见表 7.8。

在表 7.8 上先将各平均数按大小顺序排列,并在 $\bar{x}_A$ 行上标 a。由于 $\bar{x}_A$ 与 $\bar{x}_D$ 呈显著差

表 7.8　多重比较结果的字母标记(SSR 法)

处理	平均数 $\bar{x}_i$	$\alpha=0.05$	$\alpha=0.01$
A	31.18	a	A
D	27.96	b	AB
B	26.28	b	B
C	24.74	b	B

异，故 $\bar{x}_D$ 上标 b。然后以 $\bar{x}_D$ 为标准与 $\bar{x}_B$ 相比差异不显著，故仍标 b。再与 $\bar{x}_C$ 比，仍无显著差异，所以标 b。同理，可进行 4 个 $\bar{x}$ 在 1% 水平上的显著性测验，结果列于表 7.8。

由表 7.7 可清楚地看出，0.05 水平上，处理 A 与处理 D、B、C 处理差异均达到显著，而处理 D、B、C 之间差异不显著；0.01 水平上，处理 A 与处理 D 没有达到极显著，而与处理 B、C 均达到极显著。

多重比较方法很多，可阅读其他参考书籍，以上所列举的是常用的方法。

本单元小结

本单元主要介绍了方差分析的意义和原理。方差分析就是将试验数据的总变异分解为各个变异来源的相应部分，从而发现各变异原因在总变异中的相对重要程度的一种统计方法。

方差分析步骤主要分为 3 步，即：①自由度与平方和的分解；②F 检验；③多重比较。

多重比较结果的表示方法：①列梯形表法；②划线法；③标记字母法，判断标准是各平均数间，凡有一个相同标记字母的即为差异不显著，凡具不同标记字母的即为差异显著。

在农业和生物学上，由于试验工作者通常都寄希望于否定 H_0，所以 LSD 和 SSR 得到较为广泛的应用。如果试验是几个处理都与一个对照相比，则可选用 LSD 法；如果试验是每两个处理都要进行相互比较，则宜选用 SSR 法。

相关链接

对于处理效应，由于试验目的的不同而有不同的解释，从而产生了方差分析的两种数学模型。

固定模型：指试验的各个处理都抽自特定的处理总体，因而处理效应是固定的，我们的目的就是研究各个处理效应，所作的推断也仅限于供试处理的范围之内。特点：抽样方式是固定且有标准的；试验的目的是估计个别处理的效应；推断仅限于供试处理范围内；F 测验后，要进行均数的多重比较。一般的栽培试验，如肥料试验、农药试验、密度试验、品比试验等都属于固定模型。

随机模型：指试验中的各个处理皆抽自同一总体的一组随机样本，因而处理效应是随机的，我们的目的不在于研究供试处理本身的效应，而在于研究处理效应的变异度，所以推断也不是关于某些供试处理，而是关于抽出这些处理的整个总体。特点：抽样方式是随机的，没有固定的标准；试验的目的是估计样本所在总体的变异；推断关于样本所在总体的变异；F 测验后，不进行均数的多重比较，而需估计方差。随机模型在遗传、育种和生态试验方面，有较广泛的应用。

思考与练习

1. 什么是方差分析？方差分析在科学研究中有何意义？
2. 方差分析有几个基本步骤？
3. 什么是 F 分布？怎样进行 F 检验？
4. 多重比较法最小显著差数法（LSD 法）与最小显著极差法（SSR 法）有何区别？

单元 7.2 单因素完全随机设计试验资料的方差分析

知识目标

掌握单因素完全随机设计试验资料的方差分析的方法步骤。

技能目标

1. 学会单因素完全随机设计试验资料的方差分析的分析方法；
2. 学会使用 Excel 进行单因素方差分析。

在方差分析中，根据所研究试验因素的多少，可分为单因素、两因素和多因素试验资料的方差分析。单因素试验资料的方差分析是其中最简单的一种，目的在于正确判断该试验因素各水平的优劣。根据各处理内重复数是否相等，单因素完全随机设计试验资料的方差分析又分为重复数相等和重复数不等两种情况。这两种类别的方差分析基本步骤相同，但当重复数不等时，各项平方和与自由度的计算，多重比较中标准误的计算略有不同。本单元各举一例予以说明。

7.2.1 各处理重复数相等的方差分析

【例 7.2】 抽测 5 个不同品种的若干株小麦的小穗数，结果见表 7.9，试检验不同品种小麦小穗数的差异是否显著。

表 7.9 五个不同小麦的小穗数

品种号	观察值 x_{ij}(个/穗)					$x_{i.}$	$\bar{x}$
1	8	13	12	9	9	51	10.2
2	7	8	10	9	7	41	8.2
3	13	14	10	11	12	60	12
4	13	9	8	8	10	48	9.6
5	12	11	15	14	13	65	13
合计						$T = x_{..} = 265$	

这是一个单因素试验，$k = 5$，$n = 5$。现对此试验结果进行方差分析如下：

(1) 计算各项平方和与自由度

$$C = \frac{x_{..}^2}{kn} = \frac{265^2}{5 \times 5} = 2809.00$$

$$SS_T = \sum_{i=1}^{k} \sum_{j=1}^{n} x_{ij}^2 - C = (8^2 + 13^2 + \cdots + 14^2 + 13^2) - 2809.00$$
$$= 2945.00 - 2809.00 = 136.00$$

$$SS_t = \frac{1}{n}\sum_{i=1}^{k} x_i^2 - C = \frac{1}{5}(51^2 + 41^2 + 60^2 + 48^2 + 65^2) - 2809.00$$
$$= 2882.20 - 2809.00 = 73.20$$
$$SS_e = SS_T - SS_t = 136.00 - 73.20 = 62.80$$
$$df_T = kn - 1 = 5 \times 5 - 1 = 24, \quad df_t = k - 1 = 5 - 1 = 4, \quad df_e = df_T - df_t = 24 - 4 = 20$$

（2）列出方差分析表（表 7.10），进行 F 检验

表 7.10　不同品种小麦的小穗数的方差分析表

变异来源	平方和 SS	自由度 df	均方 MS	F 值
品种间	73.20	4	18.30	5.83**
误差	62.80	20	3.14	
总变异	136.00	24		

根据 $df_1 = df_t = 4$，$df_2 = df_e = 20$ 查临界 F 值得：$F_{0.05(4,20)} = 2.87$，$F_{0.01(4,20)} = 4.43$，因为 $F > F_{0.01(4,20)}$，即 $p < 0.01$，表明品种间小穗数的差异达到 1% 显著水平，即极显著差异。

（3）多重比较

采用新复极差法，各处理平均数多重比较见表 7.11。

表 7.11　不同品种小麦的小穗数多重比较表（SSR 法）

品种	平均数 $\bar{x}_{i.}$	$\bar{x}_{i.} - 8.2$	$\bar{x}_{i.} - 9.6$	$\bar{x}_{i.} - 10.2$	$\bar{x}_{i.} - 12.0$
5	13.0	4.8**	3.4*	2.8*	1.0
3	12.0	3.8**	2.4	1.8	
1	10.2	2.0	0.6		
4	9.6	1.4			
2	8.2				

因为 $MS_e = 3.14$，$n = 5$，所以：

$$s_{\bar{x}} = \sqrt{\frac{MS_e}{n}} = \sqrt{\frac{3.14}{5}} = 0.793$$

根据 $df_e = 20$，秩次距 $k = 2, 3, 4, 5$ 由附表 6 查出 $\alpha = 0.05$ 和 $\alpha = 0.01$ 的各临界 SSR 值，乘以 $s_{\bar{x}} = 0.7925$，即得各最小显著极差，所得结果列于表 7.12。

将表 7.11 中的差数与表 7.12 中相应的最小显著极差比较并标记检验结果，见表 7.13。

表 7.12　SSR 值及 LSR 值

df_e	秩次距 k	$SSR_{0.05}$	$SSR_{0.01}$	$LSR_{0.05}$	$LSR_{0.01}$
20	2	2.95	4.02	2.339	3.188
	3	3.10	4.22	2.458	3.346
	4	3.18	4.33	2.522	3.434
	5	3.25	4.40	2.577	3.489

表 7.13　多重比较结果的字母标记（LSR 法）

处理	平均数 $\bar{x}_i$	$\alpha = 0.05$	$\alpha = 0.01$
5	13.0	a	A
3	12.0	ab	A
1	10.2	bc	AB
4	9.6	bc	AB
2	8.2	c	B

检验结果表明：5 号品种小麦的平均小穗数极显著高于 2 号品种小麦，显著高于 4 号和 1 号品种，但与 3 号品种差异不显著；3 号品种小麦的小穗数极显著高于 2 号品种，与 1 号和 4 号品种差异不显著；1 号、4 号、2 号品种小麦的平均小穗数间差异均不显著。5 个品种中以 5 号品种小麦的小穗数最高，3 号品种次之，2 号品种小麦的小穗数最低。

7.2.2　各处理重复数不等的方差分析

这种情况下方差分析步骤与各处理重复数相等的情况相同，只是在有关计算公式上略有差异。

设处理数为 k；各处理重复数为 n_1，n_2，…，n_k；试验观测值总数为 $N = \sum_{i=1}^{k} n_i$。则：

$$C = \frac{x_{..}^2}{N}$$

$$SS_T = \sum_{i=1}^{k}\sum_{j=1}^{n_i} x_{ij}^2 - C, \quad SS_t = \sum_{i=1}^{k} \frac{x_{i.}^2}{n_i} - C, \quad SS_e = SS_T - SS_t \tag{7-18}$$

$$df_T = N - 1, \quad df_t = k - 1, \quad df_e = df_T - df_t$$

【例 7.3】　5 个不同品种苜蓿的产量对比试验，产量（kg/亩）见表 7.14。试比较品种间增重有无差异。

表 7.14　5 个品种苜蓿产量对比

品种	产量（kg/亩）						n_i	$x_{i.}$	$\bar{x}_{i.}$
B_1	21.5	19.5	20.0	22.0	18.0	20.0	6	121.0	20.2
B_2	16.0	18.5	17.0	15.5	20.0	16.0	6	103.0	17.2
B_3	19.0	17.5	20.0	18.0	17.0		5	91.5	18.3
B_4	21.0	18.5	19.0	20.0			4	78.5	19.6
B_5	15.5	18.0	17.0	16.0			4	66.5	16.6
合计							25	460.5	

此例处理数 $k = 5$，各处理重复数不等。现对此试验结果进行方差分析如下：

(1) 计算各项平方和与自由度

利用式(7-18)计算：

$$C = \frac{x_{..}^2}{N} = \frac{460.5^2}{25} = 8482.41$$

$$SS_T = \sum_{i=1}^{k}\sum_{j=1}^{n_i} x_{ij}^2 - C = (21.5^2 + 19.5^2 + \cdots + 17.0^2 + 16.0^2) - 8482.41$$
$$= 8567.75 - 8482.41 = 85.34$$

$$SS_t = \sum_{i=1}^{k} \frac{x_{i.}^2}{n_i} - C = \left(\frac{121.0^2}{6} + \frac{103.0^2}{6} + \frac{91.5^2}{5} + \frac{78.8^2}{4} + \frac{66.5^2}{4}\right) - 8482.41$$
$$= 8528.91 - 8482.41 = 46.50$$

$$SS_e = SS_T - SS_t = 85.34 - 46.50 = 38.84$$

$$df_T = N - 1 = 25 - 1 = 24$$

$$df_t = k - 1 = 5 - 1 = 4$$

$$df_e = df_T - df_t = 24 - 4 = 20$$

（2）列出方差分析表（表7.15），进行 F 检验

临界 F 值为：$F_{0.05(4,20)} = 2.87$，$F_{0.01(4,20)} = 4.43$，因为品种间的 F 值 $5.99 > F_{0.01(4,20)}$，$p < 0.01$，表明品种间差异极显著。

表7.15 5个品种苜蓿产量方差分析表

变异来源	平方和 SS	自由度 df	均方 MS	F 值
品种间	46.50	4	11.63	5.99**
品种内（误差）	38.84	20	1.94	
总变异	85.34	24		

（3）多重比较

采用新复极差法。因为各处理重复数不等，应计算出平均重复次数 n_0 来代替标准误 $s_{\bar{x}} = \sqrt{\frac{MS_e}{n}}$ 中的 n，此例：

$$n_0 = \frac{1}{k-1}\left(\sum n_i - \frac{\sum n_i^2}{\sum n_i}\right) = \frac{1}{5-1}\left(25 - \frac{6^2 + 6^2 + 5^2 + 4^2 + 4^2}{25}\right) = 4.96$$

于是，标准误 $s_{\bar{x}}$ 为：

$$s_{\bar{x}} = \sqrt{\frac{MS_e}{n_0}} = \sqrt{\frac{1.94}{4.96}} = 0.625$$

根据 $df_e = 20$，秩次距 $k = 2, 3, 4, 5$，从附表6中查出 $\alpha = 0.05$ 与 $\alpha = 0.01$ 的临界 SSR 值，乘以 $s_{\bar{x}} = 0.63$，即得各最小显著极差，所得结果列于表7.16。

表7.16 SSR 值及 LSR 值表

df_e	秩次距 k	$SSR_{0.05}$	$SSR_{0.01}$	$LSR_{0.05}$	$LSR_{0.01}$
20	2	2.95	4.02	1.844	2.513
	3	3.10	4.22	1.938	2.638
	4	3.18	4.33	1.988	2.706
	5	3.25	4.40	2.031	2.750

表 7.17 5 个品种苜蓿产量多重比较表（LSR 法）

品种	平均数 $\bar{x}_i$	$\bar{x}_i - 16.6$	$\bar{x}_i - 17.2$	$\bar{x}_i - 18.3$	$\bar{x}_i - 19.6$
B_1	20.2	3.6**	3.0**	1.9	0.6
B_4	19.6	3.0**	2.4*	1.3	
B_3	18.3	1.7	1.1		
B_2	17.2	0.6			
B_5	16.6				

表 7.18 多重比较结果的字母标记（LSR 法）

处理	平均数 $\bar{x}_i$	$\alpha = 0.05$	$\alpha = 0.01$
B_1	20.2	a	A
B_4	19.6	a	AB
B_3	18.3	ab	ABC
B_2	17.2	bc	BC
B_5	16.6	c	C

列多重比较表，并将两两平均数之差与 LSR 值进行比较，结果见表 7.17。

以上检验结果也可以标字母的方式标出，见表 7.18。

多重比较结果表明 B_1、B_4 品种的平均产量极显著或显著高于 B_2、B_5 品种的平均产量，其余不同品种之间差异不显著。可以认为 B_1、B_4 品种产量最高，B_2、B_5 品种产量较差，B_3 品种居中。

单因素试验只能解决一个因素各水平之间的比较问题。如上述研究几个苜蓿品种产量试验，只能比较几个品种的产量。而影响产量的其他因素，如栽培中肥料的高低、土壤类型、种植方式及环境温度的变化等就无法得以研究。实际上，往往对这些因素有必要同时考察。只有这样才能作出更加符合客观实际的科学结论，才有更大的应用价值。这就要求进行两因素或多因素试验。

7.2.3 利用 Excel 进行方差分析

利用 Excel 可进行方差分析，下面通过一道例题介绍具体的步骤。

打开 Excel，录入数据，然后点击【数据】，选择"数据分析"这一选项。如果没有"数据分析"，就需要加载。加载方法：【文件】，选择"选项"，选择"加载项"，在"Excel 选项"窗口的下方"管理"的位置，选择"Excel 加载项"点击【转到】，在弹出的"加载项"窗口中，在"分析工具库"左边的方框里打上勾，点击【确定】。然后点击【数据】，就会多了"数据分析"这一项。

下面结合例子介绍单因素方差分析的 Excel 操作过程。不同种植密度对燕麦叶片含氮量的影响，6 个处理×5 次重复的完全随机试验。

(1)录入数据(图7.1)

(2)选择分析工具

点击【数据分析】，选择“单因素方差分析”(图7.2)，然后选择要分析的数据区域，再选择数据的分组方式，是按照行还是列。然后再选“输出选项”，点击【确定】，即可输出分析结果。

(3)输出分析结果(图7.3)

A	B	C	D	E	F	G	H
		6种种植密度的燕麦叶片含氮量					
	1	2	3	4	5	6	
Ⅰ	2.9	4	2.6	0.5	4.6	4	
Ⅱ	2.3	3.8	3.2	0.8	4.6	3.3	
Ⅲ	2.2	3.8	3.4	0.7	4.4	3.7	
Ⅳ	2.5	3.6	3.4	0.8	4.4	3.5	
Ⅴ	2.7	3.6	3	0.5	4.4	3.7	

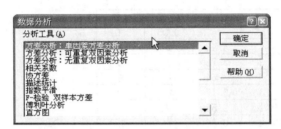

图7.1　数据录入

图7.2　选择分析工具

9	方差分析：单因素方差分析						
10							
11	SUMMARY						
12	组	计数	求和	平均	方差		
13	列 1	5	12.6	2.52	0.082		
14	列 2	5	18.8	3.76	0.028		
15	列 3	5	15.6	3.12	0.112		
16	列 4	5	3.3	0.66	0.023		
17	列 5	5	22.4	4.48	0.012		
18	列 6	5	18.2	3.64	0.068		
19							
20							
21	方差分析						
22	差异源	SS	df	MS	F	P-value	F crit
23	组间	44.463	5	8.8926	164.17108	9.623E-18	2.620652
24	组内	1.3	24	0.0541667			
25							
26	总计	45.763	29				

图7.3　方差分析结果输出

图7.3的方差分析结果中 *SS* 为平方和；*df* 为自由度；*MS* 为均方；*F* 及 *F crit* 分别为 *F* 值及 *F* 临界值，$F\ crit=FINV(\alpha,\ df_1,\ df_2)$；*P-value* 为 *F* 分布的概率(相伴概率)；组间代表处理，组内代表误差。根据 *P-value* 判断：$P\text{-}value \leq 0.01$ 极显著；$0.01 < P\text{-}value \leq$

0.05 显著；P-value>0.05 不显著。P-value = 9.6E−18<0.01；$F_{0.05}$ = 2.6207，$F_{0.01}$ = FINV(0.01，5，24) = 3.8951；F = 164.17>$F_{0.01}$；不同密度的燕麦叶片含氮量差异达极显著水平。

（4）多重比较

根据公式 $s_{\bar{x}} = \sqrt{\dfrac{MS_e}{n}} = \sqrt{\dfrac{误差项的均方}{样本容量}}$ 计算 $s_{\bar{x}}$，再计算最小显著极差：$LSR_\alpha = SSR_\alpha(df_e, k)s_{\bar{x}}$。

将平均数从大到小排列；用两个平均值的差值与 LSR_α 进行比较(图 7.4)。

	p	2	3	4	5	6
30						
31	$SSR_{0.05}$	2.92	3.07	3.15	3.22	3.28
32	$SSR_{0.01}$	3.96	4.41	4.24	4.33	4.39
33	$LSR_{0.05}$	0.304	0.320	0.328	0.335	0.341
34	$LSR_{0.01}$	0.412	0.459	0.441	0.451	0.457
35						
36	处理	平均值	差异显著水平			
37			0.05	0.01		
38	5	4.48	a	A		
39	2	3.76	b	B		
40	6	3.64	b	B		
41	3	3.12	c	C		
42	1	2.52	d	D		
43	4	0.66	e	E		

图 7.4 多重比较结果

本单元小结

本单元主要介绍了单因素完全随机设计资料的方差分析的应用：平方和与自由度分解—F 检验—多重比较。F 检验：

（1）若 $F_{0.05} \leq F < F_{0.01}$，则 $p \leq 0.05$　　差异显著，记为"*"

（2）若 $F \geq F_{0.01}$，则 $p \leq 0.01$　　差异极显著，记为"**"

（3）若 $F < F_{0.05}$，则 $p > 0.05$　　差异不显著。

相关链接

1. LSD 法实质上就是 t 检验法

LSD 法是将 t 检验中由所求得的 t 之绝对值 $|t| = \left|\dfrac{\bar{x}_{i.} - \bar{x}_{j.}}{s_{\bar{x}_{i.} - \bar{x}_{j.}}}\right|$ 与临界 t_α 值的比较转为将各对均数差值的绝对值 $|\bar{x}_{i.} - \bar{x}_{j.}|$ 与最小显著差数 $t_{\alpha(df_e)} s_{\bar{x}_{i.} - \bar{x}_{j.}}$ 的比较而做出统计推断的。但是，由于 LSD 法是利用 F 检验中的误差自由度 df_e 查临界 t_α 值，利用误差均方 MS_e 计算均数差异标准误 $s_{\bar{x}_{i.} - \bar{x}_{j.}}$，因而 LSD 法又不同于每次利用两组数据进行多个平均数两两比较的 t 检验法。且 LSD 法并未解决推断的可靠性降低、犯弃真错误的概率变大的问题。

2. 最小显著极差法（SSR法）

SSR法的特点是把平均数的差数看作平均数的极差，根据极差范围内所包含的处理数（称为秩次距）k的不同而采用不同的检验尺度，以克服LSD法的不足。这些在显著水平α上依秩次距k的不同而采用不同的检验尺度称作最小显著极差LSR值。例如，有10个$\bar{x}$要相互比较，先将10个$\bar{x}$依其数值大小顺次排列，两极端平均数的差数（极差）的显著性，由其差数是否大于秩次距$k=10$时的最小显著极差决定（≥为显著，<为不显著；而后是秩次距$k=9$的平均数的极差的显著性，则由极差是否大于$k=9$时的最小显著极差决定……直到任何两个相邻平均数的差数的显著性由这些差数是否大于秩次距$k=2$时的最小显著极差决定。因此，有k个平均数相互比较，就有$k-1$种秩次距（k，$k-1$，$k-2$，…，2），因而需求得$k-1$个最小显著极差（$LSR_{a,k}$），分别作为判断具有相应秩次距的平均数的极差是否显著的标准。因为SSR法是一种极差检验法，所以当一个平均数大集合的极差不显著时，其中所包含的各个较小集合极差也应一概作不显著处理。SSR法克服了LSD法的不足，但检验的工作量有所增加。

思考与练习

1. 某病虫测报站，调查4种不同类型的树林28块，每一类型的树林所得微红梢斑螟密度列于表7.19，试问不同树林微红梢斑螟密度有否显著差异？

表7.19　不同树林微红梢斑螟密度

稻田类型	编　号							
	1	2	3	4	5	6	7	8
Ⅰ	10	11	12	13	13	14	15	12
Ⅱ	12	8	9	11	12	9	10	10
Ⅲ	7	2	8	9	10	11	10	9
Ⅳ	9	9	8	7	6	8	10	7

2. 3个不同树种的生长速率见表7.20，试对3个不同树种的生长速率差异是否显著进行检验。

表7.20　3个不同树种的生长速率

品种	生长速率(%)									
A_1	15	11	17	16	12	12	16	11	16	19
A_2	11	12	10	8	15	13	7	14	12	7
A_3	10	7	12	5	6	14	8	11	9	10

单元7.3　两因素完全随机设计试验资料的方差分析

知识目标

掌握两因素完全随机设计试验资料的方差分析的方法步骤。

技能目标

1. 学会两因素完全随机设计试验资料的方差分析的分析方法；
2. 学会使用 Excel 进行双因素方差分析。

两因素试验资料的方差分析是指对有两个试验因素的试验资料的方差分析。两因素完全随机设计试验有交叉分组和系统分组两种类型，本单元重点说明两因素交叉分组的试验结果的方差分析，现介绍如下。

设试验因素为 A、B 两因素，A 因素有 a 个水平，B 因素有 b 个水平。A、B 两因素的每个水平交叉搭配，共形成 ab 个水平组合即试验处理，每个处理均接受试验，则两因素 A、B 在试验中处于平等地位，因而试验数据可按两因素两方向分组。试验以各处理是单独观测值还是有重复观测值又分为两种类型。

7.3.1 两因素单独观测值试验资料的方差分析

对 A、B 两个试验因素的全部 ab 个水平组合，每个水平组合只有一个观测值，全试验共有 ab 个观测值，其数据模式见表 7.21。

表 7.21 两因素单独观测值试验数据模式

B 因素	A 因素				合计 $x_{i.}$	平均 $\bar{x}_{i.}$
	A_1	A_2	…	A_a		
B_1	x_{11}	x_{12}	…	x_{1b}	$x_{1.}$	$\bar{x}_{1.}$
B_2	x_{21}	x_{22}	…	x_{2b}	$x_{2.}$	$\bar{x}_{2.}$
⋮	⋮	⋮	⋮	⋮	⋮	⋮
B_b	x_{b1}	x_{b2}	…	x_{ba}	$x_{b.}$	$\bar{x}_{b.}$
合计 $x_{.j}$	$x_{.1}$	$x_{.2}$	…	$x_{.a}$	$x_{..}$	$\bar{x}_{..}$
平均 $\bar{x}_{.j}$	$\bar{x}_{.1}$	$\bar{x}_{.2}$	…	$\bar{x}_{.a}$		

两因素单独观测值的试验，A 因素的每个水平有 b 次重复，B 因素的每个水平有 a 次重复，每个观测值同时受到 A、B 两因素及随机误差的作用。因此，全部 ab 个观测值的总变异可以剖分为 3 部分：A 因素水平间变异、B 因素水平间变异和试验误差；自由度也剖分为相应 3 部分。平方和与自由度的分解式如下：

$$SS_t = SS_A + SS_B + SS_e$$
$$df_T = df_A + df_B + df_e \tag{7-19}$$

各项平方和与自由度的计算公式见表 7.22：

表 7.22 两因素试验平方和与自由度分解

变异来源	自由度 df	平方和 SS
A 因素	$df_A = a-1$	$SS_A = b \sum_{i=1}^{a}(\bar{x}_{i.}-\bar{x}_{..})^2 = \frac{1}{b}\sum_{i=1}^{a} x_{i.}^2 - C$

(续)

变异来源	自由度 df	平方和 SS
B 因素	$df_B = b-1$	$SS_B = a\sum_{j=1}^{b}(\bar{x}_{.j}-\bar{x}_{..})^2 = \frac{1}{a}\sum_{j=1}^{b}x_{.j}^2 - C$
误差	$df_e = df_T - df_A - df_B = (a-1)(b-1)$	$SS_e = SS_T - SS_A - SS_B$
总变异	$df_T = ab-1$	$SS_T = \sum_{i=1}^{a}\sum_{j=1}^{b}(x_{ij}-\bar{x}_{..})^2 = \sum_{i=1}^{a}\sum_{j=1}^{b}x_{ij}^2 - C$

【例 7.4】 为研究某松毛虫的幼虫取食量，现有 4 种类型的松毛虫 A_1、A_2、A_3、A_4 分别取 1 代、2 代、3 代幼虫的食叶长，每代 3 只，在相同条件下试验，并获得得它们的食叶长，见表 7.23，试做方差分析。

表 7.23 各类型松毛虫不同时期的幼虫的食叶长   cm

品系(A)	不同时期幼虫(B)			合计 $x_{i.}$	平均 $\bar{x}_{i.}$
	B_1(1 代)	B_2(2 代)	B_3(3 代)		
A_1	106	116	145	367	122.3
A_2	42	68	115	225	75.0
A_3	70	111	133	314	104.7
A_4	42	63	87	192	64.0
合计 $x_{.j}$	260	358	480	1098	
平均 $\bar{x}_{.j}$	65.0	89.5	120.0		

这是一个两因素单独观测值试验结果。A 因素(品系)有 4 个水平，即 $a=4$；B 因素(不同幼虫)有 3 个水平，即 $b=3$，共有 $a \times b = 3 \times 4 = 12$ 个观测值。方差分析如下：

(1) 计算各项平方和与自由度

根据公式有：

$$C = \frac{x_{..}^2}{ab} = \frac{1098^2}{4 \times 3} = 100467$$

$$SS_T = \sum_{i=1}^{a}\sum_{j=1}^{b}x_{ij}^2 - C = (106^2 + 116^2 + \cdots + 63^2 + 87^2) - 100467$$
$$= 113542 - 100467 = 13075$$

$$SS_A = \frac{1}{b}\sum_{i=1}^{a}x_{i.}^2 - C = \frac{1}{3}(367^2 + 225^2 + 314^2 + 192^2) - 100467$$
$$= 106924.6667 - 100467 = 6457.6667$$

$$SS_B = \frac{1}{a}\sum_{j=1}^{b}x_{.j}^2 - C = \frac{1}{4}(260^2 + 358^2 + 480^2) - 100467$$
$$= 106541 - 100467 = 6074$$

$$SS_e = SS_T - SS_A - SS_B = 13075 - 6457.6667 - 6074 = 543.3333$$

$df_T = ab - 1 = 4 \times 3 - 1 = 11$, $df_A = a - 1 = 4 - 1 = 3$,

$df_B = b - 1 = 3 - 1 = 2$, $df_e = df_T - df_A - df_B = 11 - 3 - 2 = 6$

(2)列出方差分析表(表7.24),进行F检验

表7.24 资料的方差分析表

变异来源	平方和SS	自由度df	均方MS	F值
A因素(类型)	6457.6667	3	2152.5556	23.77**
B因素(幼虫)	6074	2	3037	33.54**
误差	543.3333	6	90.5556	
总变异	13075	11		

根据 $df_1 = df_A = 3$,$df_2 = df_e = 6$ 查临界 F 值,$F_{0.01(3,6)} = 9.78$;根据 $df_1 = df_B = 2$,$df_2 = df_e = 6$ 查临界 F 值,$F_{0.01(2,6)} = 10.92$。

因为 A 因素的 F 值 $23.77 > F_{0.01(3,6)}$,$p < 0.01$,差异极显著;B 因素的 F 值 $33.54 > F_{0.01(2,6)}$,$p < 0.01$,差异极显著。说明不同类型松毛虫和不同时期幼虫的食叶长均有极显著影响,有必要进一步对 A、B 两因素不同水平的平均测定结果进行多重比较。

(3)多重比较

①不同类型松毛虫食叶长平均值比较:在两因素单独观测值试验情况下,因为 A 因素(本例为不同类型)每一水平的重复数恰为 B 因素的水平数 b,故 A 因素的标准误 $s_{\bar{x}_{i.}} = \sqrt{\dfrac{MS_e}{b}}$,此例 $b = 3$,$MS_e = 90.5556$,故

$$s_{\bar{x}_{i.}} = \sqrt{\dfrac{MS_e}{b}} = \sqrt{\dfrac{90.5556}{3}} = 5.4941$$

根据 $df_e = 6$,秩次距 $k = 2, 3, 4$ 从附表6中查出 $\alpha = 0.05$ 和 $\alpha = 0.01$ 的 SSR 值,与标准误 $s_{\bar{x}_{i.}} = 5.4941$ 相乘,计算出最小显著极差 LSR,结果见表7.25。

表7.25 SSR值及LSR值

df_e	秩次距k	$SSR_{0.05}$	$SSR_{0.01}$	$LSR_{0.05}$	$LSR_{0.01}$
6	2	3.46	5.24	19.01	28.79
	3	3.58	5.51	19.67	30.27
	4	3.64	5.65	20.00	31.04

将表7.24中各差数与表7.25中相应最小显著极差比较(表7.26),作出推断。结果表明,A_1、A_3 类型与 A_2、A_4 类型的食叶长均有极显著的差异;但 A_1 与 A_3 及 A_2 与 A_4 类型间差异不显著。

表7.26 不同类型松毛虫食叶长平均值差异显著性(LSR法)

品系	平均数 $\bar{x}_{i.}$	0.05	0.01
A_1	122.3	a	A
A_3	104.7	a	A
A_2	75.0	b	B
A_4	64.0	b	B

②不同时期幼虫食叶长多重比较：在两因素单独观测值试验情况下，B 因素(本例为不同时期幼虫)每一水平的重复数恰为 A 因素的水平数 a，故 B 因素的标准误 $s_{\bar{x}.j} = \sqrt{\dfrac{MS_e}{a}}$，此例 $a=4$，$MS_e = 90.5556$。故

$$s_{\bar{x}.j} = \sqrt{\dfrac{MS_e}{a}} = \sqrt{\dfrac{90.5556}{4}} = 4.7580$$

根据 $df_e = 6$，秩次距 $k=2$，3 查临界 SSR 值并与 $s_{\bar{x}.j}$ 相乘，求得最小显著极差 LSR 值，见表 7.27。

表 7.27　SSR 值与 LSR 值

df_e	秩次距 k	$SSR_{0.05}$	$SSR_{0.01}$	$LSR_{0.05}$	$LSR_{0.01}$
6	2	3.46	5.24	16.46	24.93
	3	3.58	5.51	17.03	26.22

作出推断。由表 7.28 表明，第 3 代幼虫食叶长极显著高于第二代和第一代的食叶长，而第二代和第一代间食叶长也有显著差异。

表 7.28　不同时期幼虫食叶长差异显著性(SSR 法)

雌激素剂量	平均数 $\bar{x}.j$	0.05	0.01
B_3(第三代)	120.0	a	A
B_2(第二代)	89.5	b	B
B_1(第一代)	65.0	c	B

在进行两因素或多因素的试验时，除了研究每一因素对试验指标的影响外，往往更希望研究因素之间的交互作用。例如，温度、湿度、光照强度、气孔导度等对叶片光合速率的影响及各因素之间的交互作用研究，对研究树木生长的研究具有重要意义。

两因素单独观测值试验只适用于两个因素间无交互作用的情况。若两因素间有交互作用，则每个水平组合中只设一个试验单位(观察单位)的试验设计是不正确的或不完善的。

因此，进行两因素或多因素试验时，一般应设置重复，以深入研究因素间的交互作用。

7.3.2　两因素有重复观测值试验的方差分析

对 A、B 两个试验因素的全部 ab 个水平组合，每个水平组合有 n 个观测值，全试验共有 abn 个观测值，其数据模式见表 7.29。

两因素有重复观测值试验结果方差分析平方和与自由度的剖分式为：

$$\begin{aligned} SS_T &= SS_A + SS_B + SS_{A\times B} + SS_e \\ df_T &= df_A + df_B + df_{A\times B} + df_e \end{aligned} \tag{7-20}$$

表 7.29　两因素有重复观测值试验数据模式

A 因素		B 因素				A_i 合计 $x_{i..}$	A_i 平均 $\bar{x}_{i..}$
		B_1	B_2	…	B_b		
A_1	x_{1jl}	x_{111}	x_{121}	…	x_{1b1}	$x_{1..}$	$\bar{x}_{1..}$
		x_{112}	x_{122}	…	x_{1b2}		
		⋮	⋮	⋮	⋮		
		x_{11n}	x_{12n}	…	x_{1bn}		
	$x_{1j.}$	$x_{11.}$	$x_{12.}$	…	$x_{1b.}$		
	$\bar{x}_{1j.}$	$\bar{x}_{11.}$	$\bar{x}_{12.}$	…	$\bar{x}_{1b.}$		
A_2	x_{2jl}	x_{211}	x_{221}	…	x_{2b1}	$x_{2..}$	$\bar{x}_{2..}$
		x_{212}	x_{222}	…	x_{2b2}		
		⋮	⋮	⋮	⋮		
		x_{21n}	x_{22n}	…	x_{2bn}		
	$x_{2j.}$	$x_{21.}$	$x_{22.}$	…	$x_{2b.}$		
	$\bar{x}_{2j.}$	$\bar{x}_{2j.}$	$\bar{x}_{21.}$	…	$\bar{x}_{2b.}$		
⋮	⋮	⋮	⋮	⋮	⋮	⋮	⋮
A_a	x_{ajl}	x_{a11}	x_{a21}	…	x_{ab1}	$x_{b.}$	$\bar{x}_{a..}$
		x_{a12}	x_{a22}	…	x_{ab2}		
		⋮	⋮	⋮	⋮		
		x_{a1n}	x_{a2n}	…	x_{abn}		
	$x_{aj.}$	$x_{a1.}$	$x_{a2.}$	…	$x_{ab.}$		
	$\bar{x}_{aj.}$	$\bar{x}_{aj.}$	$\bar{x}_{a1.}$	…	$\bar{x}_{ab.}$		
B_j 合计 $x_{.j.}$		$x_{.1.}$	$x_{.2.}$	…	$x_{.b.}$	$T=x_{...}$	
B_j 平均 $\bar{x}_{.j.}$		$\bar{x}_{.1.}$	$\bar{x}_{.2.}$	…	$\bar{x}_{.b.}$		$\bar{x}_{...}$

其中，$SS_{A\times B}$，$df_{A\times B}$ 为 A 因素与 B 因素交互作用平方和与自由度。

若用 SS_t，df_t 表示 A、B 水平组合间的平方和与自由度，即处理间平方和与自由度，则因处理变异可剖分为 A 因素、B 因素及 A、B 交互作用变异三部分，于是 SS_t、df_t 可剖分为：

$$SS_t = SS_A + SS_B + SS_{A\times B}$$
$$df_t = df_A + df_B + df_{A\times B} \tag{7-21}$$

各项平方和、自由度及均方的计算公式如下：

矫正数：

$$C = \frac{x_{...}^2}{abn}$$

总平方和与自由度：

$$SS_T = \sum_{i=1}^{a}\sum_{j=1}^{b}\sum_{l=1}^{n} x_{ijl}^2 - C, \quad df_T = abn - 1$$

水平组合平方和与自由度：

$$SS_t = \frac{1}{n}\sum_{i=1}^{a}\sum_{j=1}^{b}x_{ij\cdot}^2 - C, \quad df_t = ab - 1 \tag{7-22}$$

A 因素平方和与自由度：

$$SS_A = \frac{1}{bn}\sum_{i=1}^{a}x_{i\cdot\cdot}^2 - C, \quad df_A = a - 1$$

B 因素平方和与自由度：

$$SS_B = \frac{1}{an}\sum_{j=1}^{b}x_{\cdot j\cdot}^2 - C, \quad df_B = b - 1$$

交互作用平方和与自由度：

$$SS_{A\times B} = SS_t - SS_A - SS_B, \quad df_{A\times B} = (a-1)(b-1)$$

误差平方和与自由度：

$$SS_e = SS_T - SS_t, \quad df_e = ab(n-1)$$

相应均方为：

$$MS_A = \frac{SS_A}{df_B}, \quad MS_B = \frac{SS_B}{df_B}, \quad MS_{A\times B} = \frac{SS_{A\times B}}{df_{A\times B}}, \quad MS_e = \frac{SS_e}{df_e}$$

【例 7.5】 为了研究不同土壤基质对松树生长的影响，选择马尾松、红松、樟子松、油松 4 个树种，分别生长在灰黑土、草甸土、沼泽土，试验共有 12 个处理，每个处理选择 3 株，1 年后调查生长率（%）。

A 因素土壤类型分 3 个水平，即 $a=3$；B 因素树种分 4 个水平，即 $b=4$；共有 $ab=3\times 4=12$ 个水平组合；每个组合重复数 $n=3$；全试验共有 $abn=3\times 4\times 3=36$ 个观测值。现对本例资料（表 7.30）进行方差分析如下：

表 7.30　不同土壤类型松树生长率的结果　　　　　　　　　　　　　　　　　　%

树种		B_1(灰黑土)	B_2(草甸土)	B_3(沼泽土)	A_i 合计 $x_{i\cdot\cdot}$	A_i 平均 $\bar{x}_{i\cdot\cdot}$
A_1（马尾松）	x_{1jl}	40	36	30	332	36.89
		41	36	34		
		39	38	38		
	$x_{1j\cdot}$	120	110	102		
	$\bar{x}_{1j\cdot}$	40	36.67	34		
A_2（红松）	x_{2jl}	43	48	40	395	43.89
		44	44	42		
		42	42	50		
	$x_{2j\cdot}$	129	134	132		
	$\bar{x}_{2j\cdot}$	43	44.67	44		
A_3（樟子松）	x_{3jl}	44	44	64	455	50.56
		46	49	52		
		47	49	60		
	$x_{3j\cdot}$	137	142	176		
	$\bar{x}_{3j\cdot}$	45.67	47.33	58.67		

(续)

树种		B_1(灰黑土)	B_2(草甸土)	B_3(沼泽土)	A_i 合计 $x_{i..}$	A_i 平均 $\bar{x}_{i..}$
A_4（油松）	x_{4jl}	43	46	44	382	42.44
		42	41	44		
		46	40	36		
	$x_{4j.}$	131	127	124		
	$\bar{x}_{4j.}$	43.67	42.33	41.33		
B_j 合计 $x_{.j.}$		517	513	534	1564	
B_j 平均 $\bar{x}_{.j.}$		43.08	42.75	44.5		43.44

（1）计算各项平方和与自由度

$$C = \frac{x_{...}^2}{abn} = \frac{1564^2}{3 \times 4 \times 3} = 67947.11$$

$$SS_T = \sum_{i=1}^{a}\sum_{j=1}^{b}\sum_{l=1}^{n} x_{ijl}^2 - C = (40^2 + 41^2 + \cdots + 36^2) - C = 1500.89$$

$$SS_t = \frac{1}{n}\sum x_{ij.}^2 - C = \frac{1}{3}(120^2 + 110^2 + \cdots + 124^2) - C = 1219.56$$

$$SS_A = \frac{1}{bn}\sum_{i=1}^{a} x_{i..}^2 - C = \frac{1}{3 \times 3}(332^2 + 395^2 + 455^2 + 382^2) - C = 852.67$$

$$SS_B = \frac{1}{an}\sum x_{.j.}^2 - C = \frac{1}{4 \times 3}(517^2 + 513^2 + 534^2) - C = 20.72$$

$$SS_{A \times B} = SS_t - SS_A - SS_B = 1219.56 - 852.67 - 20.72 = 346.17$$

$$SS_e = SS_T - SS_{AB} = 1500.89 - 1219.56 = 281.33$$

$df_T = abn - 1 = 3 \times 4 \times 3 - 1 = 35$
$df_t = ab - 1 = 3 \times 4 - 1 = 11$
$df_A = a - 1 = 4 - 1 = 3$
$df_B = b - 1 = 3 - 1 = 2$
$df_{A \times B} = (a-1)(b-1) = (4-1)(3-1) = 6$
$df_e = an(n-1) = 4 \times 3(3-1) = 24$

（2）列出方差分析表(表 7.31)，进行 F 检验

表明树种及两因素交互作用对树种的生长发育均有极显著的影响。因此，应进一步进行树种之间平均数、两因素水平组合平均数间的多重比较。

表 7.31 不同类型土壤树种的生长率方差分析表

变异来源	平方和 SS	自由度 df	均方 MS	F 值	$F_{0.05}$	$F_{0.01}$
树种（A）	852.67	3	284.22	24.25**	3.01	4.72
土壤类型（B）	20.72	2	10.36	<1	3.40	5.61
互作（A×B）	346.17	6	57.70	4.92**	2.51	3.67
误差	281.33	24	11.72			
总变异	1500.89	35				

(3) 多重比较

①树种(A)各平均数间的比较:不同树种平均数进行新复极差法(SSR法)多重比较,见表7.32。

$$s_{\bar{x}_{ij\cdot}} = \sqrt{\frac{MS_e}{bn}} = \sqrt{\frac{11.72}{9}} = 1.14$$

查SSR表,当$df=24$,$k=2,3,4$时的SSR值,并根据公式$LSR=s_{\bar{x}_{\cdot j\cdot}} \times SSR$计算出各LSR值列于表7.32。根据表7.32的LSR值,对4树种间差异显著性进行测试,其结果列于表7.33。

表7.32 不同树种间平均数SSR值及LSR值

df_e	秩次距k	$SSR_{0.05}$	$SSR_{0.01}$	$LSR_{0.05}$	$LSR_{0.01}$
24	2	3.92	3.96	15.52	4.51
	3	3.07	4.14	12.71	4.72
	4	3.15	4.24	13.36	4.83

表7.33 不同树种间平均数差异显著性(SSR法)

树种	平均数 $\bar{x}_{\cdot j\cdot}$	0.05	0.01
A_3(樟子松)	50.56	a	A
A_2(红松)	43.81	b	B
A_4(油松)	42.44	b	B
A_1(马尾松)	36.89	c	C

结果表明,4树种的生长率以樟子松(A_3)最好,樟子松的生长率均极显著高于红松(A_2),油松(A_4),马尾松(A_1)其他3个品种,马尾松(A_1)显著低于其他3树种。

②两因素的交互作用:F检验表明,土壤类型与树种的交互作用极显著,表明不同土壤类型适应不同树种生长,进行相互比较可以比较全部处理的平均数,也可将每一类土壤的4个树种生长率之间进行比较。现将两种比较方法分别介绍如下:

(i)所有处理间平均数比较

因为水平组合的重复数为n,故水平组合的标准误(记为$s_{\bar{x}_{ij\cdot}}$)的计算公式为:

$$s_{\bar{x}_{ij\cdot}} = \sqrt{\frac{MS_e}{n}} = \sqrt{\frac{11.72}{3}} = 1.97$$

由$df_e=24$,从SSR表查出$\alpha=0.05$、$\alpha=0.01$的SSR值,并根据公式$LSR=s_{\bar{x}_{ij\cdot}} \times SSR$计算出各LSR值列于表7.34。

表7.34 各水平平均数SSR值及LSR值

k	2	3	4	5	6	7	8	9	10	11	12
$SSR_{0.05}$	2.92	3.07	3.15	3.22	3.28	3.31	3.34	3.37	3.38	3.40	3.41
$SSR_{0.01}$	3.96	4.14	4.24	4.33	4.39	4.44	4.49	4.53	4.57	4.59	4.62
$LSR_{0.05}$	5.75	6.05	6.21	6.34	6.46	6.52	6.58	6.64	6.66	6.70	6.72
$LSR_{0.01}$	7.80	8.16	8.35	8.53	8.65	8.75	8.85	8.92	9.00	9.04	9.10

表 7.35　各水平组合平均数差异显著性比较（SSR 法）

处理	平均数 $\bar{x}_{ij.}$	0.05	0.01
A_3B_3	58.67	a	A
A_3B_2	47.33	b	B
A_3B_1	45.67	bc	BC
A_2B_2	44.67	bc	BC
A_2B_3	44.00	bc	BC
A_4B_1	43.67	bc	BC
A_2B_1	43.00	bcd	BCD
A_4B_2	42.33	bcd	BCD
A_4B_3	41.33	bcd	BCD
A_1B_1	40.00	cde	BCD
A_1B_2	36.67	de	CD
A_1B_3	34.00	e	D

以上述 LSR 值去检验各水平组合平均数间的差异显著性，结果列于表 7.35。

各水平组合平均数的多重比较结果表明，最优组合（即生长率最高的组合）是 A_3B_3，即生长在沼泽土中的樟子松生长率最高。以上的比较结果告诉我们：当 A、B 因素的交互作用显著时，可以直接进行各水平组合平均数的多重比较，选出最优水平组合。

(ii) 每一类土壤的 4 个树种生长率之间的比较

因为每一类型土壤均 4 个树种，故标准误（记为 $s_{\bar{x}_{ij.}}$）的计算公式为：$s_{\bar{x}_{ij.}} = \sqrt{\dfrac{MS_e}{n}}$，当由 $df_e = 24$，$k = 2, 3, 4$ 时，查 SSR 表获得 LSR 值，故可依据表 7.34。三类土壤的 4 个树种平均数之间的比较结果见表 7.36~表 7.38。

表 7.36　灰黑土（B_1）生长的不同树种平均数差异比较

A 因素	平均数 $\bar{x}_{1j.}$	0.05	0.01
A_3(樟子松)	45.67	a	A
A_4(油松)	43.67	a	A
A_2(红松)	43.00	a	A
A_1(马尾松)	40.00	a	A

表 7.37　草甸土（B_2）生长的不同树种平均数差异比较

A 因素	平均数 $\bar{x}_{2j.}$	0.05	0.01
A_3(樟子松)	47.33	a	A
A_2(红松)	44.67	a	A
A_4(油松)	42.33	a	A
A_1(马尾松)	36.67	b	B

表 7.38 沼泽土（B_3）生长的不同树种平均数差异比较

A 因素	平均数 $\bar{x}_{3j.}$	0.05	0.01
A_3（樟子松）	58.67	a	A
A_2（红松）	44.00	b	B
A_4（油松）	41.33	b	BC
A_1（马尾松）	34.00	c	C

分析结果表明：生长在灰黑土中的不同树种生长率差异不显著；生长在草甸土中的马尾松的生长率极显著低于其他 3 种树种；生长在沼泽土中的樟子松极显著高于其他 3 种树种，而红松与油松之间差异不显著。

综观全试验，本试验土壤类型主效无显著差异，不同树种主效有极显著差异，并以樟子松生长率最高，与其他树种之间差异达到显著，而红松与油松差异不显著。土壤类型与树种的交互作用极显著，并以生长在沼泽土中的樟子松生长率最高。

7.3.3 利用 Excel 进行方差分析

7.3.3.1 无重复双因素（两因素）方差分析

利用 Excel 的"数据分析"功能可以进行双因素方差分析，下面通过一道例题介绍具体的步骤。不同生育期干旱对春小麦产量影响。

(1)打开 Excel，录入好数据，如图 7.5 所示。然后点击"数据"，选择"数据分析"，在弹出的窗口中，选择"无重复双因素方差分析"这一选项，设置好数据输入区域和结果的输出区域，如图 7.6 所示，点击【确定】，即可输出结果。

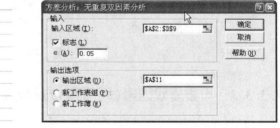

图 7.5 数据输入　　　　　　　　　　图 7.6 数据选择框

(2)结果输出（图 7.7）

显著性检验：行间（处理间）：$P\text{-}value = 6.49\text{E}-09 < 0.01$，差异极显著；列间（重复间）：$P\text{-}value = 0.56 > 0.05$，差异不显著。

26	方差分析						
27	差异源	SS	df	MS	F	P-value	F crit
28	行	16955807.36	6	2825968	78.11187505	6.49E-09	2.996117
29	列	43896.22952	2	21948.11	0.606662378	0.561067	3.88529
30	误差	434141.6033	12	36178.47			
31	总计	17433845.19	20				

图 7.7 无重复双因素方差分析结果

(3) 多重比较

最小显著差数法：根据计算公式计算 LSD_α：

$$s_{x_1-x_2} = \sqrt{\frac{2 \times MS}{n}} = \sqrt{\frac{2 \times 误差项的均方}{样本容量}}$$

$$t_\alpha = TINV(\alpha, df_e)$$

$$LSD_\alpha = s_{x_1-x_2} \times t_\alpha$$

结果如图 7.8 所示。

	用最小显著差法（LSD法）进行多重比较	
34	平均值的标准误=	155.30286
35	$t_{0.05}$=	2.1788128
36	$t_{0.01}$=	3.054538
37	$LSD_{0.05}$=	338.37586
38	$LSD_{0.01}$=	474.37848

图 7.8 *LSD* 多重比较

将平均数从大到小排列；计算各处理与对照的平均数差值并与 LSD_α 进行比较；若平均数差值 $\geqslant LSD_\alpha$，则在 α 水平上差异显著；反之，差异不显著。检验结果如图 7.9 所示：三叶期旱处理与适宜水分（对照）差异在 0.05 水平上显著；其他处理与对照差异在 0.01 水平上显著。

LSD0.05=	388.37586	
LSD0.01=	474.37848	
处理	平均产量	差异显著水平
适宜水分	6867.2	
三叶期旱	6422.0	445.2 *
小喇叭口旱	6215.9	651.3 **
大喇叭口旱	5842.3	1024.9 **
抽雄期旱	5599.3	1267.9 **
灌浆期旱	4809.9	2057.4 **
连续旱	4062.9	2804.4 **

图 7.9 *LSD* 多重比较结果

7.3.3.2 可重复双因素（两因素）方差分析

(1) 方差分析

3 种氮肥水平×3 种光照环境，每种组合重复 3 次。首先打开 Excel，录入数据，如图 7.10 所示。

	A	B	C	D	E
1			玉米光氮交互作用试验结果		
2	区组		高氮	中氮	低氮
3	I		91.5	96.2	93.7
4	II	自然光	90.2	95.2	94.9
5	III		92.7	96	94.3
6	I		87.7	98	90
7	II	1/2遮光	88.7	98.5	91.5
8	III		87.1	98	89.7
9	I		87.5	94.1	83.7
10	II	1/4遮光	89.1	96.3	84.5
11	III		88.9	95.1	83.8

图 7.10 数据录入

点击"数据"菜单，选择"数据分析"，在弹出的窗口中选择"方差分析：可重复双因素分析"，设置"输入区域""每一样本的行数""α(A)"以及输出选项，如图 7.11 所示，点击【确定】，输出结果，如图 7.12 所示。

图 7.11　光氮双因素数据输入

方差分析						
差异源	SS	df	MS	F	P-value	F crit
样本	98.750521	2	49.37526033	72.068912	2.56E-09	3.55456109
列	291.81801	2	145.9090043	212.97109	2.96E-13	3.55456109
交互	100.84218	4	25.21054583	36.797712	1.95E-08	2.92774871
内部	12.332012	18	0.685111778			
总计	503.74272	26				

图 7.12　方差分析表

样本为光效应；列为氮肥效应；交互为光肥交互效应；内部为误差。

不同光处理：$P\text{-}value = 2.56\text{E-}09 < 0.01$　差异极显著；

不同氮肥水平：$P\text{-}value = 2.96\text{E-}13 < 0.01$　差异极显著；

不同水肥组合：$P\text{-}value = 1.95\text{E-}08 < 0.01$　差异极显著。

（2）多重比较

水肥组合的多重比较：根据公式计算 $s_{\bar{x}}$：$s_{\bar{x}} = \sqrt{\dfrac{MS}{n}} = \sqrt{\dfrac{\text{误差项的均方}}{\text{样本容量}}}$，以及自由度 df_e 和秩次距 k 值，查表并计算得出 LSR 的数值，然后进行多重比较，结果如图 7.13 所示。

	A	B	C	D	E	F	G	H	I
4									
5	K	2	3	4	5	6	7	8	9
6	SSR0.05	2.97	3.12	3.21	3.27	3.32	3.35	3.37	3.39
7	SSR0.01	4.07	4.27	4.38	4.46	4.53	4.59	4.64	4.68
8	LSR0.05	1.419	1.491	1.534	1.534	1.587	1.61	1.61	1.62
9	LSR0.01	1.945	2.041	2.098	2.093	2.165	2.217	2.217	2.236
10									
11									
12	处理	平均产量		差异显著性					
13				P0.05	P0.01				
14	中氮1/2遮光	98.17		a	A				
15	中氮自然光	95.78		b	B				
16	中氮1/4遮光	95.16		bc	B				
17	低氮自然光	94.28		c	B				
18	高氮自然光	91.44		d	C				
19	低氮 1/2遮光	90.39		d	C				
20	高氮1/4遮光	88.47		e	D				
21	高氮1/2遮光	87.85		e	D				
22	低氮1/4遮光	83.98		f	E				

图 7.13　光氮多因重比较结果

类似的方法可得出：各光照环境处理平均数的比较结果，如图 7.14 所示；各氮肥处理平均数的比较结果，如图 7.15 所示。

	A	B	C
4			
5	各光照处理平均数比较		
6			
7	SE=	0.275905	
8	K	2	3
9	SSR0.05	2.97	3.12
10	SSR0.01	4.07	4.27
11	LSR0.05	0.819	0.861
12	LSR0.01	1.123	1.178
13			
14			
15		检验结果	
16			
17			
18	处理	平均产量	差异显著性
19			P0.05　P0.01
20	自然光	93.836	a　　　A
21	1/2遮光	92.136	b　　　B
22	1/4遮光	89.20567	c　　　C

图 7.14　光照因素结果比较

	A	B	C
18			
19	各氮肥处理平均数比较		
20			
21	SE=	0.2759	
22	K	2	3
23	SSR0.05	2.97	3.12
24	SSR0.01	4.07	4.27
25	LSR0.05	0.819	0.861
26	LSR0.01	1.123	1.178
27			
28		检验结果	
29			
30	处理	平均产量	差异显著性
31			P0.05　P0.01
32	中氮	96.372	a　　　A
33	低氮	89.5523	b　　　B
34	高氮	89.25333	b　　　B

图 7.15　氮肥各处理结果比较

本单元小结

本单元主要介绍了双因素方差分析，主要有两种类型：一是两因素单独观测值试验资料的方差分析，即对 A、B 两个试验因素的全部 ab 个水平组合，每个水平组合只有 1 个观测值，全试验共有 ab 个观测值。二是两因素有重复试验资料的方差分析，即对 A、B 两个试验因素的全部 ab 个水平组合，每个水平组合有 n 个观测值，全试验共有 nab 个观测值。方差分析的步骤相似，均为离差平方和的分解、自由度的分解、计算均方、F 值，F 值与临界值进行比较，得出差异显著或不显著的结论，只要处理间差异显著或极显著，则需对该因素的各处理的平均数进行多重比较。

相关链接

1. 方差分析的基本假定

前面介绍的几种试验资料的方差分析法，尽管其数学模型的具体表达式有所不同，却具有以下三点共同点。

(1) 效应的可加性

我们据以进行方差分析的模型均为线性可加模型。这个模型明确提出了处理效应与误差效应应该是"可加的"，正是由于这一"可加性"，才有了样本平方和和自由度的"可加性"，亦即有了试验观测值总平方和和自由度的"可剖分"性。如果试验资料不具备这一性质，那么变量的总变异依据变异原因的剖分将失去根据，方差分析不能正确进行。

(2) 分布的正态性

分布的正态性是指所有试验误差是相互独立的，且都服从正态分布 $N(\mu, \sigma)$。只有在这样的条件下才能进行 F 检验。

(3) 方差的同质性

即各个处理观测值总体方差 σ^2 应是相等的。只有这样，才有理由以各个处理均方的合并均方作为检验各处理差异显著性的共同的误差均方。

2. 数据转换

上述三点是进行方差分析的基本假定。如果在分差分析前发现有某些异常的观测值、处理或单位组，只要不属于研究对象本身的原因，在不影响分析正确性的条件下应加以删除。但是，有些资料就其性质来说不符合方差分析的基本假定。其中最常见的一种情况是处理平均数和均方有一定关系（如二项分布资料）。对这类资料不能直接进行方差分析，而应考虑采用非参数方法分析或进行适当数据转换后再作方差分析。这里我们介绍几种常用的数据转换方法。

(1) 平方根转换

此法适用于各组均方与其平均数之间有某种比例关系的资料，尤其适用于总体呈泊松分布的资料。转换的方法是求出原数据的平方根 $\sqrt{x}$。若原观测值中有为 0 的数或多数观测值小于 10，则把原数据变换成 $\sqrt{x+1}$ 对于稳定均方，使方差符合同质性的作用更加明显。变换也有利于满足效应加性和正态性的要求。

(2) 对数转换

如果各组数据的标准差或全距与其平均数大体成比例，或者效应为相乘性或非相加性，则将原数据变换为对数（$\lg x$ 或 $\ln x$）后，可以使方差变成比较一致而且使效应由相乘性变成相加性。

如果原数据包括有 0，可以采用 $\lg(x+1)$ 变换的方法。

一般而言，对数转换对于削弱大变数的作用要比平方根转换更强。例如，变数 1、10、100 作平方根转换是 1、3.16、10，作对数转换则是 0、1、2。

(3) 反正弦转换

反正弦转换也称角度转换。此法适用于如发病率、感染率、病死率、受胎率等服从二项分布的资料。转换的方法是求出每个原数据（用百分数或小数表示）的反正弦 $\sin^{-1}\sqrt{p}$，转换后的数值是以度为单位的角度，附表 7 给出了百分数的反正弦转换数据。二项分布的特点是其方差与平均数有着函数关系。这种关系表现在：当平均数接近极端值（即接近于 0 和 100%）时，方差趋向于较小；而平均数处于中间数值附近（50% 左右）时，方差趋向于较大。把数据变成角度以后，接近于 0 和 100% 的数值变异程度变大，因此使方差较为增大，这样有利于满足方差同质性的要求。一般，若资料中的百分数介于 30%~70% 之间时，因资料的分布接近于正态分布，数据变换与否对分析的影响不大。

应当注意的是，在对转换后的数据进行方差分析时，若经检验差异显著，则进行平均数的多重比较应用转换后的数据进行计算。但在解释分析最终结果时，应还原为原来的数值。

思考与练习

1. 为了从 3 个水平的氮肥和 3 个水平的磷肥中选择最有利树苗生长的最佳水平组合，设计了两因素试验，每一水平组合重复 4 次，结果见表 7.39，试进行方差分析。

表 7.39　氮肥和磷肥树苗生长的生物量

磷肥	氮肥 B											
	B_1				B_2				B_3			
A_1	51	59	33	35	21	22	35	34	16	32	36	21
A_2	57	69	60	50	53	48	43	46	18	32	28	24
A_3	58	45	63	69	65	48	57	54	40	43	36	29

对资料进行两因素方差分析，用 SSR 法进行多重比较，比较结果用标记字母法表示。

2. 为了比较 4 种种植密度(A)和 3 个玉米品种(B)的产量，每个玉米品种分别以 4 种不同密度种植。玉米成熟后，测定其产量(单位：kg/亩)，数据见表 7.40，检验不同种植密度及不同品种的平均产量是否有差异。

表 7.40　4 种种植密度 3 个玉米品种的产量

品种	种植密度			
	A_1	A_2	A_3	A_4
B_1	505	545	590	530
B_2	490	515	535	505
B_3	445	515	510	495

单元 7.4　随机区组设计试验资料的方差分析

知识目标

1. 掌握单因素随机区组设计的试验资料的方差分析方法；
2. 掌握双因素随机区组设计的试验资料的方差分析方法。

技能目标

1. 会对单因素随机区组设计的试验资料进行方差分析；
2. 会对双因素随机区组设计的试验资料进行方差分析。

完全随机区组试验设计的方法在模块 2 已作了介绍，下面仅就其试验资料的方差分析方法进行介绍。

7.4.1　单因素随机区组设计试验资料的方差分析

设某单因素试验因素 A 有 a 个水平，b 次重复，共有 ab 个观测值，但试验地由于不同方向存在土壤的差异，因此采用随机区组设计，划分区组是为了控制一个方向的土壤差异、提高试验精确度所采用的局部控制手段。下面通过例题进行介绍。

【例 7.6】 在一块南北方向呈现土壤肥力变化的试验地上进行毛白杨无性系生长快慢的比较试验，共有 8 个无性系，其中 A_1 为对照(CK)，以二年生苗高作为统计指标。本试验采用随机区组设计，一个试验因素为不同毛白杨无性系，共 8 个水平，由于土壤的差异，因此划分区组，共划分 3 个区组，每个区组自西向东划 8 个小区，将 8 个无性系随机安排进行，试验数据见表 7.41，请利用方差分析分析不同毛白杨无性系间的差异。

表 7.41 毛白杨无性系对比试验调查结果　　　　　　　　　　　　cm

无性系	苗高			$x_{i\cdot}$	$\bar{x}_{i\cdot}$
	区组 1	区组 2	区组 3		
A_1	521.0	567.0	554.6	1642.6	547.53
A_2	504.2	508.4	492.4	1505.0	501.67
A_3	512.2	530.1	510.8	1553.1	517.70
A_4	453.8	488.6	470.8	1413.2	471.07
A_5	545.2	594.2	516.3	1655.7	551.90
A_6	508.4	515.2	514.4	1538.0	512.67
A_7	596.4	642.5	585.2	1824.1	608.03
A_8	455.0	488.2	468.8	1412.0	470.67
$x_{\cdot j}$	4096.2	4334.2	4113.3	$x_{\cdot\cdot} = 12543.7$	

本题虽然为单因素试验，但是划分了区组，因此需把区组当作一个因素，称为区组因素。因此，设区组为因素 R，有 r 个水平，这 r 个水平就是试验因素 A(无性系)的每个水平的重复数。本题可按照双因素交叉分组完全随机设计单个观测值试验资料进行方差分析。

(1) 计算各项平方和与自由度

根据公式有：

$$C = \frac{x_{\cdot\cdot}^2}{ar} = \frac{12543.7^2}{8 \times 3} = 6556017.07$$

$$SS_T = \sum_{i=1}^{a}\sum_{j=1}^{r} x_{ij}^2 - C = (521.0^2 + 567.0^2 + \cdots + 488.2^2 + 468.8^2) - 65560170.7$$
$$= 6607732.91 - 6556017.07 = 51715.84$$

$$SS_A = \frac{1}{r}\sum_{i=1}^{a} x_{i\cdot}^2 - C = \frac{1}{3}(1642.6^2 + 1505.0^2 + \cdots + 1412.0^2) - 6556017.07$$
$$= 6600094.97 - 6556017.07 = 44077.9$$

$$SS_R = \frac{1}{a}\sum_{j=1}^{r} x_{\cdot j}^2 - C = \frac{1}{8}(4096.2^2 + 4334.2^2 + 4113.3^2) - 6556017.07$$
$$= 6560422.62 - 6556017.07 = 4405.55$$

$$SS_e = SS_T - SS_A - SS_R = 51715.84 - 44077.9 - 4405.55 = 3232.39$$

$$df_T = ab - 1 = 8 \times 3 - 1 = 23$$

$$df_A = a - 1 = 8 - 1 = 7$$

$df_R = r - 1 = 3 - 1 = 2$

$df_e = df_T - df_A - df_R = 23 - 7 - 2 = 14$

（2）列出方差分析表（表7.42），进行F检验

表7.42 资料的方差分析表

变异来源	平方和	自由度	均方	F值
A因素（无性系）	44077.9	7	6296.84	27.27**
B因素（区组）	4405.55	2	2202.78	9.54**
误差	3232.39	14	230.88	
总变异	51715.84	23		

根据$df_1 = df_A = 7$，$df_2 = df_e = 14$查临界F值，$F_{0.01(7,14)} = 4.28$；根据$df_1 = df_R = 2$，$df_2 = df_e = 14$查临界F值，$F_{0.01(2,14)} = 6.52$。因此，F检验结果表明无性系间差异极显著，区组间差异极显著，由于题目仅要求比较不同无性系间的差异，所以，此题仅就无性系的平均数进行多重比较。

采用LSD检验，则标准误：

$$s_{\bar{x}_{i.} - \bar{x}_{j.}} = \sqrt{\frac{2MS_e}{n}} = \sqrt{\frac{2 \times 230.88}{3}} = 12.41$$

$LSD_{0.05} = t_{0.05(14)} s_{\bar{x}_{i.} - \bar{x}_{j.}} = 2.145 \times 12.41 = 26.62$

$LSD_{0.01} = t_{0.01(14)} s_{\bar{x}_{i.} - \bar{x}_{j.}} = 2.977 \times 12.41 = 36.94$

列出多重比较表，并用字母法标出多重比较结果，见表7.43。

表7.43 毛白杨无性系平均高多重比较

无性系	平均高	0.05	0.01
A_7	608.03	a	A
A_5	551.90	b	B
A_1	547.53	b	BC
A_3	517.70	c	BC
A_6	512.67	c	C
A_2	501.67	c	CD
A_4	471.07	d	D
A_8	470.67	d	D

从多重比较表中得出：A_7号无性系生长最快，与其他各个无性系间差异显著或极显著。A_3、A_6、A_2、A_4、A_8几个无性系生长与对照相比生长较慢，且与对照间存在显著或极显著的差异；A_5与对照相比差异不显著。

7.4.2 两因素随机区组设计试验资料的方差分析

两因素随机区组设计试验资料的总变异可分解为处理即两因素水平组合的处理间的变异、区组间的变异与误差3部分；处理间变异又可分为A因素水平间的变异、B因素水平间的变异和A与B交互作用变异3个部分，因此，总平方和与总自由度可分解为：

总平方和：

$$SS_T = SS_t + SS_r + SS_e$$

总自由度：

$$df_T = df_t + df_r + df_e$$

其中，处理间平方和：

$$SS_t = SS_A + SS_B + SS_{A\times B} \tag{7-23}$$

处理间自由度：

$$df_t = df_A + df_B + df_{A\times B}$$

所以，总平方和：

$$SS_T = SS_A + SS_B + SS_{A\times B} + SS_r + SS_e$$

总自由度：

$$df_T = df_A + df_B + df_{A\times B} + df_r + df_e$$

下面通过实例介绍分析过程。

【例 7.7】 对某种果树进行施肥，施用两种肥料，氮肥(A)3 个水平和磷肥(B)2 个水平，采用完全随机区组设计，重复 3 次($r=3$)，以果实产量(kg)作为测量指标，试验设计及结果见表 7.44，试分析试验中氮肥、磷肥各水平以及交互作用之间是否有显著差异。

表 7.44　某果树施肥情况随机区组设计试验田间排列和产量　　kg/亩

A_3B_1 28	A_2B_1 26	A_1B_1 20	A_1B_2 26	A_3B_2 40	A_2B_2 34	区组 1
A_1B_2 28	A_2B_2 32	A_3B_2 43	A_2B_1 30	A_1B_1 19	A_3B_1 27	区组 2
A_2B_1 28	A_2B_2 29	A_3B_1 33	A_1B_2 30	A_1B_1 22	A_3B_2 41	区组 3

解：将题目中的数据进行整理，见表 7.45、表 7.46。

计算平方和和自由度：

$$C = \frac{1}{abr}x_{\cdots}^2 = \frac{1}{3\times 2\times 3}\times 536^2 = 15960.89$$

$$SS_T = \sum_{i=1}^{a}\sum_{j=1}^{b}\sum_{l=1}^{r}x_{ijl}^2 - C = (20^2 + 19^2 + \cdots + 43^2 + 41^2) - 15960.89$$
$$= 16718 - 15960.89 = 757.11$$

$$SS_R = \frac{1}{ab}\sum_{l=1}^{r}x_{..l}^2 - C = \frac{1}{3\times 2}(174^2 + 179^2 + 183^2) - C$$
$$= 15967.67 - 15960.89 = 6.78$$

$$SS_t = \frac{1}{r}\sum_{i=1}^{a}\sum_{j=1}^{b}x_{ij.}^2 - C = \frac{1}{3}(61^2 + 84^2 + \cdots + 88^2 + 124^2) - C$$
$$= 16659.33 - 15960.89 = 698.44$$

$$SS_A = \frac{1}{br}\sum_{i=1}^{a}x_{i..}^2 - C = \frac{1}{2\times 3}(145^2 + 179^2 + 212^2) - C$$

表 7.45　某果树施肥处理与区组两向表

处理		区组			处理合计 $x_{ij.}$	处理平均 $\bar{x}_{ij.}$
		1	2	3		
A_1	B_1	20	19	22	61	20.33
	B_2	26	28	30	84	28.00
A_2	B_1	26	30	28	84	28.00
	B_2	34	32	29	95	31.67
A_3	B_1	28	27	33	88	29.33
	B_2	40	43	41	124	41.33
区组合计 $x_{..l}$		174	179	183	$x_{...}$ = 536	

表 7.46　氮肥 A 与磷肥 B 的两向表

氮肥	磷肥		A 因素合计 $x_{i..}$	A 因素平均 $\bar{x}_{i..}$
	B_1	B_2		
A_1	61	84	145	72.50
A_2	84	95	179	89.50
A_3	88	124	212	106.00
B 因素合计 $x_{..l}$	233	303	$x_{...}$ = 536	
B 因素平均 $\bar{x}_{.j.}$	77.67	101.00		

$$= 16335 - 15960.89 = 374.11$$

$$SS_B = \frac{1}{ar}\sum_{j=1}^{b} x_{.j.}^2 - C = \frac{1}{3\times 3}(233^2 + 303^2) - C$$

$$= 16233.11 - 15960.89 = 272.22$$

$SS_{A\times B} = SS_t - SS_A - SS_B = 698.44 - 374.11 - 272.22 = 52.11$

$SS_e = SS_T - SS_t - SS_R = 757.11 - 698.44 - 6.78 = 51.89$

$df_T = abr - 1 = 3\times 2\times 3 - 1 = 17$，$df_R = r - 1 = 3 - 1 = 2$

$df_t = ab - 1 = 3\times 2 - 1 = 5$

$df_A = a - 1 = 3 - 1 = 2$

$df_B = b - 1 = 2 - 1 = 1$

$df_{A\times B} = (a-1)(b-1) = 2$

$df_e = df_T - df_R - df_t = 17 - 2 - 5 = 10$

列方差分析表，见表 7.47。

方差分析结果显示 A 因素、B 因素、A 与 B 交互作用各水平间存在显著或极显著的差异，均需对其平均数进行多重比较。

下面将双因素随机区组试验多重比较所需标准误列于表 7.48 中，具体比较过程与完全随机试验设计或单因素随机区组试验数据的多重比较相同，这里不再介绍。

表 7.47　施肥资料的方差分析表

变异来源	平方和	自由度	均方	F 值	$F_{0.05}$	$F_{0.01}$
区组间	6.78	2	3.39	<1		
A	374.11	2	187.06	36.04**	4.10	7.56
B	272.22	1	272.22	52.45**	4.96	10.04
A×B	52.11	2	26.06	5.02*	4.10	7.56
误差	51.89	10	5.19			
总变异	757.11	17				

表 7.48　双因素随机区组试验标准误

类别	平均数标准误（LSR 法）	平均数差数的标准误（LSD 法）
A 因素各水平间	$\sqrt{\dfrac{1}{br}MS_e}$	$\sqrt{\dfrac{2}{br}MS_e}$
B 因素各水平间	$\sqrt{\dfrac{1}{ar}MS_e}$	$\sqrt{\dfrac{2}{ar}MS_e}$
A×B 各水平间	$\sqrt{\dfrac{1}{r}MS_e}$	$\sqrt{\dfrac{2}{r}MS_e}$

7.4.3　利用 Excel 进行随机区组试验的方差分析

单因素随机区组试验设计，由于可以将区组作为一个试验因素，因此，解题过程是按照双因素完全随机设计的试验数据分析方法进行的分析。因此，在利用 Excel 进行方差分析时，也是利用双因素方差分析的方法。区组内小区无重复数据时，点击【数据】菜单，选择"数据分析"，选择"方差分析：无重复双因素分析"，设置数据区域及输出选项，点击【确定】；当区组内小区有重复数据时，点击【数据】，选择"数据分析"，选择"方差分析：可重复双因素分析"，设置数据区域，样本行数，输出选项，点击【确定】，分析结果即可输出出来。

本单元小结

主要介绍了随机区组设计的试验资料的方差分析方法，包括单因素随机区组设计和双因素随机区组设计。单因素随机区组设计，是将区组看作一个试验因素，分析时按照交叉组合的双因素试验数据的分析方法；双因素随机区组设计的试验资料的总变异可分解为双因素水平组合的处理间的变异、区组间的变异与误差 3 部分，其中处理间变异又可分为 A 因素水平间的变异、B 因素水平间的变异和 A 与 B 交互作用变异 3 个部分。在解题过程中，分别求算各个变异分量的平方和和自由度，以及各变异分量的均方，并进行 F 检验，从而得出分析结果。

相关链接

随机区组设计有许多优点,例如,把试验地分成 b 个区组,从总离差平方和 SS_T 中分解出区组的离差平方和 SS_B,从而比完全随机化设计的精度要高些。这种设计对区组数没有什么限制,对结果的统计分析比较简单。如果在一个完整的试验中,需要取消某些处理时,并不影响对试验结果的分析,或者由于某些意外的原因丢失了一两个数据,也可以通过适当的方法补救。因此,随机区组设计是场圃和林间、田间试验最常用的试验设计之一。

但这种设计也有缺点,主要是必须保证区组内条件的高度一致,这是比较困难的。方差分析只能鉴别区组之间的差异,而分辨不出区组内的差异,当实际上区组内存在较大变差时,就会造成较大的试验误差。特别是当处理增多,小区数也随之增大,从而使区组面积较大,这样就很难实现局部控制的原则,因此,在试验设计中不能无限增大处理数。

思考与练习

1. 某林场进行杉木抚育间伐强度试验,采用随机区组设计,设置 3 个处理(对照、中度、强度),3 个区组。3 年后测定每一个小区的平均胸径,试验结果见表 7.49,试进行方差分析。

表 7.49　杉木抚育试验结果

处理	区组		
	Ⅰ	Ⅱ	Ⅲ
中度	11.8	11.6	11.0
强度	11.1	11.4	11.8
对照	10.6	10.8	10.1

2. 榆树种源育苗试验。5 个种源,每个种源重复 4 次,采用随机区组设计。播种 120 d 后每个小区调查 20 株苗木高生长量的平均值,数据见表 7.50,问种源间平均苗高生长量有无显著差异?

3. 某林木品种(A)与密度(B)两因素试验,有 4 个品种 3 种密度,采用随机区组设计,试验结果获得各个小区平均胸径年生长量,见表 7.51,试检验各主效应及交互效应的显著性。

表 7.50　榆树种源育苗试验结果　　　　　　　　　　　　　　　　cm

种源	区组			
	Ⅰ	Ⅱ	Ⅲ	Ⅳ
1	70	74	74	70
2	66	64	70	64
3	51	45	48	45
4	42	40	42	43
5	59	57	60	57

表 7.51 某林木品种与密度试验结果

品种	密度	区组		
		Ⅰ	Ⅱ	Ⅲ
A_1	B_1	6.32	6.45	6.84
	B_2	5.12	5.21	4.92
	B_3	4.23	4.30	4.84
A_2	B_1	6.20	5.12	5.51
	B_2	5.54	5.30	5.80
	B_3	4.21	4.24	4.56
A_3	B_1	4.35	4.98	5.34
	B_2	5.43	6.03	5.56
	B_3	4.42	4.40	4.85
A_4	B_1	3.56	3.78	3.46
	B_2	3.89	4.03	3.22
	B_3	3.58	3.66	3.54

实训 7.1 单因素方差分析

一、实训目的
1. 能进行单因素方差分析的应用；
2. 能利用 Excel 进行单因素方差分析。

二、实训资料
1. 作一树苗施肥的盆栽试验，设 4 个处理，A 为氨水，B 施尿素，C 施碳酸氢铵，D 不施氮肥。每处理 4 盆（施肥处理的施肥量每盆皆为折合纯氮 1.2 g），共 5×4=20 盆，随机放置于同一网室中，其树苗增重列于表 7.52，试测验各处理平均数的差异显著性。

表 7.52 树苗施肥盆栽试验的增重结果　　　　　　　　　　　　　　　　　g/盆

处理	观察值（x_{ij}）			
A（氨水）	240	300	280	260
B（尿素）	310	280	250	300
C（碳酸氢铵）	320	330	330	280
D（不施）	210	220	160	210

2. 用 3 种酸类物质处理某牧草种子，观察其对牧草幼苗生长的影响（指标：幼苗干重，单位：mg）。试验资料见表 7.53。

表 7.53　不同酸类对牧草幼苗生长的影响　　　　　　　　　　　　　　　　mg

处理	幼苗干重				
对照	4.23	4.38	4.10	3.99	4.25
盐酸	3.85	3.78	3.91	3.94	3.86
丙酸	3.75	3.65	3.82	3.69	3.73
丁酸	3.66	3.67	3.62	3.54	3.71

三、实训内容

1. 利用单因素方差分析的方法分别对实训资料 1 和实训资料 2 进行检验分析。
2. 利用 Excel 对实训资料 1 和实训资料 2 进行统计分析。

四、实训作业

1. 将实训资料 1 和实训资料 2 分析过程整理到报告纸上；
2. 将利用 Excel 进行的统计分析结果以截图的方式整理到 Word 文件中，并附上对结果的解释，以 Word 文件形式上交，文件命名：学生姓名-实训名称。

实训 7.2　双因素方差分析

一、实训目的

1. 能进行双因素方差分析的应用；
2. 能利用 Excel 进行双因素方差分析。

二、实训资料

1. 调查了 4 种树林（A）中 3 种鸟类鸟窝的个数（B），调查数据见表 7.54，试分析树林类型及鸟窝间的差异显著性。

表 7.54　4 种树林 3 种鸟窝的个数

鸟窝类型	树林类型			
	A_1	A_2	A_3	A_4
B_1	50	54	59	53
B_2	49	51	53	50
B_3	44	51	51	49

2. 测得不同光照（自然光，75% 遮光，50% 遮光）和不同氮肥水平桉树光合速率（表 7.55）。试分析光氮对桉树光合速率的影响，并进行方差组分的估计。

表 7.55　光氮不同水平下桉树光合速率数据资料

光照 A	氮肥 B	光合速率				
A_1	B_1	14	15	16	16	15
	B_2	15	16	17	18	17
	B_3	12	13	14	15	16
	B_4	14	15	16	18	18

（续）

光照 A	氮肥 B	光合速率				
A_2	B_1	14	15	16	17	18
	B_2	13	14	15	16	17
	B_3	14	15	16	17	18
	B_4	13	14	15	16	17
A_3	B_1	13	14	15	13	12
	B_2	14	15	15	16	14
	B_3	13	14	15	16	16
	B_4	13	12	13	12	14

三、实训内容

1. 利用双因素方差分析的方法分别对实训资料 1 和实训资料 2 进行检验分析。
2. 利用 Excel 对实训资料 1 和实训资料 2 进行统计分析。

四、实训作业

1. 将实训资料 1 和实训资料 2 分析过程整理到报告纸上；
2. 将利用 Excel 进行的统计分析结果以截图的方式整理到 Word 文件中，并附上对结果的解释，以 Word 文件形式上交。文件命名：学生姓名-实训名称。

模块 8　正交设计及统计分析

单元 8.1　正交设计

知识目标

1. 了解正交设计的概念及特点；
2. 了解正交设计表的构成；
3. 掌握正交设计的试验布置。

技能目标

1. 学会正交设计表的选择；
2. 学会正交设计的试验布置。

8.1.1　正交设计的概念及特点

在试验研究中，单因素或双因素试验，因其因素少，试验设计、实施以及分析比较简单。但实际中，往往需要同时考虑 3 个或 3 个以上的试验因素，如果采用全面试验，则试验规模很大，客观条件也往往受到限制而难于实施。人们希望寻找一种既可以同时考察多个因素，又不需要进行很多试验的设计方法，而正交设计则正好解决了这一难题。

8.1.1.1　正交设计的概念及特点

正交设计是利用正交表安排多因素试验方案、分析试验资料的一种设计方法。它从多因素试验的全部水平组合中挑选部分有代表性的水平组合进行试验，通过对这部分水平组合试验资料的分析，了解全面试验的情况，找出最优水平组合。

正交设计的特点是，用部分试验来代替全面试验，通过对部分试验资料的分析，了解全面试验的情况，它不可能像全面试验那样对各个因素的主效应、交互效应一一分析；且当试验因素之间存在交互作用时，有可能出现试验因素与交互作用的混杂。虽然正交设计有这些不足，但它能通过部分试验找到最优水平组合，因而仍受很多科技工作者的亲睐。

8.1.1.2 正交表

正交试验是借助于正交表来进行试验设计的,下面以表 8.1 的 $L_9(3^4)$ 正交表为例进行介绍。该表中"L"表示这是一张正交表;L 右下角的数字"9"表示该表有 9 行,即 9 个处理(水平组合);括号中的"3"表示因素的水平数;括号内 3 的指数"4"表示该表有 4 列,最多可安排 4 个因素。

表 8.1 $L_9(3^4)$ 正交表

处理	因素			
	1	2	3	4
1	1	1	1	1
2	1	2	2	2
3	1	3	3	3
4	2	1	2	3
5	2	2	3	1
6	2	3	1	2
7	3	1	3	2
8	3	2	1	3
9	3	3	2	1

常用的正交表已由数学工作者制定出来,供进行正交设计时选用。常用的 2 水平正交表有 $L_4(2^3)$、$L_8(2^7)$、$L_{12}(2^{11})$ 等;3 水平正交表有 $L_9(3^4)$、$L_{27}(3^{13})$ 等,详见本书后附表 8。

8.1.2 正交设计的试验布置

下面结合实例介绍正交设计的试验布置。

【例 8.1】 为研究不同密度、不同施肥量以及不同品种 3 个试验因素,各 3 个水平对某果树产量的影响,利用正交设计安排试验方案。

(1)挑因素选水平

影响试验结果的因素很多,不可能把所有影响因素通过一次试验都予以研究,只能根据试验目的和经验,挑选几个对试验指标影响较大,有经济意义而又了解不够清楚的因素来研究。同时,还应根据专业知识和经验,确定各因素适宜的水平,列出因素水平表,见表 8.2。

(2)选择合适的正交表

确定了因素及水平后,根据因素、水平及需要考虑的交互作用的多少来选择合适的正

表 8.2 某果树栽培试验因素水平表

水平	因素		
	品种	密度(株/亩)	施肥量(kg/株)
1	1(1 号)	1(150)	1(2.0)
2	2(2 号)	2(100)	2(4.0)
3	3(3 号)	3(80)	3(6.0)

交表。选用正交表的原则是：既要能安排下试验的全部因素，又要使水平组合数（处理数）尽可能少。一般情况下，试验因素的水平数应等于正交表记号中括号内的底数；因素的个数（包括交互作用）应不大于正交表记号中括号内的指数。当有 3 个因素，每个因素 2 个水平时，可选用 $L_4(2^3)$ 正交表；当有 4~7 个因素时，可以选用 $L_8(2^7)$ 正交表；每个因素有 3 个水平时，可考虑 $L_9(3^4)$、$L_{27}(3^{13})$ 等。

（3）表头设计

所谓表头设计，就是把试验因素和要考虑的因素之间的交互作用分别安排在正交表表头的适当列上。在不考虑因素之间的交互作用时，各因素可随机安排在各列上；若要交互作用，就应按该正交表的交互作用列表安排各因素的交互作用。例如，例 8.1 的表头设计见表 8.3，为不考虑因素之间交互作用，前 3 列分别为各因素，第 4 列为空列。

表 8.3　表头设计

列号	1	2	3	4
因素	品种	密度	施肥量	空列

（4）列出试验方案

把正交表中安排因素的各列中每个数字依次换成该因素的实际水平，就得到一个正交试验方案，见表 8.4。

表 8.4　正交试验方案

处理	因素		
	1（品种）	2（密度）（株/亩）	3（施肥量）（kg/株）
1	1（1 号）	1（150）	1（2.0）
2	1（1 号）	2（100）	2（4.0）
3	1（1 号）	3（80）	3（6.0）
4	2（2 号）	1（150）	2（4.0）
5	2（2 号）	2（100）	3（6.0）
6	2（2 号）	3（80）	1（2.0）
7	3（3 号）	1（150）	3（6.0）
8	3（3 号）	2（100）	1（2.0）
9	3（3 号）	3（80）	2（4.0）

根据表 8.4，处理 1 为：1 号品种、密度 150 株/亩、施肥量 2.0 kg/株的组合；处理 2 为：1 号品种、密度 100 株/亩、施肥量 4.0 kg/株的组合……处理 9 为：3 号品种、密度 80 株/亩、施肥量 4.0 kg/株。

（5）按照正交表方案进行试验

对于选定的正交表所要求进行的试验必须全部完成。如果在实验室内进行，可以按顺序进行，也可以相互颠倒；但在田间进行试验则应该经过随机后再安排到大田中。

本单元小结

本单元主要介绍了正交设计的概念、特点，正交表，正交设计的试验布置过程：①挑因素选水平；②选择合适的正交表；③表头设计；④列出试验方案；⑤按照正交表方案进行试验。通过本单元的学习，要求学生能根据试验所需进行合理的正确的正交设计。

相关链接

设计表头时,要注意交互作用的问题。有些试验,不需要考虑交互作用,但在很多情况下,试验的各个因素存在交互作用,甚至有时交互作用比主效应还重要。在对这些因素进行正交设计时,必须考虑到交互作用及其分析方法。

不同因素间的交互作用可以体现在正交表的空列上,但这种交互作用列不是任意安排的,是由正交表后的交互作用表所决定的。比如,$L_4(2^3)$ 正交表共 3 列,任意两列的交互作用是另外一列。假如在第 1 列上安排 A 因素,第 2 列安排 B 因素,则第 3 列即为 A×B 交互作用列。又如,$L_8(2^7)$ 正交表共 7 列,在正交表后附有交互作用表,见表 8.5。

表 8.5 $L_8(2^7)$ 正交表的交互作用表

列号	1	2	3	4	5	6	7
1		3	2	5	4	7	6
2	3		1	6	7	4	5
3	2	1		7	6	5	4
4	5	6	7		1	2	3
5	4	7	6	1		3	2
6	7	4	5	2	3		1
7	6	5	4	3	2	1	

由表 8.5 可见,第 1 列与第 2 列的交互作用位于第 3 列,第 1 列与第 4 列的交互作用位于第 5 列。例如,进行 3 因素(A、B、C),2 水平(1、2)的试验并考虑交互作用(A×B、B×C、A×C、A×B×C),可以根据上表中交互作用列设计表头,见表 8.6。

表 8.6 考虑交互作用的 $L_8(2^7)$ 的表头设计

列号	1	2	3	4	5	6	7
因素	A	B	A×B	C	A×C	B×C	A×B×C

思考与练习

1. 何为表头设计,在进行表头设计时应注意什么?

2. 正交设计的主要目的和具体步骤是什么?

3. 某植物的栽培试验,品种(3 种)、N 肥(3 种)、P 肥(3 种),列出因素水平表,如将这三个因素安排在正交表 $L_9(3^4)$ 的第 1、2、3 列上,试列出试验方案。

4. 设有 4 个因素 A、B、C、D 均为二水平,需考虑交互作用 A×B、C×D,问选用正交表 $L_8(2^7)$ 是否可行?请选用合适正交表并列出试验方案。

单元 8.2　正交设计的统计分析

知识目标

1. 掌握极差分析的原理与方法；
2. 掌握方差分析的过程和方法。

技能目标

1. 能根据极差分析法选择最优组合；
2. 学会方差分析的方法。

8.2.1　极差分析

极差分析又称为直观分析法，它具有计算简单、直观形象、简单易懂等优点，是正交试验结果分析最常用的方法。

极差分析的基本方法是，先将按正交表要求所进行试验的结果填在正交表最后一列，然后分别在每一列上计算各个水平的结果之和，以及各个水平的平均值，并计算出各水平平均值间的极差(最大值减最小值)。比较这些极差，极差大的因素意味着它的不同水平可以对试验结果带来较大影响，从而可以找到该试验的主导因素；同时，通过各水平平均值的比较，也可以找到每一试验因素的最好水平，从而发现各种因素的最佳组合。

下面以例 8.1 为例，说明极差分析过程。

解：根据试验结果列出正交试验的极差分析表，见表 8.7，计算各水平的结果之和、各水平的平均值以及各因素极差，填入表中。

表 8.7　正交试验的极差分析

处理	因素			结果(产量)(kg/亩)
	1(品种)	2(密度)(株/亩)	3(施肥量)(kg/株)	
1	1(1号)	1(150)	1(2.0)	640
2	1(1号)	2(100)	2(4.0)	757
3	1(1号)	3(80)	3(6.0)	781
4	2(2号)	1(150)	2(4.0)	732
5	2(2号)	2(100)	3(6.0)	826
6	2(2号)	3(80)	1(2.0)	638
7	3(3号)	1(150)	3(6.0)	902
8	3(3号)	2(100)	1(2.0)	734
9	3(3号)	3(80)	2(4.0)	849

(续)

处理	因素			结果(产量)(kg/亩)
	1(品种)	2(密度)(株/亩)	3(施肥量)(kg/株)	
K_1	2178	2274	2012	总 6859
K_2	2196	2317	2338	
K_3	2485	2268	2509	
$\bar{x}_1$	726	758	670.7	
$\bar{x}_2$	732	772.3	779.3	
$\bar{x}_3$	828.3	756	836.3	
极差 R	102.3	16.3	165.6	

从 8.7 极差分析表得出：第 3 因素(施肥量)的极差最大(165.6)，其次是第 1 因素(品种，102.3)，说明施肥量对结果影响最大，其次是品种。从平均值看，第 1 因素的第 3 水平最好，第 2 因素的第 2 水平最好，第 3 因素的第 3 水平最好。也就是说，各因素的最好搭配为：品种使用 3 号，密度取 100 株/亩，施肥量为 6.0 kg/株。尽管在 9 次试验中并没有这一搭配，但我们通过正交试验找到了它，这正是正交设计的优越性所在。

8.2.2 方差分析

8.2.2.1 无重复观测值

对例 8.1 进行方差分析。

(1)将试验结果填入表中，并计算各水平总和(表 8.7)

(2)计算矫正数及各项的离差平方和

矫正数 $C = \dfrac{T^2}{n} = \dfrac{6859^2}{9} = 5227320.11$

总计 $SS_T = \sum x_{ij}^2 - C = 640^2 + 757^2 + \cdots + 849^2 - C = 5290915 - C = 63594.89$

品种 $SS_{品} = \dfrac{2178^2 + 2196^2 + 2485^2}{3} - C = 5247108.33 - C = 19788.22$

密度 $SS_{密} = \dfrac{2274^2 + 2317^2 + 2268^2}{3} - C = 5227796.33 - C = 476.22$

施肥量 $SS_{肥} = \dfrac{2012^2 + 2338^2 + 2509^2}{3} - C = 5269823 - C = 42502.89$

误差 $SS_e = SS_T - SS_{品} - SS_{密} - SS_{肥} = 827.56$

(3)列出方差分析表检验各因素的显著性(表 8.8)

检验结果：品种间、施肥量间的差异均达到显著水平，密度间的差异不显著。

需对不同品种、不同施肥量间进行多重比较，采用 LSD 法。

表8.8 方差分析表

变异来源	离差平方和 SS	自由度 df	均方 MS	F	F_α
品种	19788.22	2	9894.11	23.91*	
密度	476.22	2	238.11	<1	$F_{0.05(2,2)}=19.00$
施肥量	42502.89	2	21251.45	51.36*	$F_{0.01(2,2)}=99.00$
误差	827.56	2	413.78		
总计	63594.89	8			

$$LSD_\alpha = t_{\alpha(df_e)} \cdot \sqrt{\frac{2MS_e}{m}} \quad (m\text{ 为每因素的水平数})$$

查表 t 分布双侧临界值表得：$t_{0.05(2)} = 4.303$，$t_{0.01(2)} = 9.925$，$MS_e = 413.78$，$m = 3$，经计算得：$LSD_{0.05} = 71.47$；$LSD_{0.01} = 164.84$。

列多重比较表，见表8.9和表8.10。

表8.9 品种的多重比较表

品种	平均数	$\bar{x}_i - 726.0$	$\bar{x}_i - 732.0$
3	828.3	102.3*	96.3
2	732.0	6	
1	726.0		

品种的多重比较结果得出：品种3与1之间差异显著；品种3与2之间，品种2与1之间差异均不显著。

表8.10 施肥量的多重比较表

施肥量	平均数	$\bar{x}_i - 670.7$	$\bar{x}_i - 779.3$
3	836.3	165.6**	57.0
2	779.3	108.6*	
1	670.7		

施肥量的多重比较结果得出：施肥量的第3水平与第1水平之间差异极显著；第2水平与第1水平之间差异显著；第3水平与第2水平之间差异不显著。

8.2.2.2 有重复观测值

值得注意的地方，正交设计中为了能正确地估计试验误差，进行正交试验最好能有两次以上的重复。下面介绍有重复观测值的正交试验资料的方差分析。

【例8.2】考察施用氮肥（A）和磷肥（B）对杨树苗的影响，并考察氮肥与磷肥的交互作用，每个因素4个水平，利用 $L_{16}(4^5)$ 正交表安排试验，重复3次。表头设计见表8.11，试验设计及调查结果见表8.12，试做方差分析。

模块 8　正交设计及统计分析

表 8.11　杨树苗木施肥试验的因素与水平

水平	因素	
	A(kg/亩)	B(kg/亩)
1	0	0
2	5	15
3	10	30
4	15	45

表 8.12　杨树施肥试验设计及其结果

处理号	A	B	A×B			生物量			合计
	1	2	3	4	5	Ⅰ	Ⅱ	Ⅲ	
1	1	1	1	1	1	3	4	6	13
2	1	2	2	2	2	4	5	6	15
3	1	3	3	3	3	7	8	7	22
4	1	4	4	4	4	5	6	5	16
5	2	1	2	3	4	4	6	5	15
6	2	2	1	4	3	7	8	8	23
7	2	3	4	1	2	8	9	8	25
8	2	4	3	2	1	6	8	7	21
9	3	1	3	4	2	5	6	6	17
10	3	2	4	3	1	8	8	8	24
11	3	3	1	2	4	9	9	7	25
12	3	4	2	1	3	7	8	7	22
13	4	1	4	2	3	3	5	4	12
14	4	2	3	1	4	6	6	7	19
15	4	3	2	4	1	8	9	8	25
16	4	4	1	3	2	5	6	6	17
K_1	66	57	78	79	83	95	111	105	311
K_2	84	81	77	73	74				
K_3	88	97	79	78	79				
K_4	73	76	77	81	75				
$\bar{x}_1$	5.5	4.75							
$\bar{x}_2$	7	6.75							
$\bar{x}_3$	7.33	8.08							
$\bar{x}_4$	6.08	6.33							
极差 R	1.83	3.33							

解：(1)求处理总和、重复和、试验总和。并计算 K_1、K_2、K_3、K_4 填入表中。

(2)计算离差平方和。(n 为处理号;r 为重复数(区组数);a 为每一列上每一水平重复数;T 为所有观测值的总和;T_{rj} 为第 j 个区组的和;T_{ti} 为第 i 个处理的和)

矫正数 $C = \dfrac{T^2}{nr} = \dfrac{311^2}{16 \times 3} = 2015.02$

总计 $SS_T = \sum x_{ij}^2 - C = 3^2 + 4^2 + \cdots + 6^2 - C = 121.98$

区组 $SS_r = \dfrac{\sum T_{rj}^2}{n} - C = \dfrac{95^2 + 111^2 + 105^2}{16} - C = 8.17$

处理 $SS_t = \dfrac{\sum T_{tj}^2}{r} - C = \dfrac{13^2 + 15^2 + \cdots + 17^2}{3} - C = 100.65$

误差 $SS_e = SS_T - SS_r - SS_t = 13.16$

处理效应可分解为:A 因素的效应、B 因素的效应、A×B 的效应。

A 因素 $SS_A = \dfrac{(K_1^2 + K_2^2 + K_3^2 + K_4^2)_1}{ar} - C = \dfrac{66^2 + 84^2 + 88^2 + 73^2}{4 \times 3} - C = 25.40$

B 因素 $SS_B = \dfrac{(K_1^2 + K_2^2 + K_3^2 + K_4^2)_2}{ar} - C = \dfrac{57^2 + 81^2 + 97^2 + 76^2}{4 \times 3} - C = 67.90$

A × B $SS_{A \times B} = SS_t - SS_A - SS_B = 7.35$

(3)列方差分析表,见表 8.13。

表 8.13 方差分析表

变异来源	离差平方和 SS	自由度 df	均方 MS	F	$F_{\alpha(3,30)}$
区组	8.17	2	4.09		$F_{0.05(3,30)} = 2.92$
处理	100.65	15			$F_{0.01(3,30)} = 4.51$
A	25.4	3	8.47	19.25**	
B	67.9	3	22.63	51.43**	
A×B	7.35	9	0.82	1.86	
误差	13.16	30	0.44		
总计	121.98	47			

结果表明:A 因素及 B 因素间差异极显著,而交互作用差异不显著。

(4)对 A 因素和 B 因素分别进行多重比较。

采用 LSD 法,计算 $LSD_\alpha = t_{\alpha(df_e)} \cdot \sqrt{\dfrac{2MS_e}{ar}}$。

$LSD_{0.05} = t_{0.05(30)} \times \sqrt{\dfrac{2 \times 0.44}{4 \times 3}} = 2.042 \times 0.271 = 0.553$

$LSD_{0.01} = t_{0.01(30)} \times \sqrt{\dfrac{2 \times 0.44}{4 \times 3}} = 2.750 \times 0.271 = 0.745$

列多重比较表,见表 8.14 和表 8.15。

表 8.14　A 因素（N 肥）的多重比较表

水平	平均数	$\bar{x}_i-5.50$	$\bar{x}_i-6.08$	$\bar{x}_i-7.00$
3	7.33	1.83**	1.25**	0.33
2	7	1.50**	0.92**	
4	6.08	0.58*		
1	5.5			

表 8.15　B 因素（P 肥）的多重比较表

水平	平均数	$\bar{x}_i-4.75$	$\bar{x}_i-6.33$	$\bar{x}_i-6.75$
3	8.08	3.33**	1.75**	1.33**
2	6.75	2.00**	0.42	
4	6.33	1.58**		
1	4.75			

多重比较结果表明：A 因素的第 3 水平、第 2 水平与其他各水平间均达到显著或极显著的差异，而第 3 水平与第 2 水平之间差异不显著，所以第 3 水平和第 2 水平效果均较好。B 因素的第 3 水平与其他水平之间均达到极显著的差异，所以第 3 水平效果最好。两个因素的第 4 水平，反而没有第 3 水平和第 2 水平好，说明施肥量不是越大越好，施肥量过多反而不利于生长。

本单元小结

本单元主要介绍了正交设计的试验数据的分析方法，包括极差分析和方差分析。通过极差分析可以筛选各种因素的最佳组合，但所筛选出的最优组合是否真的优，还需要通过方差分析的结果来确定。方差分析是对正交试验数据进行科学分析的方法，本单元介绍了无重复观测数据和有重复观测数据的正交试验数据的分析方法，方差分析的步骤为：①对所给观测数据求和与求平均值；②计算离差平方和及自由度；③列方差分析表，做 F 检验；④在差异显著或极显著的情况下，做多重比较，得出分析结果。

相关链接

正交设计的主要优点：在多因素试验中，正交试验可以通过较少次数的试验找到各个因素的最优水平，从而拟定最佳处理组合。因此，正交试验可以比全面试验节省人力、物力以及土地空间。

主要缺点有：正交设计是从全部处理组合中抽出少数组合进行试验，为了验证试验找到最佳组合是否确实最好，往往需要再做一次。然而在农林业试验中，再做一次试验，就意味着再重复一个生长周期。另外，农林业试验往往十分重视交互作用，而要估计交互作用，就需要采用大的正交表，在这种情况下，正交设计的优越性就难以发挥了。

鉴于以上所介绍的优缺点，正交试验主要用于试验条件较容易控制以及周期较短的多因素试验。例如，实验室、温室等人工控制条件下的试验，如组培试验、种子或花粉萌发试验、品种栽培对比试验、不同嫁接或扦插方式的试验、不同药剂配比效果的试验、病虫害防治试验等。

思考与练习

1. 为了考察某地被植物不同品种对光照和土壤含盐量的生态适应性，采用 $L_9(3^4)$ 的正交设计(表 8.16)进行栽培试验，试验重复 3 次，苗木成活率见表 8.17，首先对成活率数据进行反正弦转换，对转换后的数据进行方差分析。

表 8.16 地被植物生态条件试验设计表

水平	因　素		
	A 品种	B(光照)	C(土壤)
1	1	全光	普通土(含盐量 0%)
2	2	1/2 光	轻盐渍土(含盐量 1%)
3	3	1/4 光	重盐渍土(含盐量 2%)

表 8.17 地被植物适应性试验结果

处理组合	区　组		
	I	II	III
1	75	83	76
2	35	42	38
3	41	38	40
4	38	34	35
5	49	53	56
6	51	50	48
7	63	59	60
8	32	30	32
9	36	35	34

2. 为了探讨用核多角体病毒、白僵菌、50% 辛硫磷乳油混合试验防治木毒蛾的合理配比，在林间采用正交设计进行试验，取 4~6 龄幼虫 100 头套笼观察，喷药后每隔 48 h 检查一次死虫数，最后以 288 h 校正后的死亡率为试验指标。试验因素及水平：A：核多角体病毒(1 亿/mL、0.1 亿/mL、0.01 亿/mL)、B：白僵菌(2 亿/g、1 亿/g、0.5 亿/g)、C：50% 辛硫磷乳油(800 倍液、1000 倍液、1200 倍液)，试验结果见表 8.18，先将数据进行反正弦转换后，再做极差分析与方差分析。

表 8.18 木毒蛾虫害正交试验设计及结果调查表

处理组合	A	B	C	4	校正死亡率/%
	1	2	3		
1	1	1	1	1	87.5

(续)

处理组合	A	B	C	4	校正死亡率/%
	1	2	3		
2	1	2	2	2	89.5
3	1	3	3	3	78.8
4	2	1	2	3	39.2
5	2	2	3	1	36.1
6	2	3	1	2	46.7
7	3	1	3	2	15.8
8	3	2	1	3	29.6
9	3	3	2	1	26.2

实训 8.1　正交设计的试验布置

一、实训目的

能根据给定资料进行正交设计的试验布置。

二、实训资料

1. 3 个试验因素 A、B、C，每个试验因素有 2 个水平，不考虑交互作用，试写出利用正交设计进行试验布置的过程。

2. 4 个试验因素 A、B、C、D 中选择最佳处理组合，每个试验因素 3 个水平，不考虑交互作用，试写出利用正交设计进行试验布置的过程。

三、实训内容

按要求完成上述两题。

四、实训作业

将正交设计的试验布置过程整理到作业纸，以 Word 文件形式上交。文件命名：学生姓名-实训名称。

实训 8.2　正交设计的资料分析

一、实训目的

能根据给定正交设计的资料进行数据分析。

二、实训资料

对某木本花卉进行扦插试验，采用生长激素处理插穗后，再进行扦插，试验共选 3 个因素，分别 3 个水平，扦插 1 个月后调查平均生根量，数据见表 8.19，通过分析选出最适宜的激素组合。

表 8.19　某木本花卉扦插数据调查表

处理	因素			平均生根量(条)
	1(IBA)(mg/L)	2(NAA)(mg/L)	3(ABT)(mg/L)	
1	1(0)	1(0)	1(0)	9.9
2	1(0)	2(50)	2(50)	13.7
3	1(0)	3(100)	3(100)	11.6
4	2(50)	1(0)	2(50)	17.3
5	2(50)	2(50)	3(100)	20.6
6	2(50)	3(100)	1(0)	19.3
7	3(100)	1(0)	3(100)	41.2
8	3(100)	2(50)	1(0)	40.8
9	3(100)	3(100)	2(50)	28.5

三、实训内容

对给定资料分别进行极差分析和方差分析，选出最优组合。

四、实训作业

将分析过程及结果整理到作业纸，以 Word 文件形式上交。文件命名：学生姓名-实训名称。

模块 9　相关与回归分析

单元 9.1　直线相关

知识目标

1. 了解相关与回归的概念；
2. 了解相关关系的分类；
3. 掌握直线相关分析和显著性检验。

技能目标

1. 掌握相关分析的步骤；
2. 会利用 t 检验法进行直线相关关系的显著性检验；
3. 会用 Excel 进行直线相关分析。

9.1.1　相关与回归的概念

客观世界中的许多事物彼此间都存在着有机的联系，它们之间互相依赖、互相制约、互相作用。从数学的角度，可将这种联系用变量间的关系来描述。变量间的关系分为两种类型：一类为确定的函数关系，如圆面积与半径的关系，一个圆半径对应一个确定的圆的面积，两者是一一对应的关系；另一类为非确定的关系，如树龄与树高的关系，一般来说，树龄大的树高也高，但树龄相同的同一树种的不同个体，其树高并不都相同，这是因为树龄并不是决定树高的唯一原因，它还受到个体的遗传构成、栽培技术措施、栽培环境条件等诸多因素的影响，这样就使得树龄与树高之间不是一一对应的函数关系。统计学将这种非确定关系称为统计相关关系。

生物体或农林生产中的许多性状之间的关系一般属于统计相关关系。例如，农作物的产量与施肥量之间的关系，人体身高与体重的关系，立木断面积和材积的关系，叶片长度与叶片面积的关系，以及果实横径与果实重量的关系，等等。

由于变量之间的函数关系与相关关系没有不可逾越的界限，往往因为测量等偶然性的误差，函数关系在实际中常通过相关关系表现出来，而在对客观事物的规律性有较深刻了解时，相关关系又转化为函数关系。我们在研究相关关系的时候，又常常要使用函数关系的形式表现它，以便找到相关关系的一般数量表现形式。

我们可以从两种不同的角度来研究统计相关关系：一种是研究变量之间关系的强弱程度，此时我们并不关心在它们之间是谁影响了谁，谁是因，谁是果，变量间的地位是平等的，即一个变量随着另一个变量的变化而变化，但不能用一个变量的数值完全确定另一个变量的数值，这种变量之间的关系称为相关关系，这两个变量称为两个相关变量；另一种是研究由某些变量的变化去估计或预测另一些变量的变化，即将它们之间的关系看作因果关系，称为回归关系。研究变量间相关关系的密切程度及其方向的统计方法被称为相关分析，研究变量间的数量关系的统计方法即为回归分析。

9.1.2 相关分析

9.1.2.1 相关关系的分类

变量之间的相关关系主要有以下两种分类方法：

(1) 从相关关系涉及的因素多少来划分

可以分为单相关和复相关。两个因素之间的相关关系称作单相关，研究时只涉及一个自变量和一个因变量。三个或三个以上因素的相关关系称作复相关，研究时涉及两个或两个以上的自变量和因变量。例如，同时研究施肥量、浇水量、密植量和单位产量之间的关系，就称作复相关。

(2) 从相关关系的表现形态来划分

可分为直线相关和曲线相关。相关关系是一种数量关系上不严格的相互依存关系。如果这种关系近似地表现为一条直线，则称为直线相关，这种情况在生产实践中也比较多。

如果这种关系近似地表现为一条曲线则称为曲线相关。曲线相关也有不同的种类，如抛物线、指数曲线、双曲线等。

直线相关按照变化的方向来讲有正相关和负相关。自变量的数值增加，因变量的数值也相应的增加，称作正相关。例如，身高增加，体重也增加；施肥量增加，亩产量也增加等。自变量数值增加，因变量数值相应减少；或者自变量数值减少，因变量数值相应增加，称作负相关。例如，商品价格降低，商品销售量增多；劳动生产率提高，成本降低等。

9.1.2.2 样本相关系数的定义

揭示变量间相关关系的方法有画散点图和计算相关系数两种，下面介绍样本相关系数。

假设对于变量 X 和 Y 有若干个体在这两个变量上的观测值 (x_1, y_1)，(x_2, y_2)，…，(x_n, y_n)，将这些成对的观测值在平面直角坐标系中标出，以横轴代表变量 X 的值，纵轴代表变量 Y 的值，这样我们可以得到一个散点图。显然，如果变量 X 和 Y 之间没有相关关系存在，即 X 的取值与 Y 无关，则散点图应表现为杂乱无章，没有规律；反之亦然，如果变量 X 和 Y 之间有相关关系存在，则散点图将表现出一定的规律性。图 9.1 是常见的散点图。

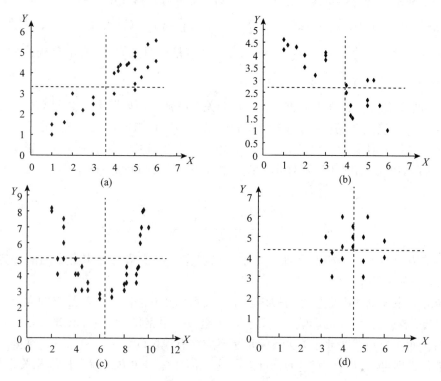

图 9.1 常见的散点图

图 9.1(a)中的散点大多围绕在一条直线的周围，呈现出随 X 的增大，Y 也增大的趋势，这说明 X 和 Y 之间存在正线性相关关系；图 9.1(b)中各点也大多围绕在一条直线的周围，但呈现出随 X 的增大，Y 减小的趋势，这说明 X 和 Y 之间存在负线性相关关系；图 9.1(c)中各点围绕一条曲线，Y 先随 X 的增大而减小，而后又随 X 的增大而增大，说明 X 和 Y 存在曲线相关关系，曲线相关关系可以有多种不同的形式；图 9.1(d)中各点杂乱无章，没有成任何直线或曲线的趋势，说明 X 和 Y 之间没有相关关系，二者是独立的。

用直线 $X=\bar{x}$ 和 $Y=\bar{y}$ 将散点图区域分为 4 个象限，如 X 和 Y 之间存在正线性相关关系，则大部分散点落在第一和第三象限。在第一象限内散点有：

$$(x-\bar{x})>0, \quad (y-\bar{y})>0,$$

则 $\sum(x-\bar{x})(y-\bar{y})>0$，它是两个变量离均差的乘积之和，简称为乘积和，用 SP_{xy} 表示，即：

$$SP_{xy} = \sum(x-\bar{x})(y-\bar{y}) = \sum xy - \frac{\sum x - \sum y}{n} \tag{9-1}$$

在第三象限内的散点有：

$$(x-\bar{x})<0, \quad (y-\bar{y})<0,$$

则 $\sum(x-\bar{x})(y-\bar{y})>0$，也就是说图(a)中 X 和 Y 正相关时，散点有 $\sum(x-\bar{x})(y-\bar{y})>0$ 的特点，即 $SP_{xy}>0$。

如果 X 和 Y 之间存在负线性相关关系，则大部分散点落在第二和第四象限。在第四象限内散点有：$(x-\bar{x})>0$，$(y-\bar{y})<0$，则 $\sum(x-\bar{x})(y-\bar{y})<0$。在第二象限内散点有：$(x-\bar{x})<0$，$(y-\bar{y})>0$，则 $\sum(x-\bar{x})(y-\bar{y})<0$，也就是说图(b)中 X 和 Y 负相关时，散点有 $\sum(x-\bar{x})(y-\bar{y})<0$ 的特点，即 $SP_{xy}<0$。

SP_{xy} 的绝对值越大，则正或负的线性相关关系越强。而如 X 和 Y 之间不存在线性相关关系，则 SP_{xy} 应接近 0。这一特点提示我们可以用 SP_{xy} 的方向和大小来度量两个变量之间的线性相关关系。但是 SP_{xy} 值的大小还和样本点的多少有关，为了消除这一影响可用自由度 $(n-1)$ 去除 SP_{xy}，如同在计算样本方差一样，这一统计量称为样本协方差，表示为 $cov(x, y)$，即：

$$cov(x, y) = \frac{\sum(x-\bar{x})(y-\bar{y})}{n-1} = \frac{SP_{xy}}{n-1} \tag{9-2}$$

注意协方差与方差的相似之处，方差可以看作一个变量与它本身之间的协方差，即 $s^2 = var(x) = cov(x, x)$。

用协方差来度量两个变量之间的线性相关关系仍然有缺陷，那就是它的大小还要受变量取值尺度(数量级)大小的影响，例如，同一组数据用克和千克为单位来表示所得的结果是不同的，而作为一个度量相关关系的量是不应该有单位的。为了克服这一缺陷，可将协方差标准化，即再除以两个变量的标准差，这个标准化的协方差就是样本相关系数 r，其计算公式如下：

$$r = \frac{\sum(x-\bar{x})(y-\bar{y})/(n-1)}{\sqrt{\sum(x-\bar{x})^2/(n-1)} \times \sqrt{\sum(y-\bar{y})^2/(n-1)}} = \frac{cov(x, y)}{S_x S_y} \tag{9-3}$$

分子和分母的自由度可以约去，上式可改写为：

$$r = \frac{\sum(x-\bar{x})(y-\bar{y})}{\sqrt{\sum(x-\bar{x})^2} \times \sqrt{\sum(y-\bar{y})^2}} = \frac{SP_{xy}}{\sqrt{SS_x} \times \sqrt{SS_y}} \tag{9-4}$$

上式中：

$$SS_x = \sum_{i=1}^{n}(x_i-\bar{x})^2 = \sum_{i=1}^{n}x_i^2 - n\bar{x}^2 \tag{9-5}$$

$$SS_y = \sum_{i=1}^{n}(y_i-\bar{y})^2 = \sum_{i=1}^{n}y_i^2 - n\bar{y}^2 \tag{9-6}$$

相关系数反映了变量之间的相关关系的密切程度，其值域为 $[-1, 1]$，相关系数的绝对值越大，变量之间的相关关系越强。当 $|r|=1$ 时，为完全相关，在生物界完全相关的变量是很少见到的；当 $|r|=0$ 时，为零相关；当 $|r|\geq 0.66$ 时，为强相关；当 $0.33\leq|r|<0.66$ 时，为中等强度相关；当 $|r|<0.33$ 时，为弱相关。

相关系数也反映了相关性质，由式(9-4)可知，相关系数的符号取决于 SP_{xy}，当 $SP_{xy}>$

0 时，$r>0$；当 $SP_{xy}<0$ 时，$r<0$。因此，$r>0$ 时，变量间的相关关系为正相关；$r<0$ 时，变量间的相关关系为负相关。

9.1.2.3 样本相关系数的计算

为了相关系数的计算方便，可根据试验数据先计算出基础数值 $\sum_{i=1}^{n} x_i$，$\sum_{i=1}^{n} y_i$，$\sum_{i=1}^{n} x_i^2$，$\sum_{i=1}^{n} y_i^2$，$\sum_{i=1}^{n} x_i y_i$，进而求得 SS_x，SS_y，SP_{xy}，便可代入式(9-4)，求得相关系数 r。

下面以一个实例来说明样本相关系数的计算。

【例 9.1】 今测得 8 个果园土壤有机质含量 $x(‰)$ 和全氮含量 $y(‰)$，结果列于表 9.1，试计算 x 与 y 的相关系数。

表 9.1 测试结果与基础数据计算表

土样号	x	y	x^2	y^2	xy
1	4.9	0.36	24.01	0.1296	1.764
2	5.9	0.50	34.81	0.2500	2.950
3	6.1	0.49	37.21	0.2401	2.989
4	6.5	0.58	42.25	0.3364	3.770
5	7.2	0.60	51.84	0.3600	4.320
6	8.3	0.64	68.89	0.4096	5.312
7	8.3	0.66	68.89	0.4356	5.478
8	9.4	0.68	88.36	0.4624	6.392
∑	56.6	4.51	416.26	2.6237	32.975

解：本例 $n=8$，将表 9.1 中前八行数据的第一列和第二列输入到 Excel 中，选定变量范围 B2：C9，选择"插入"菜单中的"图表"选项，选择"XY 散点图"，可得 x 与 y 的相关关系散点图 9.2。

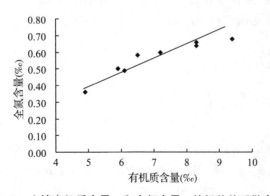

图 9.2 土壤有机质含量 x 和全氮含量 y 的相关关系散点图

从图9.2看出，x 与 y 存在正相关关系。由表9.1的最后一行知，$\sum_{i=1}^{n} x_i = 56.6$，$\sum_{i=1}^{n} y_i = 4.51$，$\sum_{i=1}^{n} x_i^2 = 416.26$，$\sum_{i=1}^{n} y_i^2 = 2.6237$，$\sum_{i=1}^{n} x_i y_i = 32.975$。根据式(9-1)，式(9-4)~式(9-6)，得

$$SS_x = \sum_{i=1}^{n}(x_i - \bar{x})^2 = \sum_{i=1}^{n} x_i^2 - n\bar{x}^2 = 416.26 - 8 \times \left(\frac{56.6}{8}\right)^2 = 15.815$$

$$SS_y = \sum_{i=1}^{n}(y_i - \bar{y})^2 = \sum_{i=1}^{n} y_i^2 - n\bar{y}^2 = 2.6237 - 8 \times \left(\frac{4.51}{8}\right)^2 = 0.0812$$

$$SP_{xy} = \sum_{i=1}^{n}(x_i - \bar{x})(y_i - \bar{y}) = \sum_{i=1}^{n} x_i y_i - n\bar{x}\bar{y} = 32.975 - 8 \times \left(\frac{56.6}{8}\right)\left(\frac{4.51}{8}\right) = 1.0668$$

$$r = \frac{\sum(x-\bar{x})(y-\bar{y})}{\sqrt{\sum(x-\bar{x})^2} \times \sqrt{\sum(y-\bar{y})^2}} = \frac{SP_{xy}}{\sqrt{SS_x} \times \sqrt{SS_y}} = \frac{1.0668}{\sqrt{15.815} \times \sqrt{0.0812}} = 0.9414$$

所以，土壤有机质含量 x 和全氮含量 y 的相关系数 $r = 0.9414$。

用Excel计算相关系数，我们键入CORREL(B2：B9，C2：C9)，这里的B2：B9，C2：C9分别代表Excel里有机质含量 x 和全氮含量 y 的8个样本序列，得到相关系数为0.9414，与之前的计算结果一致。

9.1.2.4 样本相关系数的显著性检验

在生产实践中，是通过样本来估测总体 X 与 Y 之间的相关性，结果有两种可能性：一种是两个变量所在的总体之间存在相关关系，如果用字母 ρ 表示总体相关系数，则有 $\rho \neq 0$；另一种是两个变量所在的总体之间不存在相关关系，即 $\rho = 0$。统计理论已经证明，样本相关系数 r 是总体相关系数 ρ 的一个无偏估计量。由样本资料计算出来的相关系数，其数值的高低带有一定的随机性，样本容量越小，随机性越大。因此，要确定计算出来的相关系数 r 是否是由试验误差造成的，必须对相关系数进行显著性检验。相关系数显著性检验的方法有 F 检验、t 检验和查表法。下面具体说明检验方法。

假设检验的无效假设 H_0：$\rho = 0$；备择假设 H_1：$\rho \neq 0$。

(1) F 检验

F 检验的计算公式为：

$$F = \frac{r^2}{\frac{(1-r)^2}{n-2}} \quad (df_1 = 1, \ df_2 = n-2) \tag{9-7}$$

若 $F_{0.05(df_1, df_2)} \leq F < F_{0.01(df_1, df_2)}$，则否定 H_0：$\rho = 0$，接受 H_1：$\rho \neq 0$，表明两变量直线相关关系显著；若 $F \geq F_{0.01(df_1, df_2)}$，则否定 H_0：$\rho = 0$，接受 H_1：$\rho \neq 0$，表明两变量直线相关关系极显著；若 $F < F_{0.05(df_1, df_2)}$，则接受 H_0：$\rho = 0$，表明两变量直线相关关系不显著。

(2) t 检验法

t 检验计算公式为：

$$t = \frac{r}{s_r}$$

式中，s_r 代表相关系数 r 的标准误，$s_r = \sqrt{\frac{1-r^2}{n-2}}$，所以：

$$t = \frac{r}{s_r} = \frac{r}{\sqrt{\frac{1-r^2}{n-2}}} \tag{9-8}$$

相关系数的自由度：$df = n-2$。

若 $|t| < t_{0.05(df)}$，则说明 r 统计上不显著，即两变量间直线相关关系不显著，得到的相关系数是由抽样误差造成的。若 $t_{0.05(df)} \leq |t| < t_{0.01(df)}$，则表明 r 在统计上是显著的，即总体相关系数显著地不等于零，两变量间直线相关关系显著；若 $|t| \geq t_{0.01(df)}$，则表明 r 在统计上是极显著的，两变量间直线相关关系极显著，也即计算出的相关系数是真实可靠的。

(3) 查表法

统计学家已根据相关系数的 t 检验公式计算出临界 r 值并编制成表（附表9）。可以直接采用查表法对相关系数进行假设检验。

查表法具体步骤是，先根据自由度 $df = n-2$，从附表9中查临界 r 值 $r_{0.05(n-2)}$ 和 $r_{0.01(n-2)}$；若 $|r| < r_{0.05(n-2)}$，则接受 H_0：$\rho = 0$，即两变量直线相关关系不显著；若 $r_{0.05(n-2)} \leq |r| < r_{0.01(n-2)}$，则否定 H_0：$\rho = 0$，接受 H_1：$\rho \neq 0$，即两变量的直线相关关系显著；若 $|r| \geq r_{0.01(n-2)}$，则否定 H_0：$\rho = 0$，接受 H_1：$\rho \neq 0$，即两变量的直线相关关系极显著。

【例 9.2】 对例 9.1 的相关系数进行 F、t 检验（$\alpha = 0.05$）。

解：H_0：$\rho = 0$；H_1：$\rho \neq 0$。

① $F = \dfrac{r^2}{\frac{1-r^2}{n-2}} = \dfrac{0.9414^2}{\frac{1-0.9414^2}{8-2}} = 46.69$，$df_1 = 1$，$df_2 = n-2 = 8-2 = 6$。查表得：$F_{0.05(df_1, df_2)} = 5.987$，$F_{0.01(df_1, df_2)} = 13.75$，因为 $F > F_{0.01(df_1, df_2)}$，所以有机质含量与全氮含量存在极显著的直线相关关系。

② $|t| = \dfrac{r}{s_r} = \dfrac{r\sqrt{n-2}}{\sqrt{1-r^2}} = \dfrac{0.9414\sqrt{8-2}}{\sqrt{1-0.9414^2}} = 6.8367$。查 t 分布表得：$t_{0.05(6)} = 2.447$，$t_{0.01(6)} = 3.707$，因为 $|t| = 6.8367 > 3.707$，所以拒绝 H_0：$\rho = 0$。表明 r 在统计上是极显著的，即土壤有机质含量 x 和全氮含量 y 之间存在极显著的直线相关关系。

本单元小结

本单元主要介绍了相关与回归的概念，相关与回归的分类，利用样本相关系数 $r = \dfrac{\sum(x-\bar{x})(y-\bar{y})}{\sqrt{\sum(x-\bar{x})^2} \times \sqrt{\sum(y-\bar{y})^2}} = \dfrac{SP_{xy}}{\sqrt{SS_x} \times \sqrt{SS_y}}$ 进行相关性分析，并通过例题展示直线相关问题的相关分析步骤：一是画出样本散点图；二是计算样本的相关系数；三是利用 F 检验、t检验、查表法进行样本相关系数的显著性检验。以及如何用Excel进行以上的相关分析。最后给出了样本分析中要注意的三个方面：①正确理解相关系数r的意义；②正确理解相关系数的显著性；③明确相关强度与相关显著性间的区别。

相关链接

在进行相关分析时应该注意以下3个方面：

1. 正确理解相关系数r的意义

相关系数表明的是变量间的线性相关关系，相关系数的绝对值越大，说明两个变量间相关程度越强。相关系数为正值时，两个变量间的相关为正相关，相关系数为负值时，两个变量间的相关为负相关；相关系数等于零时，两个变量间不存在直线相关关系，但是并不排除两个变量间存在其他形式的相关关系。

2. 正确理解相关系数的显著性

相关系数经显著性检验，如果显著(或极显著)说明在显著水平下我们有95%(或99%)的把握性认为两个变量间存在直线相关关系；如果不显著，不能简单的认为两个变量间不存在相关关系，还有3种可能性：一是两个变量存在的是其他形式的相关关系；二是我们犯了第二类错误；三是样本容量过小。

3. 明确相关强度与相关显著性间的区别

相关强度和相关显著性是两个独立的概念。相关强度表示两个变量相关紧密程度，是由相关系数绝对值的大小决定的；相关的显著性是说明两个变量间是否存在直线相关关系，它是由两个变量间自然关系决定的，说明了两变量间相关系数的可靠性。当然，在样本容量较小时，需要相关系数较大才能达到显著水平；在样本容量较大时，并不需要相关系数绝对值很大就能达到显著水平。

思考与练习

1. 相关关系的分类有哪些？
2. 什么是相关分析？相关系数有哪些性质？相关系数计算公式如何？
3. 如何进行相关关系的显著性检验？
4. 叙述相关分析的主要步骤。
5. 对麻栎树木的树高$y(m)$和胸径$x(cm)$进行测量，其数据见表9.2，试进行相关分析。

表9.2　胸径与树高数据表

胸径x	5.8	8.1	9.9	11.9	14.1	16.2	17.9	19.9	21.6	23.7
树高y	4.8	6.2	7.6	8.6	8.8	9.2	10.1	10.4	11.4	12.8

单元 9.2　直线回归

知识目标

1. 了解回归分析的基本概念；
2. 掌握回归分析的步骤和计算方法。

技能目标

1. 学会建立回归方程，计算回归系数，利用 Excel 进行回归显著性检验；
2. 学会使用 Excel 绘制回归直线，并进行回归分析。

9.2.1　回归分析的基本概念

相关分析描述了两个变量之间相关的性质和相关的密切程度，但没有表明两变量之间的数量关系。具有相关关系并不能表明变量间的因果关系，如要明确一个变量的变化能否由另一个变量的变化来解释，就要涉及回归的问题。

回归分析是通过一个变量或一些变量的变化解释另一变量的变化，其主要内容和步骤是，首先根据理论和对问题的分析判断，区分自变量和因变量；其次，设法找出合适的数学方程式（即回归模型）描述变量间的关系；由于涉及的变量具有不确定性，接着还要对回归模型进行统计检验；检验通过后，最后利用回归模型，根据解释变量去估计、预测因变量。它是一种应用于许多领域的分析研究方法。

在回归分析中，必有一个因变量，又称为被解释变量或预测变量，一般以 y 表示；另外还有一个或数个自变量，称为解释变量。如果自变量只有一个，则称为简单回归；如果自变量有两个或两个以上，则称为复回归，又称为多元回归。根据回归方程式的特征，回归分析分为线性回归和非线性回归。

本单元研究简单回归问题，建立描述两变量之间数量关系的直线回归方程，并通过回归方程由一个变量的变化估测另一个变量的变化。

9.2.2　直线回归方程的建立

设有两个直线回归变量 x 与 y，x 为自变量，y 为因变量。观测值数目为 n 对，以 x 为横坐标轴，y 为纵坐标轴建立直角坐标系[图 9.3(a)]。因为 x 和 y 两个变量是直线回归关系，我们能够找到一条直线 L 代表这些散点[图 9.3(b)]。设直线 L 的直线方程为：

$$\hat{y} = bx + a \tag{9-9}$$

式中，$\hat{y}$ 为 y 变量的估测值，在该方程中 $\hat{y}$ 是函数意义上的因变量，在统计学上 $\hat{y}$ 是自变量 x 任意一个观测值 x_i 所对应的 y 变量的总体平均数；b 为直线的斜率，这里称为回

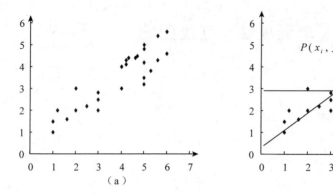

图 9.3　回归关系散点图及回归直线图

归系数，其含义是当自变量 x 每增减一个单位，因变量 y 平均增减的数量；a 为直线在 y 轴上的截距，这里称为回归截距。只要确定 b 和 a，直线 L 就确定了。

我们先讨论直线上的点与散点的关系。在散点中任取一点 $P(x_i, y_i)$，当 $x=x_i$ 时，直线上与其对应的点 $P_0(x_i, \hat{y}_i)$。$\hat{y}_i$ 为 y_i 的估测值，其与实测值 y_i 的差用 e_i 表示，即 $e_i = y_i - \hat{y}_i$［图 9.3(b)］。依此类推，对于自变量 $x=x_1, x_2, \cdots, x_n$ 时，$\hat{y}$ 与 y 的差可以表示为：

$$e_1 = y_1 - \hat{y}_1, \ e_2 = y_2 - \hat{y}_2, \cdots, e_n = y_n - \hat{y}_n$$

如果使直线 L 能够近似地代表两个变量的所有散点，则 y 与 $\hat{y}$ 的差 e 必须符合以下三个条件：$\sum_{i=1}^{n}(y_i - \hat{y}_i) = 0$；$\sum_{i=1}^{n}(y_i - \hat{y}_i)^2$ 最小；直线 L 通过点 $(\bar{x}, \bar{y})$。

令 $Q = \sum_{i=1}^{n}(y_i - \hat{y}_i)^2 = \sum_{i=1}^{n}(y_i - a - bx_i)^2$，$Q$ 被称为残差平方和，是关于 a、b 的二次函数，若使 Q 最小，根据微积分中求极值的方法，令 Q 对 a 和 b 的一阶偏导数等于零，即：

$$\begin{cases} \dfrac{\partial Q}{\partial a} = -2\sum_{i=1}^{n}(y_i - a - bx_i) = 0 \\ \dfrac{\partial Q}{\partial b} = -2\sum_{i=1}^{n}(y_i - a - bx_i)x_i = 0 \end{cases}$$

整理后得到关于 a 和 b 的二元一次方程组为：

$$\begin{cases} na + b\sum_{i=1}^{n}x_i = \sum_{i=1}^{n}y_i \\ a\sum_{i=1}^{n}x_i + b\sum_{i=1}^{n}x_i^2 = \sum_{i=1}^{n}x_i y_i \end{cases}$$

解上述方程组得到：

$$b = \frac{\sum_{i=1}^{n}x_i y_i - (\sum_{i=1}^{n}x_i)(\sum_{i=1}^{n}y_i)/n}{\sum_{i=1}^{n}x_i^2 - (\sum_{i=1}^{n}x_i)^2/n} = \frac{\sum_{i=1}^{n}(x_i - \bar{x})(y_i - \bar{y})}{\sum_{i=1}^{n}(x_i - \bar{x})^2} = \frac{SP_{xy}}{SS_x} \tag{9-10}$$

$$a = \bar{y} - b\bar{x} \tag{9-11}$$

这种估计回归系数的方法被称为最小二乘法。由式(9-10)可以看出：回归系数和相关系数一样,其正负符号也取决于 SP_{xy},所以回归系数的正负符号也可说明两变量间相关的性质。当 $b>0$ 时,两变量间是正相关;当 $b<0$ 时,两变量间是负相关。

因为回归关系是单向主从关系,两个变量有自变量与因变量区别,在书写回归系数时要用角标注明自变量和因变量,因变量写在前面,自变量写在后面。如:y 是因变量,x 是自变量,写成"b_{yx}",读作"y 对 x 的回归系数"。因此,"b_{yx}"和"b_{xy}"的意义及数值是不能等同的。

9.2.3 回归系数的计算

【例 9.3】 研究某花生品种叶位 y 与生长天数 x 之间的关系,得观察数据见表 9.3,试建立叶位 y 依生长天数 x 的回归方程。

表 9.3 叶位与生长天数观察数据

生长天数 x	8	15	20	25	35	40	49	56	62	67	73	80	95	100	110
叶位 y	6	7	8	9	10	11	12	13	14	15	16	17	18	19	20

解:由表 9.3 的数据,得散点图,如图 9.4 所示。

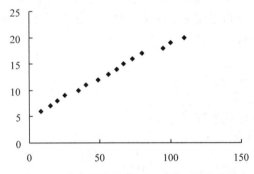

图 9.4 花生生长天数 x 与叶位 y 的散点图

由此看出,叶位 y 依生长天数 x 呈线性关系。因此,设叶位与生长天数有关系:
$$\hat{y} = bx + a$$
首先根据 $n=15$ 对观察值计算出下列数据:

$$\sum_{i=1}^{n} x_i = 8 + 15 + 20 + \cdots + 110 = 835; \quad \bar{x} = 835/15 = 55.6667$$

$$\sum_{i=1}^{n} y_i = 6 + 7 + 8 + \cdots + 20 = 195; \quad \bar{y} = 195/15 = 13$$

$$\sum_{i=1}^{n} x_i^2 = 8^2 + 15^2 + 20^2 + \cdots + 110^2 = 60863$$

$$\sum_{i=1}^{n} y_i^2 = 6^2 + 7^2 + 8^2 + \cdots + 20^2 = 2815$$

$$\sum_{i=1}^{n} x_i y_i = 8 \times 6 + 15 \times 7 + 20 \times 8 + \cdots 110 \times 20 = 12855$$

根据式(9-10)和式(9-11)可以得到：

$$b = \frac{\sum_{i=1}^{n} x_i y_i - (\sum_{i=1}^{n} x_i)(\sum_{i=1}^{n} y_i)/n}{\sum_{i=1}^{n} x_i^2 - (\sum_{i=1}^{n} x_i)^2/n} = \frac{12855 - 835 \times 195/15}{60863 - (835)^2/15} = 0.139069$$

$$a = \bar{y} - b\bar{x} = 13 - 0.139069 \times 55.6667 = 5.258492 \tag{9-12}$$

可得回归方程：

$$\hat{y} = 0.139069x + 5.258492$$

9.2.4 直线回归假设检验

对于观测得到的数据，不管之间是否存在一定的线性关系，都可以用最小二乘法得到形式上的回归直线。它是否真实地反映了变量之间的关系，则需要通过检验后才能证实。直线回归假设检验的方法有 F 检验和 t 检验两种，下面分别作介绍。

9.2.4.1 回归系数的假设检验——t 检验法

回归系数的假设检验对象是样本回归系数 b，目的是对总体回归系数 β 是否为 0 作出推断，也就是对因变量 y 与自变量 x 之间是否存在直线关系作出推断，无效假设和备择假设为：$H_0: \beta=0$；$H_1: \beta \neq 0$。

构造统计量：

$$t = \frac{b}{s_b}$$

式中，s_b 为回归系数的标准误，计算公式为：

$$s_b = \sqrt{\frac{\sum_{i=1}^{n}(y_i - \hat{y})}{(n-2)SS_x}} \tag{9-13}$$

自由度 $df = n-2$。对于给定的显著性水平 α，根据自由度查临界 t 值 $t_{\alpha(df)}$。

若 $|t| < t_{0.05(df)}$，则接受 $H_0: \beta=0$ 表明回归系数与 0 之间差异不显著；若 $t_{0.05(df)} \leq |t| < t_{0.01(df)}$，则否定 $H_0: \beta=0$ 接受 $H_1: \beta \neq 0$，表明 y 对 x 的回归系数与 0 之间差异显著，即存在显著的直线回归关系；若 $|t| \geq t_{0.01(df)}$，则否定 $H_0: \beta=0$ 接受 $H_1: \beta \neq 0$，表明 y 对 x 的回归系数与 0 之间差异极显著，即存在极显著的直线回归关系。

利用 t 检验法对例 9.3 进行检验：

①提出无效假设 $H_0: \beta=0$；$H_1: \beta \neq 0$。

②计算 t 值：

$$s_b = \sqrt{\frac{\sum_{i=1}^{n}(y_i - \hat{y})}{(n-2)SS_x}} = \sqrt{\frac{1.74}{(15-2) \times 14381.33}} = 0.0031$$

$$t = \frac{b - \beta}{s_b} = \frac{b}{s_b} = \frac{0.1391}{0.0031} = 44.87$$

查 t 分布的临界值表，得：

$t_{0.01}(13) = 3.012$，因为 $|t| = 44.87 > 3.012$，所以否定无效假设，接受备择假设，即叶位与生长天数的直线回归系数与 0 之间差异是极显著的，表明叶位与生长天数间存在极显著的线性关系。

9.2.4.2 回归关系的假设检验——F 检验法

回归关系的 F 检验是把因变量 y 的变异分解为两部分：一部分是由于自变量 x 的相关性所引起的变异；另一部分是由偶然因素引起的变异，将 $SS_y = \sum_{i=1}^{n}(y_i - \bar{y})^2$ 称为 y 变量的总平方和，$SS_R = \sum_{i=1}^{n}(\hat{y}_i - \bar{y})^2$ 反映了 y 变量对 x 变量的回归关系，称为回归平方和，$SS_r = \sum_{i=1}^{n}(y_i - \hat{y}_i)^2$ 反映了 y 变量对 x 变量存在直线回归关系以外的其他因素，称为离回归剩余平方和，统计学上可以证明：

$$SS_y = SS_R + SS_r \tag{9-14}$$

$$df_y = df_R + df_r \tag{9-15}$$

式中，df_y 为 y 变量的总自由度；df_R 为回归自由度；df_r 为剩余自由度，且 $df_y = n-1$；$df_R = 1$；$df_r = n-2$。

回归方程是否成立，需要根据一类变量 y 随另一类变量 x 而变化的，其回归关系是否达到显著标准而决定，可以用 F 检验来进行回归关系的显著性检验，构造统计量：

$$F = \frac{\dfrac{SS_R}{df_R}}{\dfrac{SS_r}{df_r}} = \frac{SS_R}{\dfrac{SS_r}{n-2}} \tag{9-16}$$

在 H_0 为真的条件下，F 服从第一自由度为 1，第二自由度为 $n-2$ 的 F 分布。若 $F > F_\alpha(1, n-2)$ 差异显著，拒绝 H_0，即 y 与 x 间存在直线回归关系；反之，则不存在直线回归关系。α 为显著性水平。在直线回归假设检验中，F 检验的结果与 t 检验的结果是一致的，在实践中，两种检验方法可任选一种进行使用。

9.2.5 利用 Excel 进行回归分析

【例 9.4】 用 Excel 求解例 9.3。

首先，将生长天数与叶位的数据输入 Excel 工作表中的 A2：B16 单元格，然后按下列步骤进行操作：

第一步：选择"数据"下拉菜单；
第二步：选择"数据分析"选项；
第三步：在分析工具中选择"回归"，然后选择"确定"，如图 9.5 所示；
第四步：当对话框出现时，在"Y 值输入区域"设置框内选择 y 值所在区域；在"X 值

图 9.5 用 Excel 进行回归的步骤(一)~步骤(三)

输入区域"设置框内选择 x 值所在区域；在"置信度"选项中给出所需的数值（这里默认是 95%）；在"输出选项"中选择输出区域（这里我们选新工作表），如图 9.6 所示；结果见图 9.7 的分析结果。

图 9.6 用 EXCEL 进行回归的步骤(四)

	A	B	C	D	E	F	G	H	I
1	SUMMARY OUTPUT								
2									
3	回归统计								
4	Multiple R	0.99667004							
5	R Square	0.99335117							
6	Adjusted R Square	0.992839721							
7	标准误差	0.378425131							
8	观测值	15							
9									
10	方差分析								
11		df	SS	MS	F	Significance F			
12	回归分析	1	278.1383	278.1383	1942.231	1.5336E-15			
13	残差	13	1.861673	0.143206					
14	总计	14	280						
15									
16		Coefficients	标准误差	t Stat	P-value	Lower 95%	Upper 95%	下限 95.0%	上限 95.0%
17	Intercept	5.258483219	0.201007	26.16068	1.25E-12	4.82423374	5.692733	4.824234	5.692733
18	X Variable 1	0.139069164	0.003156	44.07075	1.53E-15	0.13225193	0.145886	0.132252	0.145886

图 9.7　Excel 输出的回归分析结果

Excel 输出的回归分析结果包括以下几个部分：

第一部分是"回归统计"，该部分给出了回归分析中的一些常用统计量，包括相关系数（Multiple R）、判定系数（R Square）、调整后的判定系数（Adjusted R Square）、标准误差、观测值的个数等。第二部分是"方差分析"，该部分给出了自由度 df，回归平方和、残差平方和、总平方和 SS，回归和残差的均方 MS，F 值可以用来检验回归方程的线性关系是否显著。本例中 $F = 1942.231 > F_{\alpha(1,n-2)} = F_{0.05(1,13)} = 4.67$，说明回归方程的线性关系是显著的，也可以用 Singnifinace F 和显著性水平 α 比较，如果它小于 α，说明通过检验，线性关系显著；否则就是线性关系不显著。

第三部分是参数估计的有关内容，包括回归方程的截距（Intercept）、斜率（X Variable 1），截距和斜率的标准误差、用于检验的回归系数的 t 统计量（t Stat）、P 值（P-value），以及截距和斜率的置信区间等。由截距和斜率可得回归方程为 $\hat{y} = 0.139069x + 5.258483$，回归系数 b 的检验统计量 $t = 44.0707 > t_{0.05(13)} = 2.1640$，说明回归系数不等于零，回归关系显著。也可以用 P-value 值和显著性水平进行比较，如果 P-value 值 <0.05，则通过检验，显然这里的 P-value 值远小于 0.05，说明回归关系显著。

本单元小结

本单元主要介绍了回归分析的概念，回归分析的方法和步骤，包括直线回归方程的建立，回归系数的求解，回归方程的显著性检验等知识。建立回归方程：

$$\hat{y} = a + bx$$

将数据点 (x_i, y_i)，$i = 1, 2, \cdots, n$ 代入，利用最小二乘法使得残差平方和最小求解 a, b，从而求得回归系数，然后构造 F 统计量或者 t 统计量检验回归关系的显著性。并通过例题展示 Excel 求解直线回归问题的回归分析步骤，并对 Excel 输出的回归分析结果：包括了回归统计、方差分析、参数估计三个部分进行了解释说明。

相关链接

$\bar{y}$ 和 $\hat{y}$ 都反映了 y 的特征和规律，但是从图9.3(b)中我们看到这3个值却不相同。

$$(y - \bar{y}) = (\hat{y} - \bar{y}) + (y - \hat{y})$$

将等式两边同时平方后再求和得：

$$\sum (y - \bar{y})^2 = \sum [(\hat{y} - \bar{y}) + (y - \hat{y})]^2$$
$$= \sum (\hat{y} - \bar{y})^2 + \sum (y - \hat{y})^2 + 2\sum (\hat{y} - \bar{y})\sum (y - \hat{y})$$

将 $\hat{y} = bx + a$ 和 $a = \bar{y} - b\bar{x}$ 代入 $2\sum (\hat{y} - \bar{y})\sum (y - \hat{y})$，上式变为：

$$\sum (y - \bar{y})^2 = \sum (\hat{y} - \bar{y})^2 + \sum (y - \hat{y})^2 + 2\sum (\hat{y} - \bar{y})\sum (y - \hat{y})$$
$$= \sum (\hat{y} - \bar{y})^2 + \sum (y - \hat{y})^2 + 2\sum (bx + \bar{y} - b\bar{x} - \bar{y})\sum (y - bx - \bar{y} + b\bar{x})$$
$$= \sum (\hat{y} - \bar{y})^2 + \sum (y - \hat{y})^2 + 2b\sum (x - \bar{x})\sum [(y - \bar{y}) - b(x - \bar{x})]$$

$\because \sum (x - \bar{x}) = 0$

$\therefore 2b\sum (x - \bar{x})\sum [(y - \bar{y}) - b(x - \bar{x})] = 0$

所以 $\sum (y - \bar{y})^2 = \sum (\hat{y} - \bar{y})^2 + \sum (y - \hat{y})^2$，其中 $\sum (y - \bar{y})^2$ 称为 y 变量的总平方和，记作 SS_y；$\sum (\hat{y} - \bar{y})^2$ 反映了 y 与 x 两个变量间存在线性关系所引起的变异，称为回归平方和，用 SS_R 表示；$\sum (y - \hat{y})^2$ 反映了 y 与 x 变量间线性关系以外的其余因素引起的变异，称为剩余平方和，用 SS_r 表示。

思考与练习

1. 什么是回归分析？回归分析有哪些方法？回归方程该如何建立？回归系数的计算公式如何？
2. 如何进行回归分析的显著性检验？
3. 叙述回归分析的主要步骤。
4. 对8个鲁麦系列品种的株高 y(cm) 与穗长 x(cm) 进行测量，得数据见表9.4，(1) 求 y 依 x 的直线回归方程；(2) 对回归方程进行显著性检验。

表9.4　鲁麦株高与穗长测量数据

穗长 x	8.24	6.43	6.21	7.31	9.42	8.37	8.98	8.79
株高 y	77.03	71.44	72.65	72.45	86.19	76.69	84.10	85.47

实训9.1　直线相关分析

一、实训目的

1. 能做出样本数据的散点图；
2. 能利用 Excel 的数据分析功能中进行样本的相关分析。

二、实训资料

调查了华农早橘果实 10 个果实横径(cm)与单果重(g),数据见表 9.5,计算其相关系数并及进行相关性检验。

表 9.5　华农早橘果实横径与单果重相关计算表

果横径 x(cm)	单果重 y(g)	$x-\bar{x}$	$y-\bar{y}$	$(x-\bar{x})^2$	$(y-\bar{y})^2$	$(x-\bar{x})(y-\bar{y})$
7.0	115	1.26	37.2	1.5876	1383.84	46.872
6.5	96	0.76	18.2	0.5776	331.24	13.832
5.8	79	0.06	1.2	0.0036	1.44	0.072
4.1	44	−1.64	−33.8	2.6896	1142.44	55.432
5.5	62	−0.24	−15.8	0.0576	249.64	3.972
6.7	106	0.96	28.2	0.9216	795.24	27.072
6.3	88	0.56	10.2	0.3136	104.04	5.712
4.3	48	−1.44	−29.8	2.0736	888.04	42.912
6.1	85	0.36	7.2	0.1296	51.84	2.592
5.1	55	−0.64	−22.8	0.4096	519.84	14.592
和	57.4	778			8.7640	5467.60	212.880
平均	5.74	77.8					

三、实训内容

1. 利用 Excel 对实训资料 1 进行相关分析,包括散点图和相关系数的计算。
2. 对实训资料 1 所得的相关系数结果进行显著性检验。

四、实训作业

1. 将直线相关分析的过程整理到报告纸上;
2. 将利用 Excel 进行的统计分析结果以截图的方式整理到 Word 文件中,并附上对结果的解释,以 Word 文件形式上交。文件命名:学生姓名-实训名称。

实训 9.2　直线回归分析

一、实训目的

1. 能利用 Excel 的数据分析功能进行样本的回归分析;
2. 能做出样本数据的回归直线。

二、实训资料

调查测定 10 个柑橘果实横径与单果重数据见表 9.6。

表 9.6　柑橘果实横径与单果重数据表

果实横径 x/cm	7.0	6.5	5.8	4.5	5.5	6.7	6.3	4.3	6.1	5.1
单果重 y/g	115	96	79	44	62	106	88	48	85	55

三、实训内容

1. 利用 Excel 对实训资料 1 进行回归分析，包括散点图、回归方程的计算和回归直线的作图。

2. 对实训资料 1 所得的回归系数进行显著性检验。

四、实训作业

1. 将直线相关分析的过程整理到报告纸上；

2. 将利用 Excel 进行的统计分析结果以截图的方式整理到 Word 文件中，并附上对结果的解释，以 Word 文件形式上交。文件命名：学生姓名-实训名称。

模块 10　SPSS在统计中的应用

单元 10.1　SPSS 的主要窗口介绍及文件的建立

知识目标

1. 了解 SPSS 的主要窗口;
2. 了解 SPSS 文件数据的建立,数据保存。

技能目标

1. 学会 SPSS 数据文件的建立,属性的设置;
2. 学会 SPSS 数据文件的整理与保存。

10.1.1　SPSS 的主要窗口

主要针对 SPSS 25 进行介绍。

10.1.1.1　数据编辑窗口

启动 SPSS Statistics 25 后,系统会自动打开数据编辑窗口。可以选择菜单栏中的【文件】→【新建】→【数据】命令,新建一个 SPSS 的数据文件,如图 10.1 所示;或者选择菜单栏中的【文件】→【打开】→【数据】命令打开一个保存的数据文件。

10.1.1.2　结果输出窗口

SPSS 的输出窗口(图 10.2),一般随执行统计分析命令而打开,用于显示统计分析结果、统计报告、统计图表等内容,允许用户对输出结果进行常规的编辑整理,窗口内容可以直接保存,保存文件的扩展名为"﹡.spv"。

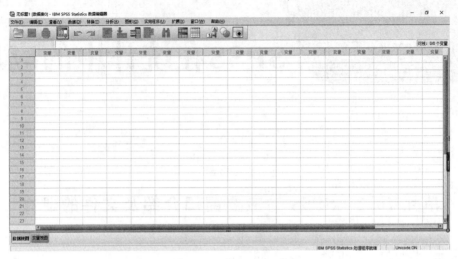

图 10.1　数据编辑窗口

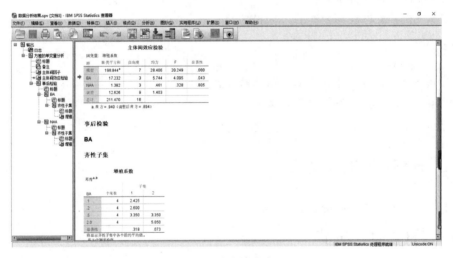

图 10.2　结果输出窗口

10.1.2　SPSS 数据文件的建立

SPSS 数据文件的建立可以利用【文件】菜单中的命令来实现。具体来说，SPSS 提供了多种创建数据文件的方法：

10.1.2.1　新建数据文件

打开 SPSS 软件后，通过在菜单栏中的【文件】→【新建】→【数据】命令，可以创建一个新的 SPSS 空数据文件。接着，用户需首先对变量进行设置，然后可以直接录入数据。

模块 10　SPSS 在统计中的应用

10.1.2.2　直接打开已有数据文件

打开 SPSS 软件后，在菜单栏中的【文件】→【打开】→【数据】命令，弹出【打开数据】对话框(图 10.3)。选中需要打开的数据类型和文件名，双击打开该文件。

图 10.3　【打开数据】对话框

10.1.2.3　利用数据库导入数据

打开软件后，在菜单栏中的【文件】→【导入数据】→【数据库】→【新建查询】命令，弹出【数据库向导】对话框(图 10.4)。通过这个数据库向导窗口，用户可以选择需要打开的文件类型，并按照窗口上的提示进行相关操作。

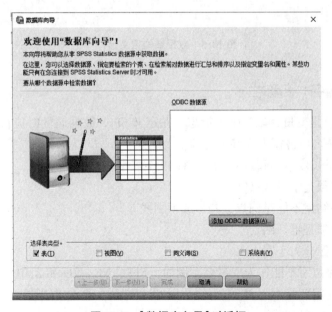

图 10.4　【数据库向导】对话框

· 197 ·

10.1.3 SPSS 数据文件的属性

一个完整的 SPSS 文件结构包括变量名称、变量类型、变量名标签、变量值标签等内容。用户可以在创建了数据文件后，单击数据浏览窗口左下方的【变量视图】选项卡，进入数据结构定义窗口(图 10.5)。用户可以在该窗口中设定或修改文件的各种属性。

注意：SPSS 数据文件中的一列数据称为一个变量，每个变量都应有一个变量名。SPSS 数据文件中的一行数据称为一条个案或观测量。

	名称	类型	宽度	小数位数	标签	值	缺失	列	对齐	测量	角色
1	品种	字符串	30	0		无	无	19	左	名义	输入
2	x1	数字	8	2	花的横径	无	无	8	右	标度	输入
3	x2	数字	8	2	花的纵径	无	无	8	右	标度	输入
4	x3	数字	8	2	小花横	无	无	8	右	标度	输入
5	x4	数字	8	2	小花纵	无	无	8	右	标度	输入
6	x5	数字	8	2	花序	无	无	8	右	标度	输入
7	x6	数字	8	2	体积	无	无	8	右	名义	输入
8	x7	数字	8	2	花梗	无	无	8	右	名义	输入
9	x8	数字	8	2	花瓣数量	无	无	8	右	名义	输入
10	x9	数字	8	2	花瓣形状	无	无	8	右	名义	输入
11	y1	数字	8	2	叶长	无	无	8	右	标度	输入
12	y2	数字	8	2	叶宽	无	无	8	右	标度	输入
13	y3	数字	8	2	幼叶颜色	无	无	8	右	标度	输入
14	y4	数字	8	2	老叶颜色	无	无	8	右	名义	输入
15	y5	数字	8	2	老枝颜色	无	无	8	右	名义	输入
16	y6	数字	8	2	花色变化	无	无	8	右	名义	输入
17											

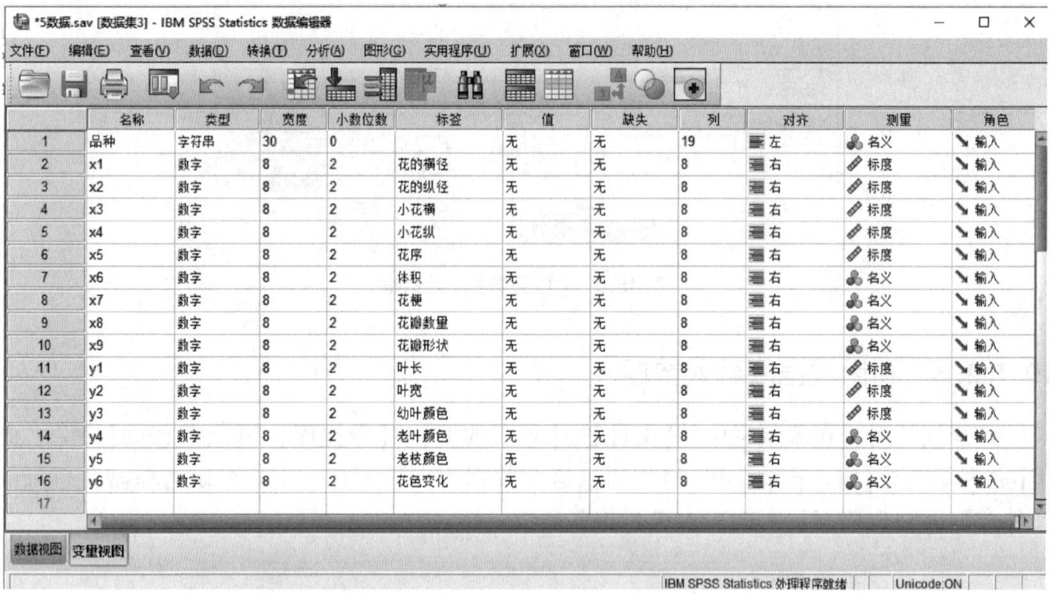

图 10.5 数据结构定义窗口

10.1.3.1 变量名：名称栏

变量名(名称)是变量存取的唯一标志。在定义 SPSS 数据属性时应首先给出每列变量的变量名。变量命名应遵循下列基本规则：

(1)SPSS 变量长度不能超过 64 个字符(32 个汉字)。

(2)首字母必须是字母或汉字。

(3)变量名的结尾不能是圆点、句号或下划线。

(4)变量名必须是唯一的。

(5)变量名不区分大小写。

(6)SPSS 的保留字不能作为变量名，例如，ALL、NE、EQ 和 AND 等。

如果用户不指定变量名，SPSS 软件会以“VAR”开头来命名变量，后面跟 5 个数字，如 VAR00001、VAR00019 等。

注意：为了方便记忆，用户所取的变量名最好与其代表的数据含义相对应。

10.1.3.2 变量类型：类型栏

变量类型是指每个变量取值的类型。SPSS 提供了 3 种基本数据类型：数值型、字符型和日期型(图 10.6)。数值型，应用最为广泛；字符型，由于分析、整理都较困难，建议尽量少用。日期型，实际上是特殊的数值型变量，尽量少用。

图 10.6　变量类型

10.1.3.3 变量格式宽度：宽度栏

变量格式宽度是指在数据窗口中变量列所占的单元格的列宽度，一般用户采用系统默认选项即可。值得注意的是，如果变量宽度大于变量格式宽度，此时数据窗口中显示变量名的字符数不够，变量名将被截去尾部作不完全显示。被截去的部分用"＊"号代替。

10.1.3.4 变量小数位数：小数位数栏

【小数位数】文本框可以设置变量的小数位数，系统默认为两位。

10.1.3.5 变量名标签：标签栏

变量名标签是对变量名含义的进一步解释说明，它可以增强变量名的可视性和统计分析结果的可读性。用户有时在处理大规模数据时，变量数目繁多，此时对每个变量的含义加以标注，有利于用户弄清每个变量代表的实际含义。变量名标签可用中文，总长度可达 120 个字符。该属性可以省略，但建议最好给出变量名的标签。

10.1.3.6 变量值标签：值栏

变量值标签(值)是对变量的可能的取值的含义进行进一步说明。变量值标签特别对于数值型变量表示非数值型变量时尤其有用。

定义和修改变量值标签，可以双击要修改值的单元格，在弹出的对话框的【值】文本框(图 10.7)中输入变量值，在【标签】文本框中输入变量值标签，然后单击【添加】按钮将对应关系选入下边的白框中。同时，可以单击【改变】和【移动】按钮对已有的标签值进行修改和剔除。最后单击【确定】按钮返回主界面。

图 10.7　变量值标签

10.1.3.7 变量缺失值：缺失栏

在统计分析中，收集到的数据可能会出现这样的情况：一种是数据中出现明显的错误和不合理的情形；另一种是有些数据项的数据漏填了。双击【缺失】栏，在弹出的对话框中

图 10.8 变量缺失值

(图 10.8)可以选择 3 种缺失值定义方式。

10.1.3.8 变量列宽：列栏

【列】栏主要用于定义列宽，单击其向上和向下的箭头按钮选定列宽度。系统默认宽度等于 8。

10.1.3.9 变量对齐方式：对齐栏

【对齐】栏主要用于定义变量对齐方式，用户可以选择左对齐、右对齐和居中对齐。系统默认变量右对齐。

10.1.3.10 变量测度水平：测量栏

【测量】栏主要用于定义变量的测度水平，用户可以选择标度（尺度测量）、有序（默认字母顺序表示大小顺序，等价于有序分类）和名义（等价于无序多分类）3 种类型。

10.1.3.11 变量角色：角色栏

【角色】栏主要用于定义变量在后续统计分析中的功能作用，用户可以选择 Input、Target 和 Both 等类型的角色(图 10.9)。

图 10.9 变量角色

10.1.4 SPSS 数据文件的整理

通常情况下，刚刚建立的数据文件并不能立即进行统计分析，这是因为收集到的数据还是原始数据，还不能直接利用分析。此时，需要对原始数据作进一步的加工、整理，使之更加科学、系统和合理。这项工作在数据分析中称为统计整理。

在 SPSS 中主要使用【数据】和【转换】两个菜单对数据进行整理。主要有：

10.1.4.1 排序

选择【数据】→【排列个案】命令，打开排序对话框。

10.1.4.2 抽样

选择【数据】→【选择个案】命令，打开选择个案对话框。

10.1.4.3 数据的合并

选择【数据】→【合并文件】→【添加个案】或者【添加变量】命令，通过进一步设置完成数据合并。

增加个案的数据合并：把新数据文件中的观测值合并到原数据文件中。

增加变量的数据合并：把两个或多个数据文件实现横向对接。

10.1.4.4 数据拆分

对数据文件中的观测值进行分组。选择【数据】→【拆分文件】，打开分割文件对话框。

10.1.4.5 计算新变量

在对数据文件中的数据进行统计分析的过程中，为了更有效地处理数据和反映事务的本质，需要对数据文件中的变量加工产生新的变量。选择【转换】→【计算变量】打开计算变量对话框进行操作。

10.1.5　SPSS 中数据的保存

通过打开【文件】→【保存】或者【文件】→【另保为】菜单方式来保存文件。SPSS 默认数据文件扩展名为"*.sav"

本单元小结

本单元主要介绍了 SPSS 软件数据窗口的组成，数据的建立方法：包括直接新建数据文件、打开已有数据文件或从数据库中导入数据文件。数据文件的属性的设置与修改。数据的整理：包括数据的排序、抽样、数据的合并、数据拆分、计算新变量，以及数据的保存。

相关链接

1. SPSS 软件的主要特点

（1）操作简便

界面非常友好，除了数据录入及部分命令程序等少数输入工作需要键盘键入外，大多数操作可通过鼠标拖曳、点击"菜单""按钮"和"对话框"来完成。

（2）编程方便

具有第四代语言的特点，告诉系统要做什么，无须告诉怎样做。只要了解统计分析的原理，不需通晓统计方法的各种算法，即可得到需要的统计分析结果。

（3）功能强大

具有完整的数据输入、编辑、统计分析、报表、图形制作等功能。自带 11 种类型 136 个函数。

（4）全面的数据接口

能够读取及输出多种格式的文件。如由 dBASE、FoxBASE、FoxPRO 产生的 *.dbf 文件，文本编辑器软件生成的 ASCⅡ 数据文件，Excel 的 *.xls 文件等均可转换成可供分析的 SPSS 数据文件。能够把 SPSS 的图形转换为 7 种图形文件。结果可保存为 *.txt，Word，PPT 及 html 格式的文件。

2. SPSS 软件的安装和卸载

(1) SPSS 的安装

SPSS Statistics25 光盘版的安装步骤：

①将 SPSS Statistics 25 安装光盘插入光驱。

②若系统设置为自动运行光盘状态，则会自动执行安装文件；若光盘没有自动运行，则在光盘目录中双击 setup.exe 文件，系统立即自动安装程序。

③按照安装向导界面的提示，指定安装路径、输入用户信息、序列号等，一步步地单击 Next 按钮，最后单击安装向导界面上的 Finish 按钮后，表示 SPSS 软件的安装程序结束。

(2) SPSS 的卸载

①在 Windows 的【开始】菜单中，选择【设置】→【控制面板】→【添加或删除硬件】命令，弹出【添加或删除硬件】对话框。

②在程序列表中选择【Spss Statistics 25】项，然后单击【删除】按钮。

③在执行完删除命令后，单击【确定】按钮，此时删除 SPSS 软件成功。

3. SPSS 软件启动与退出

(1) SPSS 软件启动

①通过点击"开始"→所有程序→"IBM SPSS Statistics"快捷方式启动。

②通过双击 SPSS 的默认文件"*.sav"启动。

③通过双击桌面创建的 SPSS 快捷方式启动。

(2) SPSS 软件退出

①直接单击 SPSS 窗口右上角的关闭按钮。

②单击 SPSS 标题栏上的快捷图标，在弹出的快捷菜单中选择"关闭"。

③单击菜单栏中的"文件"，选择"退出"。

④在桌面状态栏上，用如鼠标选择 SPSS 程序并单击右键，在弹出的快捷菜单中选择"关闭窗口"。

4. SPSS 运行方式

(1) 批处理方式

将已经编好的程序存储为一个文件，然后在 SPSS 中 Production 程序中打开并运行。

(2) 完全菜单窗口运行方式

主要通过利用鼠标选择窗口菜单和对话框完成各种操作。

(3) 程序运行方式

在命令窗口中直接运行编写好的程序或在脚本窗口中运行脚本程序。它与批处理方式一样需要使用者掌握专业的 SPSS 编程语法才能完成此项操作。

思考与练习

1. 如何进行 SPSS 数据文件的建立？
2. 如何进行数据的合并与拆分？
3. SPSS 数据文件的属性如何修改？

单元 10.2　利用 SPSS 进行描述统计

知识目标

1. 了解 SPSS 的描述统计功能；
2. 掌握 SPSS 的描述统计的操作方法。

技能目标

1. 学会利用 SPSS 的描述统计生成频数分布表；
2. 学会利用 SPSS 进行统计图的生成。

描述统计利用【分析】→【描述统计】来完成。

10.2.1　频数分析

描述统计分析是从频数分析开始的，它可以列出分类数据和数值型数据的频率分布表；计算数值型数据的算术平均数、中位数、众数；计算全距、四分位差、标准差、方差等。

10.2.1.1　分类数据

【例 10.1】　给定数据文件"饮料喜好调查数据.sav"，试分析调查人员的饮料喜好情况。

操作步骤：

打开数据文件"饮料喜好调查数据.sav"数据文件，选择【分析】→【描述统计】→【频率】打开频率对话框(图 10.10)。

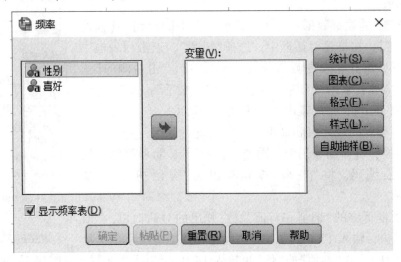

图 10.10　频率对话框

确定所要分析的变量。本例中要分析的变量是调查人员对不同饮料的喜好情况，因此选择频率对话框中的"喜好"，点击列表框中间的箭头按钮，将"喜好"加入右侧的变量列表框中，并选中窗口左下角的"显示频率表格"复选框，以确定输出频数分布表（图 10.11）。

喜好

		频率	百分比	有效百分比	累积百分比
有效	茶类饮料	6	24.0	24.0	24.0
	功能性饮料	3	12.0	12.0	36.0
	矿物质水	7	28.0	28.0	64.0
	其他	3	12.0	12.0	76.0
	碳酸饮料	6	24.0	24.0	100.0
	总计	25	100.0	100.0	

图 10.11　饮料喜好频数分布情况

10.2.1.2　数值型数据

【例 10.2】　某块林地上随机抽取 50 株林木，测得每株树的树高见表 10.1（单位：m）。计算实训资料 1 中数据的平均数、标准差、最大值、最小值；并编制频数分布表。

表 10.1　树高测定数据表

21.5	26.3	24.2	23.1	17.4	19.8	23.6	28.3	21.9	22.4
24.4	22.5	23.6	24.7	26.5	20.8	17.6	18.2	25.5	26.1
20.3	19.8	18.7	17.9	22.9	22.8	21.6	25.1	24.2	22.6
23.0	22.7	22.8	22.5	21.8	24.5	25.4	27.3	27.6	24.7
25.6	24.7	25.4	24.4	23.7	24.8	24.5	24.0	24.2	24.3

操作步骤：

打开 SPSS，将全部数据录入为一列后，点击【分析】→【描述统计】→【描述】，在描述对话框中，选择"树高"，点击列表框中间的箭头按钮，将其加入右侧的变量列表框中，点击右侧的【选项】按钮，将需要计算的统计量选中，如图 10.12 所示，点击【继续】，再点击【确定】，结果输出，如图 10.13 所示。

根据计算得到的最大值和最小值对数据进行分组，分为 6 个组，利用【转换】→【重新编码为不同变量】的功能，将各组的原始数据进行重新编码，将"树高"变量输出为"分组树高"，如图 10.14 所示。

点击对话框下方的"旧值和新值"，在弹出的对话框里，"旧值"选择"范围"，输入 17.0 到 18.9（该组包含数据的最小值，且采用上限排外法），在"新值"的"值"里输入 18.0，点击【添加】按

图 10.12　选项设置

描述统计

	N	范围	最小值	最大值	均值	标准 偏差	方差
树高	50	10.90	17.40	28.30	23.2440	2.57041	6.607
有效个案数（成列）	50						

图 10.13　描述统计结果

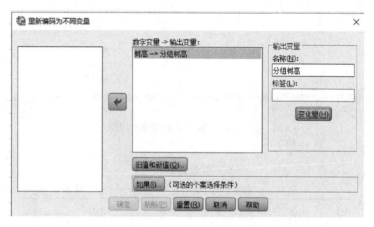

图 10.14　重新编码不同变量

钮，则在"旧→新"的空白框中输入了"17.0 thru 18.9→18.0"，即 17.0~18.9 的数据用 18.0 代替；利用同样的方法设置其他范围，如图 10.15 所示。

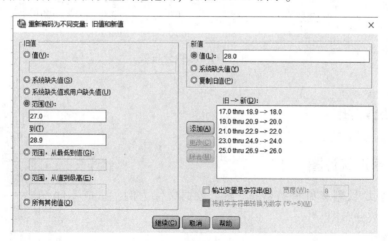

图 10.15　旧值和新值设置

点击【继续】，回到"重新编码为不同变量"的窗口，点击【确定】，结果输出，如图 10.16 所示。

然后统计每组的数据的个数，将上述资料编制频数分布表，并生成频数分布图。方法：【分析】→【描述统计】→【频率】，将"分组树高"置于右侧的"变量"里，点击【确定】，频数分布表即可输出，如图 10.17 所示。

	树高	分组树高
1	21.50	22.00
2	24.40	24.00
3	20.30	20.00
4	23.00	24.00
5	25.60	26.00
6	26.30	26.00
7	22.50	22.00
8	19.80	20.00
9	22.70	22.00
10	24.70	24.00
11	24.20	24.00
12	23.60	24.00
13	18.70	18.00
14	22.80	22.00
15	25.40	26.00
16	23.10	24.00
17	24.70	24.00
18	17.90	18.00
19	22.50	22.00
20	24.40	24.00
21	17.40	18.00
22	26.50	26.00
23	22.90	22.00

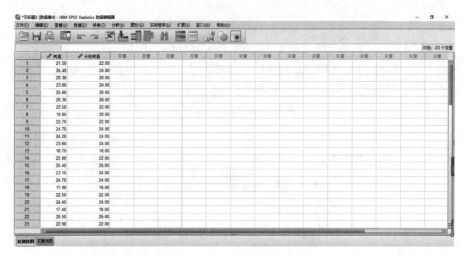

图 10.16 重新编码后的数据

分组树高

		频率	百分比	有效百分比	累积百分比
有效	18.00	5	10.0	10.0	10.0
	20.00	4	8.0	8.0	18.0
	22.00	12	24.0	24.0	42.0
	24.00	18	36.0	36.0	78.0
	26.00	8	16.0	16.0	94.0
	28.00	3	6.0	6.0	100.0
	总计	50	100.0	100.0	

图 10.17 频数分布表

10.2.2 统计图

10.2.2.1 条形统计图

我们还是以“饮料喜好调查数据 .sav”数据文件为例，生成不同饮料类型的人数分布图。

操作步骤：

(1)打开数据文件，选择“图形”→“旧对话框”→“条形图”，打开条形图选择对话框(图 10.18)。

(2)条形图形状的选择。

选项说明：

简单图：将各类数值用平等且等宽的条形简单地并列在一起的图形。

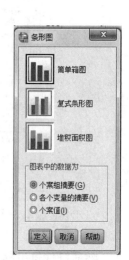

图 10.18 条形图选择对话框

簇状图：有两种以上分类的数据显示方式，首先将数据分为一类，然后各类数据再进一步细分为第二类，并用两个以上的条形图并列来分别表示（此例中选择此项）。

堆积图：有两种以上分类的数据显示方式，首先将数据分为一类，然后各类数据再进一步细分为第二类。作图时，以条形的全长代表分成的第一大类别，条形内部各段的长短代表第二类别的组成部分，各段之间是用不同的线条或颜色表示。

本题选择"簇状"图。

（3）数据统计量的方式选择。

选项说明：

个案组摘要：先对所有数据分类，后对每类创建条形图。

各个变量的摘要：对每个变量创建条形图。

个案值：对每个数据创建条形图。

本例选择系统默认，即个案组摘要。

（4）条形图变量及参数选择。在条形图对话框中单出"定义"，打开"条形图：个案摘要"窗口（图 10.19），对所选条形图各变量及参数进行设置。

选项说明：

条形表示：本例统计各类的人员数量，可直接默认选择"个案数"。

类别轴 X：选择"喜好"；

定义聚类：选择"性别"。

其余选项默认。

（5）结果输出。参数设置好后，点击"确定"按钮，返回到条形图对话界面，再点击"确定"，打开输出结果窗口，输出所需要的条形图表（图 10.20）。

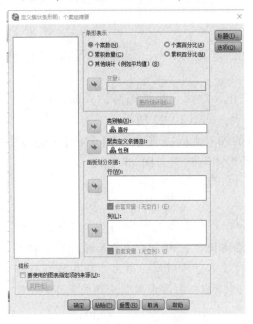

图 10.19 "条形图：个案摘要"窗口

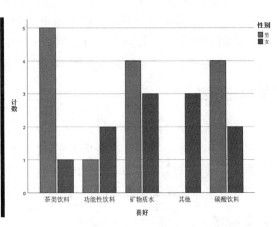

图 10.20 条形图

10.2.2.2 饼形统计图

我们仍以"饮料喜好调查数据.sav"数据文件为例。通过饼形图来了解喜好各类型饮料的人数在总人数中所占比例，即类别构成比例。

操作步骤：

（1）打开数据文件，选择"图形"→"旧对话框"→"饼图"，打开饼图选择对话框（图10.21）。

图 10.21　饼图选择对话框

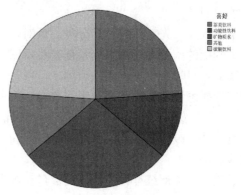

图 10.22　饼图

（2）计算数据统计量的方式选择。

选项说明：

个案组摘要：根据分组变量先对所有个案进行分组，然后对分组个案创建饼图。

各个变量的摘要：对每个变量创建饼图。

个案值：对每个个案创建饼图。

（3）饼图变量及参数选择。在饼图对话框中单出"定义"，打开"定义饼图：个案组摘要"窗口，对所选饼图各变量及参数进行设置。

（4）结果输出。参数设置好后，点击"确定"按钮，返回到条形图对话界面，再点击"确定"，打开输出结果窗口，输出所需要的饼形图表，如图10.22所示。

数值型数据的频数分布图可在频数分布表生成的同时生成，通过点击【分析】→【描述统计】→【频率】，设定变量，选择"图表"，选择"条形图"或"直方图"来生成。

本单元小结

本单元主要介绍了SPSS的描述统计中的频数分布表和图形的制作，以及数值型数据的常用统计量的计算。频数分布表通过【分析】→【描述统计】→【频率】来完成，对于数值型数据需首先计算常用统计量，进行分组，并完成数值的重新编码，然后才能生成频数分布表。图形的生成主要通过【图形】→【旧对话框】，选择相应的图形类型来完成制作。

相关链接

SPSS中的数据转换，可以重新编码为相同的变量或者不同的变量，也可以通过数字表达式来计算新的变量。重新编码为相同的变量比较简单，方法为：录入数据后，点击【转换】→【重新编码为相同的变量】，打开的窗口中，将需要转换的变量移入右侧的空白栏，点击【旧值和新值】按钮，打开的窗口中先设置旧值的具体数值或范围，再设置需要转换为的新值，然后在【旧→新】的左侧点击【添加】，则转换公式进入到空白区，点击【继续】，再点击【确定】，即可完成数据的转换。

如在方差分析中要求数据必须满足方差分析的基本假定，例如，百分数资料，不符合基本假定，在做分析之前需要进行数据转换，最常用的转换方法为平方根的反正弦转换。如利用 SPSS 完成该转换过程，则需利用原来变量计算新的变量，需用数字表达式来完成。下面具体介绍如何将百分数资料进行反正弦转换（$x' = \arcsin\sqrt{x}$，$0 \leq x \leq 1$）。

操作步骤为：打开 SPSS，录入 0-1 之间的百分数资料，点击【转换】→【计算变量】，打开的窗口中，在左侧的"目标变量"中输入"转换后的数据"，在"数字表达式"的空白处填写转换公式：在"函数组"里点击"算术"，在下方选中"ARSIN"，点击向上的箭头，则"ARSIN(?)"进入空白框，继续选中"SQRT"，点击向上的箭头，空白框内公式变为"ARSIN(SQRT(?))"，选中左侧框中的"成活率"，点击向右的箭头，公式变为："ARSIN(SQRT(成活率))"，再通过录入的方法，将公式填写完整为"ARSIN(SQRT(成活率))*180/3.14"，如图 10.23 所示，点击【确定】，则原数据里增加一列变量"转换后的数据"的数值，如图 10.24 所示。

图 10.23　计算变量窗口

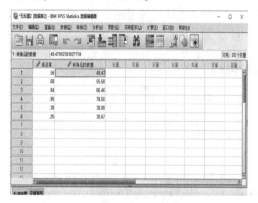

图 10.24　转换后的结果

思考与练习

1. 现调查了 5 个果实的果长、果宽和果重，数据见表 10.2，请利用描述统计计算果长、果宽、果重的平均数、标准差、方差、最大值、最小值。

表 10.2　某果实的调查数据

果长（mm）	果宽（mm）	果重（g）
56.72	48.42	53.21
54.32	47.94	52.87
55.36	49.26	53.28
48.94	43.25	50.02
52.09	45.87	50.82

2. 50个小区的水稻产量资料见表 10.3(小区面积 1 m², 单位 10 g), 试根据所给资料编制频数分布表。

表 10.3　50 个小区的水稻产量资

47	38	39	39	44	35	35	45	43	36
43	46	44	33	39	43	38	45	44	37
42	43	36	32	38	39	46	35	41	35
37	38	45	34	43	35	40	37	38	46
35	32	36	43	45	37	36	35	42	39

3. 将第 2 题编制好的频数分布表生成频数分布图。

单元 10.3　利用 SPSS 进行 t 检验

知识目标

1. 了解 t 检验的类型;
2. 掌握 t 检验的方法。

技能目标

1. 学会单样本 t 检验的方法;
2. 学会独立双样本 t 检验的方法。

10.3.1　单样本 t 检验

SPSS 可以进行单样本的 t 检验, 要求满足的条件是样本应该符合正态分布。下面通过具体实例介绍。

【例 10.3】 5 名学生彼此独立地测量同一块土地, 分别测得其面积为: 1.27, 1.24, 1.21, 1.28, 1.23(hm²); 设测定值服从正态分布, 试根据这些数据检验是否可以认为这块土地实际面积为 1.23 hm²(显著水平为 0.05)。

这种类型的题目解题过程采用两步法: 第一步进行单个样本统计量的计算; 第二步进行单个样本检验。

操作步骤:

打开 SPSS, 录入数据, 点击【分析】→【比较均值】→【单样本 T 检验】, 在弹出的对话框中, 将"面积"设置为"检验变量", 在"检验值"处填写 1.23, 在"选项"里可设置"置信区间百分比"(默认为 95%), 点击【继续】, 再点击【确定】, 结果输出, 如图 10.25 所示。

单样本统计

	个案数	平均值	标准 偏差	标准 误差平均值
面积	5	1.2460	.02881	.01288

单样本检验

检验值 = 1.23

	t	自由度	Sig.（双尾）	平均值差值	差值95% 置信区间 下限	差值95% 置信区间 上限
面积	1.242	4	.282	.01600	-.0198	.0518

图 10.25　单样本 t 检验结果

结果说明：平均数 1.2460，标准差 0.02881，双侧 P 值 0.282>0.05，所以，接受原假设，即可以认为这块土地的实际面积为 1.23 hm^2。

10.3.2　独立双样本 t 检验

独立双样本 t 检验，需注意：

（1）两样本必须是独立的，即从一总体中抽取一批样本对从另一总体中抽取一批样本没有任何影响，两组样本个案数目可以不同，个案顺序可以随意调整。

（2）样本来自的总体要服从正态分布且变量为连续测量数据。

（3）在进行独立两样本 t 检验之前，要通过 F 检验来看两样本的方差是否相等，从而选取恰当的统计方法。

在两个独立样本 t 检验中，SPSS 会给出方差齐性检验的结果，同时还给出两总体方差相等和不相等的两种 t 检验的结果。

【例 10.4】　某种羊毛在处理前后各抽取样本取得含脂率如下：

处理前：0.19、0.18、0.30、0.66、0.42、0.08、0.12、0.30、0.27、0.21

处 理 后：0.15、0.13、0.07、0.24、0.19、0.04、0.08、0.20

问：经处理后含脂有无明显变化。

操作步骤：

（1）数据输入

点击数据编辑窗口底部的"变量视图"标签，进入"变量视图"窗口，分别命名两变量"组别"和"含脂率"，组别小数位定义为 0，用 1 表示"处理前"，2 表示"处理后"。再在数据视图窗口里录入数据（图 10.26）。

图 10.26　数据的录入

（2）统计分析

依次单击主菜单【分析】→【比较均值】→【独立样本 T 检验】，设定检验变量"含脂率"和分组变量"组别"，如图 10.27 所示。然后点击"定义组"，进入对话框，分别在组 1、组 2 中输入代表组别的代码"1"、"2"，如图 10.28 所示，点击【继续】，再点击【确定】，结果输出，如图 10.29 所示。

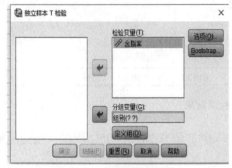

图 10.27　检验变量的设定

图 10.28　定义组的设定

组统计

	组别	个案数	平均值	标准差	标准误差平均值
含脂率	1	10	0.2730	0.16767	0.05302
	2	8	0.1375	0.07046	0.02491

独立样本检验

		莱文方差等同性检验		平均值等同性 t 检验						
		F	显著性	t	自由度	显著性（双尾）	平均值差值	标准误差差值	差值95%置信区间	
									下限	上限
含脂率	假定等方差	2.088	0.168	2.130	16	0.049	0.13550	0.06361	0.00065	0.27035
	不假定等方差			2.313	12.621	0.038	0.13550	0.05858	0.00856	0.26244

图 10.29　结果输出

结果说明：

输出结果中第一张表是描述统计的结果；第二张表是 t 检验的结果：F 检验的显著性为 $0.168>0.05$，所以接受原假设，即两组方差差异不显著，即方差齐性。

所以，选用方差相等的一行的结果，即 $t=2.130$，$df=16$，$p=0.049<0.05$，所以，拒绝原假设，即认为处理前和处理后含脂率差异显著。

本单元小结

本单元主要介绍了利用 SPSS 进行单样本 t 检验和独立双样本 t 检验的方法。单样本 t 检验是指给定一个样本资料，利用该样本资料检验与样本所在总体的平均数与给定的已知数之间的差异，需利用【分析】→【比较均值】→【单样本 T 检验】来完成。独立双样本 t 检验则是给定两个相互独立的样本，比较两个样本分别所在总体之间的差异，需要通过【分析】→【比较均值】→【独立样本 T 检验】来完成。

相关链接

SPSS 中 t 检验还包括摘要样本 t 检验和成对样本 t 检验。摘要样本 t 检验是针对没有给出原始数据,仅给出了两个样本的样本容量、平均数、标准差等信息,利用给定信息分析进行 t 检验,也属于两独立样本的 t 检验,但必须通过【分析】→【比较均值】→【摘要独立样本 T 检验】来完成。

成对样本 t 检验是针对成对(配对)资料,即不同对象按条件配成对子,每个对子再采用不同的处理方法。这类资料的 t 检验时需通过【分析】→【比较均值】→【成对样本 T 检验】来完成。

思考与练习

1. 为了比较两个白榆种源苗高生长的差异,现从两种不同种源的白榆苗中分别随机抽取 11 株,测其苗高,数据见表 10.4,请分析这两个白榆种源的苗高生长差异是否显著。(假设苗高满足独立、正态、等方差的条件)。

表 10.4 测定数据表

种源 A	70	47	56	59	70	72	71	74	66	76	71
种源 B	66	63	70	64	60	56	59	63	62	62	60

2. 为防治某种害虫而将某农药施入土中,但规定经三年后土壤中如有 5 mg/kg 以上浓度时,认为有残效。现在施药区内分别抽取 10 个土样(施药 3 年后)进行分析,它们的浓度分别为 4.8、3.2、3.6、6.0、5.4、7.6、2.1、2.5、3.1、3.5(单位:mg/kg);设浓度近似地服从正态分布,试用单样本 t 检验分析该农药经三年后是否有残效。

3. 已知两个糯玉米品种 A 和 B 的出籽率(%)的方差不相等,现分别抽取样本检验其出籽率,样本数据见表 10.5,试用独立双样本 t 检验分析两品种出籽率的差异性。

表 10.5 A、B 两品种的出籽率资料 %

品种 A	70.5	74.5	76.5	59.6	70.2	72.8	74.6	71.3
品种 B	66.5	63.4	70.3	64.9	60.8	56.2	63.6	60.6

单元 10.4 利用 SPSS 进行方差分析

知识目标

1. 了解方差分析的类型;
2. 掌握单因素和多因素方差分析的知识。

技能目标

1. 学会单因素方差分析方法;
2. 学会多因素方差分析方法。

10.4.1 单因素方差分析

SPSS 方差分析的方法：单变量单因素方差分析、单变量多因素方差分析、多变量多因素等方差分析。

【例 10.5】 以 A、B、C、D 4 种肥料处理某树种植株，其中 A 为对照，每处理各得 4 个株高观察值，其结果见表 10.6，试进行方差分析。

表 10.6 不同肥料处理的某树种株高   cm

药剂	苗高观察值				
A	31.9	27.9	31.8	28.4	35.9
B	24.8	25.7	26.8	27.9	26.2
C	22.1	23.6	27.3	24.9	25.8
D	27.0	30.8	29.0	24.5	28.5

操作步骤：

将数据录入 SPSS，变量有两个：药剂和苗高，变量"药剂"，用 1、2、3、4 代表，小数定义为 0。另一个变量"苗高"，小数位定义为 1。

选择【分析】→【比较均值】→【单因素 ANOVA 检验】，打开单因素方差分析窗口，将"苗高"移入因变量列表框，将"肥料"移入因子列表框，如图 10.30 所示。

图 10.30 单因素方差分析窗口

点击【事后多重比较】，选择 LSD 和 Duncan(D)，点击【继续】，点击【确定】。

单击【事后多重比较】按钮，打开"单因素 ANOVA 检验：事后多重比较"窗口（图 10.31）。在假定方差齐性选项栏中选择常用的 LSD 检验法，或者 Duncan 检验法，在显著性水平框中输入 0.05，点击继续，回到方差分析窗口。

单击【选项】按钮，打开"单因素 ANOVA 检验选项"窗口（图 10.32），在统计量选项框中勾选"描述性"和"方差同质性检验"。并勾选均值图复选框，点击【继续】，回到"单因素 ANOVA 选项"窗口，点击【确定】，就会在输出窗口中输出分析结果（图 10.33~图 10.35）。

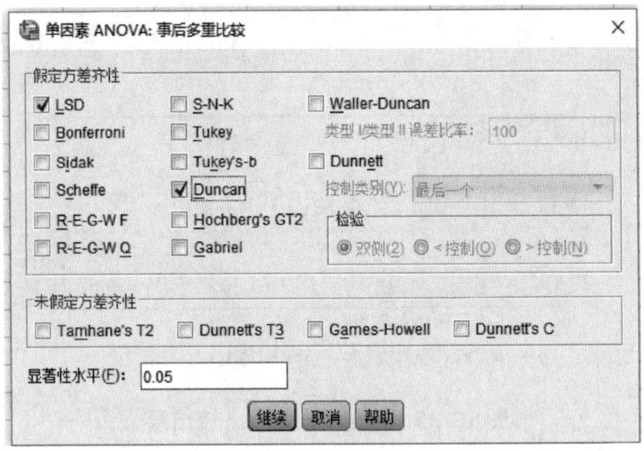

模块 10　SPSS 在统计中的应用

图 10.31　"单因素 ANOVA 检验：事后多重比较"窗口

图 10.32　单因素 ANOVA 选项

方差齐性检验

苗高		莱文统计	自由度 1	自由度 2	显著性
	基于平均值	1.330	3	16	.299
	基于中位数	.843	3	16	.490
	基于中位数并具有调整后自由度	.843	3	11.048	.498
	基于剪除后平均值	1.369	3	16	.288

ANOVA

苗高

	平方和	自由度	均方	F	显著性
组间	114.268	3	38.089	7.136	.003
组内	85.400	16	5.337		
总计	199.668	19			

图 10.33　方差齐性检验及单因素方差分析结果

多重比较

因变量：苗高

	(I) 肥料	(J) 肥料	平均值差值 (I-J)	标准 错误	显著性	95% 置信区间 下限	95% 置信区间 上限
LSD	1	2	4.9000*	1.4612	.004	1.802	7.998
		3	6.4400*	1.4612	.000	3.342	9.538
		4	3.2200*	1.4612	.043	.122	6.318
	2	1	-4.9000*	1.4612	.004	-7.998	-1.802
		3	1.5400	1.4612	.308	-1.558	4.638
		4	-1.6800	1.4612	.267	-4.778	1.418
	3	1	-6.4400*	1.4612	.000	-9.538	-3.342
		2	-1.5400	1.4612	.308	-4.638	1.558
		4	-3.2200*	1.4612	.043	-6.318	-.122
	4	1	-3.2200*	1.4612	.043	-6.318	-.122
		2	1.6800	1.4612	.267	-1.418	4.778
		3	3.2200*	1.4612	.043	.122	6.318

*. 平均值差值的显著性水平为 0.05。

图 10.34　LSD 事后比较结果

· 215 ·

苗高

肥料		个案数	Alpha 的子集 = 0.05	
			1	2
邓肯[a]	3	5	24.740	
	2	5	26.280	
	4	5	27.960	
	1	5		31.180
	显著性		.052	1.000

将显示齐性子集中各个组的平均值。
a. 使用调和平均值样本大小 = 5.000。

图 10.35　Duncan 事后比较结果

结果说明：

方差分析表显示 $P = 0.003 < 0.05$，所以组间差异显著；LSD 事后比较结果显示：处理 1 与处理 2、3、4 之间差异显著，处理 3 与处理 4 之间差异显著；Duncan 事后比较结果显示：处理 1 与处理 2、3、4 之间差异显著。

10.4.2　多因素方差分析

多因素方差分析，需录入数据后，选择【一般线性模型】，有"单变量""多变量""重复测量"之分，根据题目信息进行选择，分别设定因变量、因子等，再设定"模型"以及"事后比较"等，设定好后点击确定，即可输出结果。

【**例 10.6**】　为研究某松毛虫的幼虫取食量，现有 4 种类型的松毛虫 A_1、A_2、A_3、A_4 分别取 1 代，2 代，3 代幼虫的食叶长，每代 3 只，在相同条件下试验，并获得它们的食叶长，数据见表 10.7，试做方差分析。

表 10.7　各类型松毛虫不同时期的幼虫的食叶长　　cm

品系(A)	不同时期幼虫(B)		
	B_1(1 代)	B_2(2 代)	B_3(3 代)
A_1	106	116	145
A_2	42	68	115
A_3	70	111	133
A_4	42	63	87

操作步骤：

(1)打开 SPSS，设置变量并录入数据，品系用数字"1、2、3、4"代替，不同时期幼虫用"1、2、3"代替，如图 10.36 所示。

(2)点击【分析】→【一般线性模型】→【单变量】，设置固定因子与因变量，如图 10.37 所示。点击【模型】可设置"全因子、构建项、定制构建项"模型(默认为全因子模型，即交互效应同时分析)，本例选择"构建项"，类型选择"主效应"，将"品系"和"幼虫时期"通过向右的箭头置于右侧"模型"的空白栏，如图 10.38 所示，点击【继续】，回到变量设置

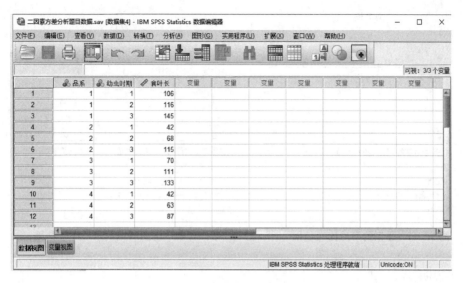

图 10.36 录入数据

窗口。点击【事后比较】,设置需要进行事后比较的变量,并选中"邓肯"检验法,如图 10.39 所示,点击【继续】,再点击【确定】,结果输出,如图 10.40~图 10.42 所示。

图 10.37 变量设置

图 10.38 单变量模型的设置

图 10.39 事后比较设置

主体间效应检验

因变量: 食叶长

源	III 类平方和	自由度	均方	F	显著性
修正模型	12531.667[a]	5	2506.333	27.677	.000
截距	100467.000	1	100467.000	1109.452	.000
品系	6457.667	3	2152.556	23.771	.001
幼虫时期	6074.000	2	3037.000	33.537	.001
误差	543.333	6	90.556		
总计	113542.000	12			
修正后总计	13075.000	11			

a. R 方 =.958 (调整后 R 方 =.924)

图 10.40 方差分析结果

邓肯 a,b		食叶长	
		子集	
品系	个案数	1	2
4	3	64.00	
2	3	75.00	
3	3		104.67
1	3		122.33
显著性		.207	.063

将显示齐性子集中各个组的平均值。
基于实测平均值。
误差项是均方（误差）=90.556。
a. 使用调和平均值样本大小 = 3.000。
b. Alpha = 0.05。

图 10.41　品系的事后比较结果

邓肯 a,b		食叶长		
		子集		
幼虫时期	个案数	1	2	3
1	4	65.00		
2	4		89.50	
3	4			120.00
显著性		1.000	1.000	1.000

将显示齐性子集中各个组的平均值。
基于实测平均值。
误差项是均方（误差）=90.556。
a. 使用调和平均值样本大小 = 4.000。
b. Alpha = 0.05。

图 10.42　幼虫时期的事后比较结果

结果说明：

图 10.40 方差分析结果得出：品系和幼虫时期的显著性均小于 0.05，所以品系间差异显著，幼虫时期间差异显著。事后比较结果得出：品系 1 与 3 之间差异不显著，品系 2 与 4 之间差异不显著，但品系 1、3 和品系 2、4 之间差异均显著。幼虫时期 1、2、3 两两间差异均显著。

本单元小结

本单元主要介绍了利用 SPSS 进行方差分析，单因素方差分析和多因素方差分析。单因素方差分析适用于单因素试验，即只试验一个因素对结果的影响，其分析方法为【分析】→【比较平均值】→【单因素 ANOVA 检验】。多因素试验，则是在试验中同时考虑多个试验因素对结果的影响，其分析方法为【分析】→【一般线性模型】→【单变量】。

相关链接

多因素方差分析包括无重复单变量、有重复单变量、无重复多变量、有重复多变量的类型。无重复单变量的类型如例 10.6，有重复单变量如本单元的实训资料 2，录入数据时，每个处理组合有 4 次重复，需要录入 4 行数据，即每个处理重复几次，录入几行。

无重复和有重复多变量的类型，数据的录入方法相同，只是增加了变量的数量。分析方法为【分析】→【一般线性模型】→【多变量】，将需要分析因变量全部放入右侧的因变量空白框内，将试验因素放入固定因子的空白框，点击【模型】进行选择，点击【继续】，再点击【事后比较】等进行设置，最后点击【确定】，即可输出分析结果。

思考与练习

1. 设有 A、B、C、D、E 5 个大豆品种，其中 E 为对照，进行大区比较试验，成熟后分别在 5 块地测量产量，每块地随机抽样 4 个样点，每点产量(kg)见表 10.8，试利用单因素方差分析检验 5 个大豆品种产量的差异显著性。

表 10.8　各样点大豆产量调查结果

品种	样点			
	1	2	3	4
A	23	22	25	23
B	21	20	22	19
C	22	23	23	20
D	20	19	18	18
E	15	16	17	16

2. 欲比较毛白杨4个无性系的生长量，每个无性系随机抽取3株，结果见表10.9，利用SPSS的单因素方差分析试判断4个无性系间是否存在差异。

表 10.9　4个毛白杨无性系试验结果

无性系	1	2	3
A	2	4	8
B	6	7	11
C	12	12	15
D	13	13	18

3. 做杂交试验，设有3个父本、2个母本，子代苗小区平均值见表10.10，试利用SPSS方差分析判断父本、母本的差异显著性。

表 10.10　杂交试验小区平均值

父本	母本	
	1	2
1	2	8
2	4	4
3	6	6

4. 某杂交试验，设有2个母本、3个父本，子代苗重复2次，结果见表10.11，试判断母本、父本及父母交互作用的差异显著性。

表 10.11　有重复杂交试验结果

父本	母本			
	1		2	
1	1	3	9	7
2	5	3	3	5
3	5	7	5	7

单元 10.5　利用 SPSS 进行相关与回归分析

知识目标

1. 掌握双变量相关分析的相关知识；

2. 掌握一元线性回归分析的相关知识。

技能目标

1. 学会双变量相关分析的方法；
2. 学会一元线性回归分析的方法。

10.5.1 相关分析

SPSS 相关分析的方法：

①双变量分析：用于进行两个或多个变量间的参数与非参数相关分析，如为多个变量，给出两两相关的分析结果。

②偏相关分析：分析在一个或多个变量影响下，两个变量之间的相关关系。

③距离分析：即相似性分析。

这部分仅介绍双变量的相关分析。

【例 10.7】 调查了 29 人身高、体重和肺活量的数据（表 10.12），试分析这三者之间的相互关系。

表 10.12 29 人身高、体重和肺活量的数据

编号	身高（cm）	体重（kg）	肺活量（L）	编号	身高（cm）	体重（kg）	肺活量（L）
1	135.1	32.0	1.8	16	153.0	32.0	1.8
2	139.9	30.4	1.8	17	147.6	40.5	2.0
3	163.6	46.2	2.8	18	157.5	43.3	2.3
4	146.5	33.5	2.5	19	155.1	44.7	2.8
5	156.2	37.1	2.8	20	160.5	37.5	2.0
6	156.4	35.5	2.0	21	143.0	31.5	1.8
7	167.8	41.5	2.8	22	149.9	33.9	2.3
8	149.7	31.0	1.5	23	160.8	40.4	2.8
9	145.0	33.0	2.5	24	159.0	38.5	2.3
10	148.5	37.2	2.3	25	158.2	37.5	2.0
11	165.5	49.5	3.0	26	150.0	36.0	1.8
12	135.0	27.6	1.3	27	144.5	34.7	2.3
13	153.3	41.0	2.8	28	154.6	39.5	2.5
14	152.0	32.0	1.8	29	156.5	32.0	1.8
15	160.5	47.2	2.3				

操作步骤：

(1)打开 SPSS，建立数据文件。

(2)选择【分析】→【相关】→【双变量】,打开双变量相关分析对话框。

(3)选择分析变量:将"身高""体重"和"肺活量"分别移入分析变量框中。

(4)选择相关分析方法。在相关系数栏有3种相关系数,分别对应3种方法:

pearsonhc 皮尔逊相关系数:计算连续变量或者是等间隔测度的变量间的相关系数。系统默认方法。

Kendall'stau-b 肯德尔 τ-b 复选项,计算分类变量之间的秩相关。

Speaman 斯皮尔曼。

(5)显著性检验。双侧检验:事先不知道相关方向时选择此项;单侧检验:如果事先知道相关方向可以选择此项。

"标记显著性检验"复选项:选中该复选项,输出结果中在相关系数右上角用"*"表示显著性水平为5%;用"**"表示显著水平为1%。

(6)【选项】对话框中的选择项。在双变量相关主窗口中单击【选项】,打开"双变量相关性:选项"窗口(图 10.43),本例在统计时选项选择"均值和标准差",在缺失值选项选择默认,即"按对排除个案"。

(7)在双变量主窗口点击确定,SPSS 就会把分析结果显示在输出浏览器中(图 10.44)。

(8)结果分析。上面第一个表给出了各分析变量的描述统计量"均值""标准差"和"样本量 N"。

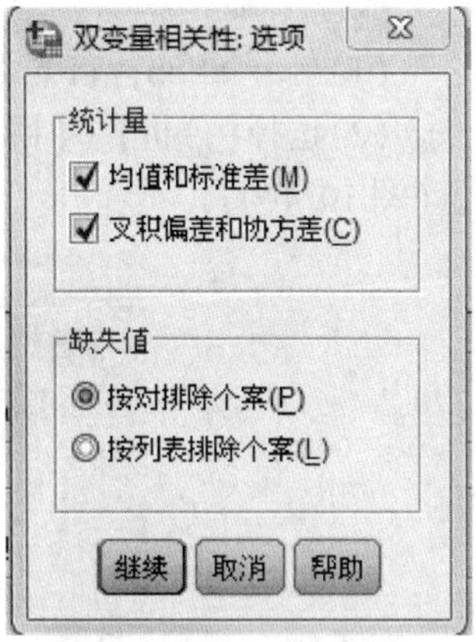

图 10.43 "双变量相关性:选项"窗口

从第二个表看出,身高与体重的相关系数为 0.742,身高与肺活量的相关系数为 0.600,肺活量与体重的相关系数为 0.751,其右上角均标有"**",代表身高与体重之间,身高与肺活量之间,肺活量与体重之间的相关性均达到了极显著水平。

描述性统计量

	均值	标准差	N
身高	152.5966	8.36150	29
体重	37.128	5.5328	29
肺活量	2.1897	.45146	29

相关性

		身高	体重	肺活量
身高	Pearson 相关性	1	.742**	.600**
	显著性(双侧)		.000	.001
	N	29	29	29
体重	Pearson 相关性	.742**	1	.751**
	显著性(双侧)	.000		.000
	N	29	29	29
肺活量	Pearson 相关性	.600**	.751**	1
	显著性(双侧)	.001	.000	
	N	29	29	29

**. 在 .01 水平(双侧)上显著相关。

图 10.44 相关性分析结果

10.5.2 回归分析

回归分析是确定两种或两种以上变量间相互依赖的定量关系的一种统计分析方法。根据涉及变量的多少分为一元回归分析和多元回归分析；根据自变量和因变量之间的关系类型分为线性回归分析和非线性回归分析。

这里仅介绍一元线性回归分析。

【例 10.8】 研究某花生品种叶位 y 与生长天数 x 之间的关系，观察数据见表 10.13，试建立叶位 y 依生长天数 x 的回归方程。

表 10.13 叶位与生长天数观察数据

生长天数 x	8	15	20	25	35	40	49	56	62	67	73	80	95	100	110
叶位 y	6	7	8	9	10	11	12	13	14	15	16	17	18	19	20

操作步骤：

(1) 打开 SPSS，首先设置变量，然后录入数据，如图 10.45 所示。

(2) 选择【分析】→【回归】→【线性】，打开线性回归分析对话框，设置自变量和因变量(图 10.46)。

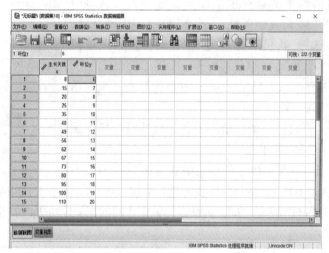

图 10.45 数据录入

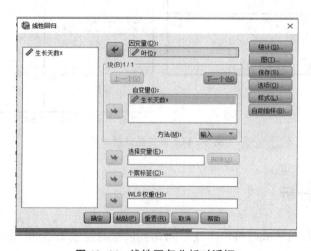

图 10.46 线性回归分析对话框

(3)在线性回归窗口中点击"统计",打开线性回归统计窗口(图10.47),对统计量进行设置。

在"线性回归:统计"窗口的各选项中,选中"估计值"可输出回归系数b及其标准误,t值和p值,还有标准化的回归系数。选中"模型拟合",可输出模型拟合过程中进入、退出的变量的列表,以及一些有关拟合优度的检验:R、R^2和调整的R^2,标准误及方差分析表。

图10.47 线性回归统计量窗口

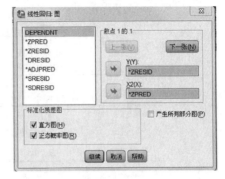

图10.48 "线性回归:图"窗口

(4)在线性回归窗口中点击"图",打开"线性回归:图"窗口(图10.48),选择绘制标准化残差图,其中的正态概率图是rankit图。同时,还需要画出残差图,Y轴选择:ZRESID(标准化残差),X轴选择:ZPRED(标准化预测值)。

左上框中各项的意义分别为:DEPENDNT,因变量;ZPRED,标准化预测值;ZRESID,标准化残差;DRESID,删除残差;ADJPRED,调节预测值;SRESID,学生化残差;SDRESID,学生化删除残差。

(5)线性回归窗口的"保存"用于存储回归分析的中间结果[如预测值系列、残差系列、距离(Distances)系列、预测值可信区间系列、波动统计量系列等],以便做进一步的分析,本题暂不保存任何项。

(6)在线性回归窗口中点击【选项】,打开"线性回归:选项"窗口(图10.49)。

步进方法标准单选钮组:设置纳入和排除标准,可按P值或F值来设置;在等式中包含常量复选框:用于决定是否在模型中包括常数项,默认选中。

(7)结果输出与分析:包括回归分析过程中输入、移去模型记录;模型汇总;离散分析(Anova);回归方程的系数;残差正态概率图(rankit图)、残差分析图和直方图。部分输出结果如图10.50所示。

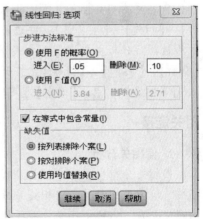

图10.49 "线性回归:选项"窗口

根据上述结果,可得到回归系数b为0.139,回归截距(常量)为5.258,所以花生叶位y依生长天数x在直线回归方程为:$\hat{y}=5.258+0.139x$。

	ANOVA[a]				
模型		平方和	自由度	均方	F	显著性
1	回归	278.138	1	278.138	1942.231	.000[b]
	残差	1.862	13	.143		
	总计	280.000	14			

a. 因变量: 叶位y
b. 预测变量: (常量), 生长天数x

	系数[a]					
		未标准化系数		标准化系数		
模型		B	标准错误	Beta	t	显著性
1	(常量)	5.258	.201		26.161	.000
	生长天数x	.139	.003	.997	44.071	.000

a. 因变量: 叶位y

残差统计[a]					
	最小值	最大值	平均值	标准偏差	个案数
预测值	6.37	20.56	13.00	4.457	15
残差	-.556	.616	.000	.365	15
标准预测值	-1.487	1.695	.000	1.000	15
标准残差	-1.469	1.628	.000	.964	15

a. 因变量: 叶位y

图10.50 一元线性回归结果

本单元小结

本单元主要介绍了双变量相关分析和一元线性回归分析。双变量相关分析主要研究两个变量之间的相关性，数据的录入时，需将要分析的每个变量录入一列，分析时利用【分析】→【相关】→【双变量】，并进行变量设置及选项设置等，点击【确定】即可输出结果。一元线性回归分析主要涉及两个变量，分析两个变量之间是否存在直线关系，分析时利用【分析】→【回归】→【线性】，打开线性回归的变量设置窗口设置变量，并完成【选项】和【图】等的设置，点击【确定】即可输出结果。

相关链接

1. 偏相关分析

偏相关分析也称为净相关分析，它在控制其他变量的线性影响下分析两变量间的线性相关，所采用的工具是偏相关系数(净相关系数)。运用偏相关分析可以有效地揭示变量间的真实关系，识别干扰变量并寻找隐含的相关性。例如，控制年龄和工作经验的影响，估计工资收入与受教育水平之间的相关关系(排除第三者)。

偏相关分析过程，当进行相关分析的两个变量的取值都受到其他变量的影响时，就可以利用偏相关分析对其他变量进行控制，输出控制其他变量影响后的相关系数。

其分析过程利用【分析】→【相关】→【偏相关】来完成，其结果包括描述性输出和相关性输出。描述性统计量表格给出变量登记表统计信息，包括均值、标准差和频率。相关性表格给出所有变量的0阶偏相关(Pearson简单相关)系数和1阶偏相关系数的计算结果，以及它们各自的显著性检验 P 值。

2. 线性回归

回归分析的一般步骤：

①确定回归方程中的解释变量（自变量）和被解释变量（因变量）；

②确定回归模型；

③建立回归方程；

④对回归方程进行各种检验；

⑤利用回归方程进行预测。

思考与练习

1. 在马铃薯膨化试验中，测得膨化度 y 和复水比 x 数据见表 10.14，试进行相关分析。

表 10.14　膨化度与复水比测定结果表

复水比 x	1.82	1.97	2.13	2.15	2.17
膨化度 y	1.94	2.25	2.31	2.32	2.33

2. 对 8 个鲁麦系列品种的株高 y(cm) 与穗长 x(cm) 进行测量，得数据见表 10.15，求 y 依 x 的直线回归方程。

表 10.15　鲁麦株高与穗长测量数据

穗长 x	8.24	6.43	6.21	7.31	9.42	8.37	8.98	8.79
株高 y	77.03	71.44	72.65	72.45	86.19	76.69	84.10	85.47

3. 一些夏季害虫盛发期的早迟和春季温度高低有关。某地连续 9 年测定 3 月下旬至 4 月中旬平均气温 x(℃) 和水稻一代三化螟盛发期 y(以 5 月 10 日为 0)的关系，结果见表 10.16，试进行回归分析。

表 10.16　累积温度和一代三化螟盛发期的调查数据

累积温度 x(℃)	盛发期 y	累积温度 x(℃)	盛发期 y
35.5	12	40.2	3
34.1	15	32.6	13
31.7	9	39.2	9
40.3	2	44.0	−1
37.2	8		

实训 10.1　利用 SPSS 进行描述统计

一、实训目的

1. 能进行频数分布表和分布图的生成；
2. 能进行常用统计量的计算。

二、实训资料

1. 为了掌握某林区各类林业用地的比例,在林区内随机抽取 50 个样点进行调查,其中:A 为有林地、B 为疏林地、C 为未成林造林地、D 为无林地、E 为农地,调查结果见表 10.17。

表 10.17 林业用地调查结果表

A	A	B	C	A	A	D	A	A	A
A	A	A	A	D	C	C	C	C	B
A	A	C	C	A	D	C	C	D	A
A	E	C	A	A	C	A	A	A	A
A	A	A	C	C	C	C	C	A	A

2. 在某林场的森林资源调查中,随机抽取了 50 个样地调查林分蓄积量,调查结果见表 10.18(单位:m^3/hm^2)。

表 10.18 林分蓄积量调查结果表

47	78	59	89	154	165	235	205	183	166
73	66	54	63	79	83	98	95	84	77
62	73	76	82	88	89	96	105	201	135
147	158	165	134	153	165	150	127	138	146
75	82	86	93	95	107	116	135	152	129

三、实训内容

1. 对实训资料 1 的数据,利用 SPSS 的描述统计功能,生成林业用地类型的频数分布表。
2. 对实训资料 2 的数据,计算数据的平均数、标准差、最大值、最小值。
3. 对实训资料 2 的数据编制频数分布表,并生成频数分布图。

四、实训作业

将分析结果整理成 Word 文件形式上交。文件命名:学生姓名-实训名称。

实训 10.2 利用 SPSS 进行 t 检验

一、实训目的

1. 能进行单个样本平均数的 t 检验;
2. 能进行独立双样本平均数的 t 检验。

二、实训资料

1. 某试验田测定土壤硝态氮含量,共测定 6 次,结果分别为:133.5、128.4、118.3、146.2、138.5、142.1(单位:mg/kg),若规定土壤硝态氮含量高于 110 mg/kg,则存在硝态氮的淋移,试检验该试验田是否存在硝态氮淋移的风险。

2. 在不同的土壤上进行较大面积的育苗试验,秋后进行随机抽样调查,得到的苗高资料见表 10.19(单位:cm)(苗高服从正态分布):

表 10.19 两种土壤类型的苗高调查数据

砂土	32	34	76	72	75	64	66	40	38	42		
壤土	50	51	55	87	91	93	55	57	62	74	76	72

根据这两个样本资料,检验两种土壤类型上苗高生长有无差异?

三、实训内容

1. 对实训资料 1 进行单样本资料的 t 检验;
2. 对实训资料 2 进行独立双样本 t 检验。

四、实训作业

将分析结果整理到 Word 文件中,并附上对结果解释,以 Word 文件形式上交。文件命名:学生姓名-实训名称。

实训 10.3　利用 SPSS 进行方差分析

一、实训目的

1. 能利用 SPSS 进行单因素方差分析;
2. 能利用 SPSS 进行多因素方差分析。

二、实训资料

1. 某病虫测报站,调查 4 种不同类型的树林 28 块,每一类型的树林所得微红梢斑螟密度列于表 10.20,试问不同树林微红梢斑螟密度有否显著差异?

表 10.20　不同树林微红梢斑螟密度

稻田类型	编号							
	1	2	3	4	5	6	7	8
Ⅰ	10	11	12	13	13	14	15	12
Ⅱ	12	8	9	11	12	9	10	10
Ⅲ	7	2	8	9	10	11	10	9
Ⅳ	9	9	8	7	6	8	10	7

2. 为了从 3 个水平的氮肥(B 因素)和 3 个水平的磷肥(A 因素)中选择最有利树苗生长的最佳水平组合,设计了两因素试验,每一水平组合重复 4 次,结果见表 10.21,试进行方差分析。

表 10.21　氮肥和磷肥对树苗生长的生物量影响

磷肥	氮肥											
	B_1				B_2				B_3			
A_1	51	59	33	35	21	22	35	34	16	32	36	21
A_2	57	69	60	50	53	48	43	46	18	32	28	24
A_3	58	45	63	69	65	48	57	54	40	43	36	29

三、实训内容

1. 利用 SPSS 中【分析】→【比较平均值】→【单因素 ANOVA 检验】对实训资料 1 进行方差分析，并用 LSD 法进行事后比较。

2. 利用 SPSS 中【分析】→【一般线性模型】→【单变量】对实训资料 2 进行双因素的单变量方差分析。

四、实训作业

将方差分析结果整理到 Word 文件中，并附上对结果解释，以 Word 文件形式上交。文件命名：学生姓名-实训名称。

实训 10.4　利用 SPSS 进行相关与回归分析

一、实训目的

能借助于 SPSS 进行双变量相关分析和一元线性回归分析。

二、实训资料

1. 观察得预报量 y 与预报因子 x 的一组值为（表 10.22）。

表 10.22　观测数据表

x	1	2	3	4	5	6	7	8	9
y	15	27	35	42	54	70	81	97	103

2. 对麻栎树木的树高 y(m) 和胸径 x(cm) 进行测量，其数据见表 10.23。

表 10.23　胸径与树高数据表

胸径 x	5.8	8.1	9.9	11.9	14.1	16.2	17.9	19.9	21.6	23.7
树高 y	4.8	6.2	7.6	8.6	8.8	9.2	10.1	10.4	11.4	12.8

三、实训内容

对实训资料 1、实训资料 2 分别进行相关分析与回归分析。

四、实训作业

将统计分析的结果整理到 Word 文件中，并附上对结果解释说明，以 Word 文件形式上交。文件命名：学生姓名-实训名称。

参考文献

邵崇斌, 2006. 概率论与数理统计[M]. 北京：中国林业出版社.
王绍宗, 1992. 数理统计[M]. 北京：中国林业出版社.
郭平毅, 2010. 生物统计学[M]. 2版. 北京：中国林业出版社.
欧阳叙向, 2007. 生物统计附试验设计[M]. 重庆：重庆大学出版社.
张勤, 张启能, 2005. 生物统计学[M]. 北京：中国农业大学出版社.
倪海儿, 钱国英, 2006. 概率论与生物统计[M]. 杭州：浙江大学出版社.
陈华豪, 丁恩统, 蔡贤如, 1988. 林业应用数理统计[M]. 大连：大连海运学院出版社.
王宝山, 2008. 试验统计方法[M]. 北京：中国农业出版社.
宋素芳, 秦豪荣, 赵聘, 2008. 生物统计学[M]. 北京：中国农业出版社.
吴赣昌, 2007. 概率论与数理统计[M]. 北京：中国人民大学出版社.
杨维忠, 张甜, 2013. SPSS统计分析与行业应用案例祥解[M]. 2版. 北京：清华大学出版社.
时立文, 2012. SPSS19.0统计分析从入门到精通[M]. 北京：清华大学出版社.
张力, 2013. SPSS 19.0在生物统计中的应用[M]. 厦门：厦门大学出版社.
续九如, 李颖岳, 2014. 林业试验设计[M]. 北京：中国农业出版社.
洪伟, 2009. 试验设计与统计分析[M]. 北京：中国农业出版社.
宋志伟, 曹雯梅, 2013. 实用农业试验与统计分析[M]. 北京：中国农业出版社.
周兴元, 王红梅, 2014. 林业应用统计[M]. 北京：中国农业出版社.
明道绪, 2013. 田间试验与统计分析[M]. 3版. 北京：科学出版社.

附表 常用统计分析用表

附表1 标准正态分布概率数值表（$Z(x) = P\{Z \leq x\}$, $x \geq 0$）

x	0.00	0.01	0.02	0.03	0.04	0.05	0.06	0.07	0.08	0.09
0	0.5000	0.5040	0.5080	0.5120	0.5160	0.5199	0.5239	0.5179	0.5319	0.5359
0.1	0.5398	0.5438	0.5478	0.5517	0.5557	0.5596	0.5636	0.5675	0.5714	0.5753
0.2	0.5793	0.5832	0.5871	0.5910	0.5948	0.5987	0.6026	0.6064	0.6103	0.6141
0.3	0.6179	0.6217	0.6255	0.6293	0.6331	0.6368	0.6406	0.6443	0.6480	0.6517
0.4	0.6554	0.6591	0.6628	0.6664	0.6700	0.6736	0.6772	0.6808	0.6844	0.6879
0.5	0.6915	0.6950	0.6985	0.7019	0.7054	0.7088	0.7123	0.7157	0.7190	0.7224
0.6	0.7257	0.7291	0.7324	0.7357	0.7389	0.7422	0.7454	0.7486	0.7517	0.7549
0.7	0.7580	0.7611	0.7642	0.7673	0.7704	0.7734	0.7764	0.7794	0.7823	0.7852
0.8	0.7881	0.7910	0.7939	0.7967	0.7995	0.8023	0.8051	0.8078	0.8106	0.8133
0.9	0.8159	0.8186	0.8212	0.8238	0.8264	0.8289	0.8315	0.8340	0.8365	0.8389
1	0.8413	0.8438	0.8461	0.8485	0.8508	0.8531	0.8554	0.8577	0.8599	0.8621
1.1	0.8643	0.8665	0.8686	0.8708	0.8729	0.8749	0.8770	0.8790	0.8810	0.8830
1.2	0.8849	0.8869	0.8888	0.8907	0.8925	0.8944	0.8962	0.8980	0.8997	0.9015
1.3	0.9032	0.9049	0.9066	0.9082	0.9099	0.9115	0.9131	0.9147	0.9162	0.9177
1.4	0.9192	0.9207	0.9222	0.9236	0.9251	0.9265	0.9279	0.9292	0.9306	0.9319
1.5	0.9332	0.9345	0.9357	0.9370	0.9382	0.9394	0.9406	0.9418	0.9429	0.9441
1.6	0.9452	0.9463	0.9474	0.9484	0.9495	0.9505	0.9515	0.9525	0.9535	0.9545
1.7	0.9554	0.9564	0.9573	0.9582	0.9591	0.9599	0.9608	0.9616	0.9625	0.9633
1.8	0.9641	0.9649	0.9656	0.9664	0.9671	0.9678	0.9686	0.9693	0.9699	0.9706
1.9	0.9713	0.9719	0.9726	0.9732	0.9738	0.9744	0.9750	0.9756	0.9761	0.9767
2	0.9772	0.9778	0.9783	0.9788	0.9793	0.9798	0.9803	0.9808	0.9812	0.9817
2.1	0.9821	0.9826	0.9830	0.9834	0.9838	0.9842	0.9846	0.9850	0.9854	0.9857
2.2	0.9861	0.9864	0.9868	0.9871	0.9875	0.9878	0.9881	0.9884	0.9887	0.9890
2.3	0.9893	0.9896	0.9898	0.9901	0.9904	0.9906	0.9909	0.9911	0.9913	0.9916
2.4	0.9918	0.9920	0.9922	0.9925	0.9927	0.9929	0.9931	0.9932	0.9934	0.9936
2.5	0.9938	0.9940	0.9941	0.9943	0.9945	0.9946	0.9948	0.9949	0.9951	0.9952
2.6	0.9953	0.9955	0.9956	0.9957	0.9959	0.9960	0.9961	0.9962	0.9963	0.9964
2.7	0.9965	0.9966	0.9967	0.9968	0.9969	0.9970	0.9971	0.9972	0.9973	0.9974
2.8	0.9974	0.9975	0.9976	0.9977	0.9977	0.9978	0.9979	0.9979	0.9980	0.9981
2.9	0.9981	0.9982	0.9982	0.9983	0.9984	0.9984	0.9985	0.9985	0.9986	0.9986
3	0.9987	0.9987	0.9987	0.9988	0.9988	0.9989	0.9989	0.9989	0.9990	0.9990

附表 常用统计分析用表

附表2 标准正态分布的双侧临界值表($P\{|Z| \geq Z_\alpha\} = \alpha$)

α	0.00	0.01	0.02	0.03	0.04	0.05	0.06	0.07	0.08	0.09
0	∞	2.58	2.33	2.17	2.05	1.96	1.88	1.81	1.75	1.70
0.1	1.64	1.60	1.55	1.51	1.48	1.44	1.41	1.37	1.34	1.31
0.2	1.28	1.25	1.23	1.20	1.17	1.15	1.13	1.10	1.08	1.06
0.3	1.04	1.02	0.99	0.97	0.95	0.93	0.92	0.90	0.88	0.86
0.4	0.84	1.82	0.81	0.79	0.77	0.76	0.74	0.72	0.71	0.69
0.5	0.67	0.66	0.64	0.63	0.61	0.60	0.58	0.57	0.55	0.54
0.6	0.52	0.51	0.50	0.48	0.47	0.45	0.44	0.43	0.41	0.40
0.7	0.39	0.37	0.36	0.35	0.33	0.32	0.31	0.29	0.28	0.27
0.8	0.25	0.24	0.23	0.21	0.20	0.19	0.18	0.16	0.15	0.14
0.9	0.13	0.11	0.10	0.09	0.08	0.63	0.05	0.04	0.03	0.01
α	0.001		0.0001		0.00001		0.000001		0.0000001	
Z_α	3.29		3.89		4.42		4.89		5.33	

注:EXCEL的标准正态分布双侧临界值函数为NORMSINV($1-\alpha/2$)。

附表3 t分布双侧临界值表($P\{|t| \geq t_{\alpha(df)}\} = \alpha$)

df	0.100	0.050	0.025	0.010	0.001	df	0.100	0.050	0.025	0.010	0.001
1	6.314	12.71	25.5	63.66	636.6	22	1.717	2.074	2.405	2.819	3.792
2	2.920	4.303	6.205	9.925	31.60	23	1.714	2.069	2.398	2.807	3.768
3	2.353	3.182	4.177	5.841	12.92	24	1.711	2.064	2.391	2.797	3.745
4	2.132	2.776	3.495	4.604	8.610	25	1.708	2.060	2.385	2.787	3.725
5	2.015	2.571	3.163	4.032	6.869	26	1.706	2.056	2.379	2.779	3.707
6	1.943	2.447	2.969	3.707	5.959	27	1.703	2.052	2.373	2.771	3.689
7	1.895	2.365	2.841	3.499	5.408	28	1.701	2.048	2.368	2.763	3.674
8	1.860	2.306	2.752	3.355	5.041	29	1.699	2.045	2.364	2.756	3.660
9	1.833	2.262	2.685	3.250	4.781	30	1.697	2.042	2.360	2.750	3.646
10	1.812	2.228	2.634	3.169	4.587	35	1.690	2.030	2.342	2.724	3.591
11	1.796	2.201	2.593	3.106	4.437	40	1.684	2.021	2.329	2.704	3.551
12	1.782	2.179	2.560	3.055	4.318	45	1.679	2.014	2.319	2.690	3.520
13	1.771	2.160	2.533	3.012	4.221	50	1.676	2.009	2.311	2.678	3.496
14	1.761	2.145	2.510	2.977	4.140	55	1.673	2.004	2.304	2.668	3.476
15	1.753	2.131	2.490	2.947	4.073	60	1.671	2.000	2.299	2.660	3.460
16	1.746	2.120	2.473	2.921	4.015	70	1.667	1.994	2.291	2.648	3.435
17	1.740	2.110	2.458	2.898	3.965	80	1.664	1.990	2.284	2.639	3.416
18	1.734	2.101	2.445	2.878	3.922	90	1.662	1.987	2.280	2.632	3.402
19	1.729	2.093	2.433	2.861	3.883	100	1.660	1.984	2.276	2.626	3.390
20	1.725	2.086	2.423	2.845	3.850	120	1.658	1.980	2.270	2.617	3.373
21	1.721	2.080	2.414	2.831	3.819	∞	1.645	1.960	2.241	2.576	3.291

注:EXCEL的t分布双侧临界值函数为T.INV.ZT(α, df)。

附表 4　χ^2 分布的上侧临界值表 $(P\{\chi^2 \geq \chi^2_{\alpha(df)}\} = \alpha)$

df	0.995	0.990	0.975	0.950	0.900	0.750	0.500	0.250	0.100	0.050	0.025	0.010	0.005
1	0.00	0.00	0.00	0.00	0.02	0.10	0.45	1.32	2.71	3.84	5.02	6.63	7.88
2	0.01	0.02	0.05	0.10	0.21	0.58	1.39	2.77	4.61	5.99	7.38	9.21	10.60
3	0.07	0.11	0.22	0.35	0.58	1.21	2.37	4.11	6.25	7.81	9.35	11.34	12.84
4	0.21	0.30	0.48	0.71	1.06	1.92	3.36	5.39	7.78	9.49	11.14	13.28	14.86
5	0.41	0.55	0.83	1.15	1.61	2.67	4.35	6.63	9.24	11.07	12.83	15.09	16.75
6	0.68	0.87	1.24	1.64	2.20	3.45	5.35	7.84	10.64	12.59	14.45	16.81	18.55
7	0.99	1.24	1.69	2.17	2.83	4.25	6.35	9.04	12.02	14.07	16.01	18.48	20.28
8	1.34	1.65	2.18	2.73	3.49	5.07	7.34	10.22	13.36	15.51	17.53	20.09	21.95
9	1.73	2.09	2.70	3.33	4.17	5.90	8.34	11.39	14.68	16.92	19.02	21.67	23.59
10	2.16	2.56	3.25	3.94	4.87	6.74	9.34	12.55	15.99	18.31	20.48	23.21	25.19
11	2.60	3.05	3.82	4.57	5.58	7.58	10.34	13.70	17.28	19.68	21.92	24.73	26.76
12	3.07	3.57	4.40	5.23	6.30	8.44	11.34	14.85	18.55	21.03	23.34	26.22	28.30
13	3.57	4.11	5.01	5.89	7.04	9.30	12.34	15.98	19.81	22.36	24.74	27.69	29.82
14	4.07	4.66	5.63	6.57	7.79	10.17	13.34	17.12	21.06	23.68	26.12	29.14	31.32
15	4.60	5.23	6.26	7.26	8.55	11.04	14.34	18.25	22.31	25.00	27.49	30.58	32.80
16	5.14	5.81	6.91	7.96	9.31	11.91	15.34	19.37	23.54	26.30	28.85	32.00	34.27
17	5.70	6.41	7.56	8.67	10.09	12.79	16.34	20.49	24.77	27.59	30.19	33.41	35.72
18	6.26	7.01	8.23	9.39	10.86	13.68	17.34	21.60	25.99	28.87	31.53	34.81	37.16
19	6.84	7.63	8.91	10.12	11.65	14.56	18.34	22.72	27.2	30.14	32.85	36.19	38.58
20	7.43	8.26	9.59	10.85	12.44	15.45	19.34	23.83	28.41	31.41	34.17	37.57	40.00
21	8.03	8.90	10.28	11.59	13.24	16.34	20.34	24.93	29.62	32.67	35.48	38.93	41.40
22	8.64	9.54	10.98	12.34	14.04	17.24	21.34	26.04	30.81	33.92	36.78	40.29	42.80
23	9.26	10.20	11.69	13.09	14.85	18.14	22.34	27.14	32.01	35.17	38.08	41.64	44.18
24	9.89	10.86	12.40	13.85	15.66	19.04	23.34	28.24	33.20	36.42	39.36	42.98	45.56
25	10.52	11.52	13.12	14.61	16.47	19.94	24.34	29.34	34.38	37.65	40.65	44.31	46.93
26	11.16	12.20	13.84	15.38	17.29	20.84	25.34	30.43	35.56	38.89	41.92	45.64	48.29
27	11.81	12.88	14.57	16.15	18.11	21.75	26.34	31.53	36.74	40.11	43.19	46.96	49.65
28	12.46	13.56	15.31	16.93	18.94	22.66	27.34	32.62	37.92	41.34	44.46	48.28	50.99
29	13.12	14.26	16.05	17.71	19.77	23.57	28.34	33.71	39.09	42.56	45.72	49.59	52.34
30	13.79	14.95	16.79	18.49	20.60	24.48	29.34	34.80	40.26	43.77	46.98	50.89	53.67
40	20.71	22.16	24.43	26.51	29.05	33.66	39.34	45.62	51.81	55.76	59.34	63.69	66.77
50	27.99	29.71	32.36	34.76	37.69	42.94	49.33	56.33	63.17	67.50	71.42	76.15	79.49
60	35.53	37.48	40.48	43.19	46.46	52.29	59.33	66.98	74.40	79.08	83.30	88.38	91.95
70	43.28	45.44	48.76	51.74	55.33	61.70	69.33	77.58	85.53	90.53	95.02	100.43	104.21
80	51.17	53.54	57.15	60.39	64.28	71.14	79.33	88.13	96.58	101.88	106.63	112.33	116.32
90	59.20	61.75	65.65	69.13	73.29	80.62	89.33	98.65	107.57	113.15	118.14	124.12	128.30
100	67.33	70.06	74.22	77.93	82.36	90.13	99.33	109.14	118.50	124.34	129.56	135.81	140.17

注：EXCEL 的 χ^2 分布上侧临界值函数为 CHISQ.INV.RT(α, df)。

附表 5a F 分布的上侧临界值表（$P\{F \geqslant F_{\alpha(df_1, df_2)}\} = \alpha$）

$\alpha = 0.10$

第二自由度	第一自由度										
	1	2	3	4	5	6	7	8	12	24	∞
1	39.86	49.50	53.59	55.83	57.24	58.20	58.59	59.44	60.71	62.00	63.33
2	8.53	9.00	9.16	9.24	9.29	9.33	9.35	9.37	9.41	9.45	9.49
3	5.54	5.46	5.36	5.32	5.31	5.28	5.27	5.25	5.22	5.18	5.13
4	4.54	4.32	4.19	4.11	4.05	4.01	3.98	3.95	3.90	3.83	3.76
5	4.06	3.78	3.62	3.52	3.45	3.40	3.37	3.34	3.27	3.19	3.10
6	3.78	3.46	3.29	3.18	3.11	3.05	3.01	2.98	2.90	2.82	2.72
7	3.59	3.26	3.07	2.96	2.88	2.83	2.78	2.75	2.67	2.58	2.47
8	3.46	3.11	2.92	2.81	2.73	2.67	2.62	2.59	2.50	2.40	2.29
9	3.36	3.01	2.81	2.69	2.61	2.55	2.51	2.47	2.38	2.28	2.16
10	3.29	2.92	2.73	2.61	2.52	2.46	2.41	2.38	2.28	2.18	2.06
11	2.23	2.86	2.66	2.54	2.45	2.39	2.34	2.30	2.21	2.10	1.97
12	3.18	2.81	2.61	2.48	2.39	2.33	2.28	2.24	2.15	2.04	1.90
13	3.14	2.76	2.56	2.43	2.35	2.28	2.23	2.20	2.10	1.98	1.85
14	3.10	2.73	2.52	2.39	2.31	2.24	2.19	2.15	2.05	1.94	1.80
15	3.07	2.70	2.49	2.36	2.27	2.21	2.16	2.12	2.02	1.90	1.76
16	3.05	2.67	2.46	2.33	2.24	2.18	2.13	2.09	1.99	1.87	1.72
17	3.03	2.64	2.44	2.31	2.22	2.15	2.10	2.06	1.96	1.84	1.69
18	3.01	2.62	2.42	2.29	2.20	2.13	2.08	2.04	1.93	1.81	1.66
19	2.99	2.61	2.40	2.27	2.18	2.11	2.06	2.02	1.91	1.79	1.63
20	2.97	2.59	2.38	2.25	2.16	2.09	2.04	2.00	1.89	1.77	1.61
21	2.96	2.57	2.36	2.23	2.14	2.08	2.02	1.98	1.87	1.75	1.59
22	2.95	2.56	2.35	2.22	2.13	2.06	2.01	1.97	1.86	1.73	1.57
23	2.94	2.55	2.34	2.21	2.11	2.05	1.99	1.95	1.84	1.72	1.55
24	2.93	2.54	2.33	2.19	2.10	2.04	1.98	1.94	1.83	1.70	1.53
25	2.92	2.53	2.32	2.18	2.09	2.02	1.97	1.93	1.82	1.69	1.52
26	2.91	2.52	2.31	2.17	2.08	2.01	1.96	1.92	1.81	1.68	1.50
27	2.90	2.51	2.30	2.17	2.07	2.00	1.95	1.91	1.80	1.67	1.49
28	2.89	2.50	2.29	2.16	2.06	2.00	1.94	1.90	1.79	1.66	1.48
29	2.89	2.50	2.28	2.15	2.06	1.99	1.93	1.89	1.78	1.65	1.47
30	2.88	2.49	2.28	2.14	2.05	1.98	1.93	1.88	1.77	1.64	1.46
40	2.84	2.44	2.23	2.09	2.00	1.93	1.87	1.83	1.71	1.57	1.38
60	2.79	2.39	2.18	2.04	1.95	1.87	1.82	1.77	1.66	1.51	1.29
120	2.75	2.35	2.13	1.99	1.90	1.82	1.77	1.72	1.60	1.45	1.19
∞	2.71	2.30	2.08	1.94	1.85	1.17	1.72	1.67	1.55	1.38	1.00

注：1. df_1 是分子的自由度，df_2 是分母的自由度。

2. EXCEL 的 F 分布上侧临界值函数为 F.INV.RT(α, df_1, df_2)。

附表 5b F 分布的上侧临界值表（$P\{F \geqslant F_{\alpha(df_1, df_2)}\} = \alpha$）

$\alpha = 0.05$

第二自由度	第一自由度										
	1	2	3	4	5	6	7	8	12	24	∞
1	161.45	199.50	215.71	224.58	230.16	233.99	236.77	238.88	243.91	249.05	254.25
2	18.51	19.00	19.16	19.25	19.3	19.33	19.35	19.37	19.41	19.45	19.5
3	10.13	9.55	9.28	9.12	9.01	8.94	8.89	8.85	8.74	8.64	8.53
4	7.71	6.94	6.59	6.39	6.26	6.16	6.09	6.04	5.91	5.77	5.63
5	6.61	5.79	5.41	5.19	5.05	4.95	4.88	4.82	4.68	4.53	4.37
6	5.99	5.14	4.76	4.53	4.39	4.28	4.21	4.15	4.00	3.84	3.67
7	5.59	4.74	4.35	4.12	3.97	3.87	3.79	3.73	3.58	3.41	3.23
8	5.32	4.46	4.07	3.84	3.69	3.58	3.50	3.44	3.28	3.12	2.93
9	5.12	4.26	3.86	3.63	3.48	3.37	3.29	3.23	3.07	2.90	2.71
10	4.97	4.10	3.71	3.48	3.33	3.22	3.14	3.07	2.91	2.74	2.54
11	4.84	3.98	3.59	3.36	3.20	3.10	3.01	2.95	2.79	2.61	2.40
12	4.75	3.89	3.41	3.26	3.11	3.00	2.91	2.85	2.69	2.51	2.30
13	4.67	3.81	3.41	3.18	3.03	2.92	2.83	2.77	2.60	2.42	2.21
14	4.60	3.74	3.34	3.11	2.96	2.85	2.76	2.70	2.53	2.35	2.13
15	4.54	3.68	3.30	3.06	2.90	2.79	2.71	2.64	2.48	2.29	2.07
16	4.49	3.63	3.24	3.01	2.85	2.74	2.66	2.59	2.43	2.24	2.01
17	4.45	3.59	3.20	2.97	2.81	2.70	2.61	2.55	2.38	2.19	1.96
18	4.41	3.56	3.16	2.93	2.77	2.66	2.58	2.51	2.34	2.15	1.92
19	4.38	3.52	3.13	2.90	2.74	2.63	2.54	2.48	2.31	2.11	1.88
20	4.35	3.49	3.10	2.87	2.71	2.60	2.51	2.45	2.28	2.08	1.84
21	4.33	3.47	3.07	2.84	2.69	2.57	2.49	2.42	2.25	2.05	1.81
22	4.30	3.44	3.05	2.82	2.66	2.55	2.46	2.40	2.23	2.03	1.78
23	4.28	3.42	3.03	2.80	2.64	2.53	2.44	2.38	2.20	2.01	1.76
24	4.26	3.40	3.01	2.78	2.62	2.51	2.42	2.36	2.18	1.98	1.73
25	4.24	3.39	2.99	2.76	2.60	2.49	2.41	2.34	2.17	1.96	1.71
26	4.23	3.37	2.98	2.74	2.59	2.47	2.39	2.32	2.15	1.95	1.69
27	4.21	3.35	2.96	2.73	2.57	2.46	2.37	2.31	2.13	1.93	1.67
28	4.20	3.34	2.95	2.71	2.56	2.45	2.36	2.29	2.12	1.92	1.65
29	4.18	3.33	2.93	2.70	2.55	2.43	2.35	2.28	2.10	1.90	1.64
30	4.17	3.32	2.92	2.69	2.53	2.42	2.33	2.27	2.09	1.89	1.62
40	4.09	3.23	2.84	2.61	2.45	2.34	2.25	2.18	2.00	1.79	1.51
60	4.00	3.15	2.76	2.53	2.37	2.25	2.17	2.10	1.92	1.70	1.39
120	3.92	3.07	2.68	2.45	2.29	2.18	2.09	2.02	1.83	1.61	1.25
∞	3.84	3.00	2.61	2.37	2.21	2.10	2.01	1.94	1.75	1.52	1.00

注：1. df_1 是分子的自由度，df_2 是分母的自由度。
2. EXCEL 的 F 分布上侧临界值函数为 F.INV.RT(α, df_1, df_2)。

附表 5c　F 分布的上侧临界值表（$P\{F \geqslant F_{\alpha(df_1, df_2)}\} = \alpha$）

$\alpha = 0.025$

第二自由度	第一自由度										
	1	2	3	4	5	6	7	8	12	24	∞
1	647.8	799.5	864.2	899.6	921.8	937.1	948.2	956.7	976.7	997.2	1018
2	38.51	39.00	39.17	39.25	39.30	39.33	39.36	39.37	39.41	39.46	39.50
3	17.44	16.04	15.44	15.10	14.88	14.73	14.62	14.54	14.34	14.12	13.90
4	12.22	10.65	9.98	9.60	9.36	9.20	9.07	8.98	8.75	8.51	8.26
5	10.01	8.43	7.76	7.39	7.15	6.98	6.85	6.76	6.52	6.28	6.02
6	8.81	7.26	6.60	6.23	5.99	5.82	5.70	5.60	5.37	5.12	4.85
7	8.07	6.54	5.89	5.52	5.29	5.12	4.99	4.90	4.67	4.42	4.14
8	7.57	6.06	5.42	5.05	4.82	4.65	4.53	4.43	4.20	3.95	3.67
9	7.21	5.71	5.08	4.72	4.48	4.32	4.20	4.10	3.87	3.61	3.33
10	6.94	5.46	4.83	4.47	4.24	4.07	3.95	3.85	3.62	3.37	3.08
11	6.72	5.26	4.63	4.28	4.04	3.88	3.76	3.66	3.43	3.17	2.88
12	6.55	5.10	4.47	4.12	3.89	3.73	3.61	3.51	3.28	3.02	2.72
13	6.41	4.97	4.35	4.00	3.77	3.60	3.48	3.39	3.15	2.89	2.60
14	6.30	4.86	4.24	3.89	3.66	3.50	3.38	3.29	3.05	2.79	2.49
15	6.20	4.77	4.15	3.80	3.58	3.41	3.29	3.20	2.96	2.70	2.40
16	6.12	4.69	4.08	3.73	3.50	3.34	3.22	3.12	2.89	2.63	2.32
17	6.04	4.62	4.01	3.66	3.44	3.28	3.16	3.06	2.82	2.56	2.25
18	5.98	4.56	3.95	3.61	3.38	3.22	3.10	3.01	2.77	2.50	2.19
19	5.92	4.51	3.90	3.56	3.33	3.17	3.05	2.96	2.72	2.45	2.13
20	5.87	4.46	3.86	3.51	3.29	3.13	3.01	2.91	2.68	2.41	2.09
21	5.83	4.42	3.82	3.48	3.25	3.09	2.97	2.87	2.64	2.37	2.04
22	5.79	4.38	3.78	3.44	3.22	3.05	2.93	2.84	2.60	2.33	2.00
23	5.75	4.35	3.75	3.41	3.18	3.02	2.90	2.81	2.57	2.30	1.97
24	5.72	4.32	3.72	3.38	3.15	2.99	2.87	2.78	2.54	2.27	1.94
25	5.69	4.29	3.69	3.35	3.13	2.97	2.85	2.75	2.51	2.24	1.91
26	5.66	4.27	3.67	3.33	3.10	2.94	2.82	2.73	2.49	2.22	1.88
27	5.63	4.24	3.65	3.31	3.08	2.92	2.80	2.71	2.47	2.19	1.85
28	5.61	4.22	3.63	3.29	3.06	2.90	2.78	2.69	2.45	2.17	1.83
29	5.59	4.20	3.61	3.27	3.04	2.88	2.76	2.67	2.43	2.15	1.81
30	5.57	4.18	3.59	3.25	3.03	2.87	2.75	2.65	2.41	2.14	1.79
40	5.42	4.05	3.46	3.13	2.90	2.74	2.62	2.53	2.29	2.01	1.64
60	5.29	3.93	3.34	3.01	2.79	2.63	2.51	2.41	2.17	1.88	1.48
120	5.15	3.80	3.23	2.89	2.67	2.52	2.39	2.30	2.05	1.76	1.31
∞	5.02	3.69	3.12	2.79	2.57	2.41	2.29	2.19	1.94	1.64	1.00

注：1. df_1 是分子的自由度，df_2 是分母的自由度。

2. EXCEL 的 F 分布上侧临界值函数为 F.INV.RT(α, df_1, df_2)。

附表 5d F 分布的上侧临界值表 $(P\{F \geqslant F_{\alpha(df_1, df_2)}\} = \alpha)$

$\alpha = 0.01$

第二自由度	第一自由度										
	1	2	3	4	5	6	7	8	12	24	∞
1	4052.2	4999.5	5403.4	5624.6	5763.7	5859	5928.4	5981.1	6106.3	6234.6	6366
2	98.50	99.00	99.16	99.25	99.30	99.33	99.36	99.38	99.42	99.46	99.50
3	34.12	30.82	29.46	28.71	28.24	27.91	27.67	27.49	27.05	26.60	26.13
4	21.20	18.00	16.69	15.98	15.52	15.21	14.98	14.8	14.37	13.93	13.46
5	16.26	13.27	12.06	11.39	10.97	10.67	10.46	10.29	9.89	9.47	9.02
6	13.75	10.92	9.78	9.15	8.75	8.47	8.26	8.10	7.72	7.31	6.88
7	12.25	9.55	8.45	7.85	7.46	7.19	6.99	6.84	6.47	6.07	5.65
8	11.26	8.65	7.59	7.01	6.63	6.37	6.18	6.03	5.67	5.28	4.86
9	10.56	8.02	6.99	6.42	6.06	5.80	5.61	5.47	5.11	4.73	4.31
10	10.04	7.56	6.55	5.99	5.64	5.39	5.20	5.06	4.71	4.33	3.91
11	9.65	7.21	6.22	5.67	5.32	5.07	4.89	4.74	4.40	4.02	3.60
12	9.33	6.93	5.95	5.41	5.06	4.82	4.64	4.50	4.16	3.78	3.36
13	9.07	6.70	5.74	5.21	4.86	4.62	4.44	4.30	3.96	3.59	3.17
14	8.86	6.52	5.56	5.04	4.70	4.46	4.28	4.14	3.80	3.43	3.00
15	8.68	6.36	5.42	4.89	4.56	4.32	4.14	4.00	3.67	3.29	2.87
16	8.53	6.23	5.29	4.77	4.44	4.20	4.03	3.89	3.55	3.18	2.75
17	8.40	6.11	5.19	4.67	4.34	4.10	3.93	3.79	3.46	3.08	2.65
18	8.29	6.01	5.09	4.58	4.25	4.02	3.84	3.71	3.37	3.00	2.57
19	8.19	5.93	5.01	4.50	4.17	3.94	3.77	3.63	3.30	2.93	2.49
20	8.10	5.85	4.94	4.43	4.10	3.87	3.70	3.56	3.23	2.86	2.42
21	8.02	5.78	4.87	4.37	4.04	3.81	3.64	3.51	3.17	2.80	2.36
22	7.95	5.72	4.82	4.31	3.99	3.76	3.59	3.45	3.12	2.75	2.31
23	7.88	5.66	4.77	4.26	3.94	3.71	3.54	3.41	3.07	2.70	2.26
24	7.82	5.61	4.72	4.22	3.90	3.67	350	3.36	3.03	2.66	2.21
25	7.77	5.57	4.68	4.18	3.86	3.63	3.46	3.32	2.99	2.62	2.17
26	7.72	5.53	4.64	4.14	3.82	3.59	3.42	3.29	2.96	2.59	2.13
27	7.68	5.49	4.60	4.11	3.79	3.56	3.39	3.26	2.93	2.55	2.10
28	7.64	5.45	4.57	4.07	3.75	3.53	3.36	3.23	2.90	2.52	2.06
29	7.60	5.42	4.54	4.05	3.73	3.50	3.33	3.20	2.87	2.50	2.03
30	7.56	5.39	4.51	4.02	3.70	3.47	3.31	3.17	2.84	2.47	2.01
40	7.31	5.18	4.31	3.83	3.51	3.29	3.12	2.99	2.67	2.29	1.81
60	7.08	4.98	4.13	3.65	3.34	3.12	2.95	2.82	2.50	2.12	1.60
120	6.85	4.79	3.95	3.48	3.17	2.96	2.79	2.66	2.34	1.95	1.38
∞	6.64	4.61	3.78	3.32	3.02	2.8	2.64	2.51	2.19	1.79	1.00

注：1. df_1 是分子的自由度，df_2 是分母的自由度。

2. EXCEL 的 F 分布上侧临界值函数为 F.INV.RT(α, df_1, df_2)。

附表 5e F 分布的上侧临界值表 $(P\{F \geqslant F_{\alpha(df_1, df_2)}\} = \alpha)$

$\alpha = 0.005$

第二自由度	第一自由度										
	1	2	3	4	5	6	7	8	12	24	∞
1	16211	20000	21615	22500	23056	23437	23715	23925	24426	24940	25465
2	198.5	199.0	199.2	199.2	199.3	199.3	199.4	199.4	199.4	199.5	199.5
3	55.55	49.80	47.47	46.19	45.39	44.84	44.43	44.13	43.39	42.62	41.83
4	31.33	26.28	24.26	23.15	22.46	21.97	21.62	21.35	20.70	20.03	19.32
5	22.78	18.31	16.53	15.56	14.94	14.51	14.20	13.96	13.38	12.78	12.14
6	18.63	14.45	12.92	12.03	11.46	11.07	10.79	10.57	10.03	9.47	8.88
7	16.24	12.40	10.88	10.05	9.52	9.16	8.89	8.68	8.18	7.65	7.08
8	14.69	11.04	9.60	8.81	8.30	7.95	7.69	7.50	7.01	6.50	5.95
9	13.61	10.11	8.72	7.96	7.47	7.13	6.88	6.69	6.23	5.73	5.19
10	12.83	9.43	8.08	7.34	6.87	6.54	6.30	6.12	5.66	5.17	4.64
11	12.23	8.91	7.60	6.88	6.42	6.10	5.86	5.68	5.24	4.76	4.23
12	11.75	8.51	7.23	6.52	6.07	5.76	5.52	5.35	4.91	4.43	3.90
13	11.37	8.19	6.93	6.23	5.79	5.48	5.25	5.08	4.64	4.17	3.65
14	11.06	7.92	6.68	6.00	5.56	5.26	5.03	4.86	4.43	3.96	3.44
15	10.80	7.70	6.48	5.80	5.37	5.07	4.85	4.67	4.25	3.79	3.26
16	10.58	7.51	6.30	5.64	5.21	4.91	4.69	4.52	4.10	3.64	3.11
17	10.38	7.35	6.16	5.50	5.07	4.78	4.56	4.39	3.97	3.51	2.98
18	10.22	7.21	6.03	5.37	4.96	4.66	4.44	4.28	3.86	3.40	2.87
19	10.07	7.09	5.92	5.27	4.85	4.56	4.34	4.18	3.76	3.31	2.78
20	9.94	6.99	5.82	5.17	4.76	4.47	4.26	4.09	3.68	3.22	2.69
21	9.83	6.89	5.73	5.09	4.68	4.39	4.18	4.01	3.60	3.15	2.61
22	9.73	6.81	5.65	5.02	4.61	4.32	4.11	3.94	3.54	3.08	2.55
23	9.63	6.73	5.58	4.95	4.54	4.26	4.05	3.88	3.47	3.02	2.48
24	9.55	6.66	5.52	4.89	4.49	4.20	3.99	3.83	3.42	2.97	2.43
25	9.48	6.60	5.46	4.84	4.43	4.15	3.94	3.78	3.37	2.92	2.38
26	9.41	6.54	5.41	4.79	4.38	4.10	3.89	3.73	3.33	2.87	2.33
27	9.34	6.49	5.36	4.74	4.34	4.06	3.85	3.69	3.28	2.83	2.29
28	9.28	6.44	5.32	4.70	4.30	4.02	3.81	3.65	3.25	2.79	2.25
29	9.23	6.40	5.28	4.66	4.26	3.98	3.77	3.61	3.21	2.76	2.21
30	9.18	6.35	5.24	4.62	4.23	3.95	3.74	3.58	3.18	2.73	2.18
40	8.83	6.07	4.98	4.37	3.99	3.71	3.51	3.35	2.95	2.50	1.93
60	8.49	5.79	4.73	4.14	3.76	3.49	3.29	3.13	2.74	2.29	1.69
120	8.18	5.54	4.50	3.92	3.55	3.28	3.09	2.93	2.54	2.09	1.43
∞	7.88	5.30	4.28	3.72	3.35	3.09	2.9	2.74	2.36	1.9	1.00

注：1. df_1 是分子的自由度，df_2 是分母的自由度。

2. EXCEL 的 F 分布上侧临界值函数为 F.INV.RT(α, df_1, df_2)。

附表 6　Duncan's 新复极差测验 5% 和 1% SSR 值表

df	α	检验极差的平均数个数 (k)											
		2	3	4	5	6	7	8	9	10	12	14	16	18	20
1	0.05	18.00	18.00	18.00	18.00	18.00	18.00	18.00	18.00	18.00	18.00	18.00	18.00	18.00	18.00
	0.01	90.00	90.00	90.00	90.00	90.00	90.00	90.00	90.00	90.00	90.00	90.00	90.00	90.00	90.00
2	0.05	6.09	6.09	6.09	6.09	6.09	6.09	6.09	6.09	6.09	6.09	6.09	6.09	6.09	6.09
	0.01	14.00	14.00	14.00	14.00	14.00	14.00	14.00	14.00	14.00	14.00	14.00	14.00	14.00	14.00
3	0.05	4.50	4.50	4.50	4.50	4.50	4.50	4.50	4.50	4.50	4.50	4.50	4.50	4.50	4.50
	0.01	8.26	8.50	8.60	8.70	8.80	8.90	8.90	9.00	9.00	9.00	9.10	9.20	9.30	9.30
4	0.05	3.93	4.01	4.02	4.02	4.02	4.02	4.02	4.02	4.02	4.02	4.02	4.02	4.02	4.02
	0.01	6.51	6.80	6.90	7.00	7.10	7.10	7.20	7.20	7.30	7.30	7.40	7.40	7.50	7.50
5	0.05	3.64	3.74	3.79	3.83	3.83	3.83	3.83	3.83	3.83	3.83	3.83	3.83	3.83	3.83
	0.01	5.70	5.96	6.11	6.18	6.26	6.33	6.40	6.44	6.50	6.60	6.60	6.70	6.70	6.80
6	0.05	3.46	3.58	3.64	3.68	3.68	3.68	3.68	3.68	3.68	3.68	3.68	3.68	3.68	3.68
	0.01	5.24	5.51	5.65	5.73	5.81	5.88	5.95	6.00	6.00	6.10	6.20	6.20	6.30	6.30
7	0.05	3.35	3.47	3.54	3.58	3.60	3.61	3.61	3.61	3.61	3.61	3.61	3.61	3.61	3.61
	0.01	4.95	5.22	5.37	5.45	5.53	5.61	5.69	5.73	5.80	5.80	5.90	5.90	6.00	6.00
8	0.05	3.26	3.39	3.47	3.52	3.55	3.56	3.56	3.56	3.56	3.56	3.56	3.56	3.56	3.56
	0.01	4.74	5.00	5.14	5.23	5.32	5.40	5.47	5.51	5.50	5.60	5.70	5.70	5.80	5.80
9	0.05	3.20	3.34	3.41	3.47	3.50	3.52	3.52	3.52	3.52	3.52	3.52	3.52	3.52	3.52
	0.01	4.60	4.86	4.99	5.08	5.17	5.25	5.32	5.36	5.40	5.50	5.50	5.60	5.70	5.70
10	0.05	3.15	3.30	3.37	3.43	3.46	3.47	3.47	3.47	3.47	3.47	3.47	3.47	3.47	3.47
	0.01	4.48	4.73	4.88	4.96	5.06	5.13	5.20	5.24	5.28	5.36	5.42	5.48	5.54	5.55
11	0.05	3.11	3.27	3.35	3.39	3.43	3.44	3.45	3.46	3.46	3.46	3.46	3.46	3.46	3.46
	0.01	4.39	4.63	4.77	4.86	4.94	5.01	5.06	5.12	5.15	5.24	5.28	5.34	5.38	5.39
12	0.05	3.08	3.23	3.33	3.36	3.40	3.42	3.44	3.44	3.46	3.46	3.46	3.46	3.47	3.48
	0.01	4.32	4.55	4.68	4.76	4.84	4.92	4.96	5.02	5.07	5.13	5.17	5.22	5.24	5.26
13	0.05	3.06	3.21	3.30	3.35	3.38	3.41	3.42	3.44	3.45	3.45	3.46	3.46	3.47	3.47
	0.01	4.26	4.48	4.62	4.69	4.74	4.84	4.88	4.94	4.98	5.04	5.08	5.13	5.14	5.15
14	0.05	3.03	3.18	3.27	3.33	3.37	3.39	3.41	3.42	3.44	3.45	3.46	3.46	3.47	3.47
	0.01	4.21	4.42	4.55	4.63	4.70	4.78	4.83	4.87	4.91	4.96	5.00	5.04	5.06	5.07
15	0.05	3.01	3.16	3.25	3.31	3.36	3.38	3.40	3.42	3.43	3.44	3.45	3.46	3.47	3.47
	0.01	4.17	4.37	4.50	4.58	4.64	4.72	4.77	4.81	4.84	4.90	4.94	4.97	4.99	5.00

（续）

df	α	检验极差的平均数个数(k)												
		2	3	4	5	6	7	8	9	10	12	14	16	18	20
16	0.05	3.00	3.15	3.23	3.30	3.34	3.37	3.39	3.41	3.43	3.44	3.45	3.46	3.47	3.47
	0.01	4.13	4.34	4.45	4.54	4.60	4.70	4.72	4.76	4.79	4.84	4.88	4.91	4.93	4.94
17	0.05	2.98	3.13	3.22	3.28	3.33	3.36	3.38	3.40	3.42	3.44	3.45	3.46	3.47	3.47
	0.01	4.10	4.30	4.41	4.50	4.56	4.63	4.68	4.72	4.75	4.80	4.83	4.86	4.88	4.89
18	0.05	2.97	3.12	3.21	3.27	3.32	3.35	3.37	3.39	3.41	3.43	3.45	3.46	3.47	3.47
	0.01	4.07	4.27	4.38	4.46	4.53	4.59	4.64	4.68	4.71	4.76	4.79	4.82	4.84	4.85
19	0.05	2.96	3.11	3.19	3.26	3.31	3.35	3.37	3.39	3.41	3.43	3.44	3.46	3.47	3.47
	0.01	4.05	4.24	4.35	4.43	4.50	4.56	4.61	4.64	4.67	4.72	4.76	4.76	4.81	4.82
20	0.05	2.95	3.10	3.18	3.25	3.30	3.34	3.36	3.38	3.40	3.43	3.44	3.46	3.46	3.47
	0.01	4.02	4.22	4.33	4.40	4.47	4.53	4.58	4.61	4.65	4.69	4.73	4.76	4.78	4.79
22	0.05	2.93	3.08	3.17	3.24	3.29	3.32	3.35	3.37	3.39	3.42	3.44	3.45	3.46	3.47
	0.01	3.99	4.17	4.28	4.36	4.42	4.48	4.53	4.57	4.60	4.65	4.68	4.71	4.74	4.75
24	0.05	2.92	3.07	3.15	3.22	3.28	3.31	3.34	3.37	3.38	3.41	3.44	3.45	3.46	3.47
	0.01	3.96	4.14	4.24	4.33	4.39	4.44	4.49	4.53	4.57	4.62	4.64	4.67	4.70	4.72
26	0.05	2.91	3.06	3.14	3.21	3.27	3.30	3.34	3.36	3.38	3.41	3.43	3.45	3.46	3.47
	0.01	3.93	4.11	4.21	4.30	4.36	4.41	4.46	4.50	4.53	4.58	4.62	4.65	4.67	4.69
28	0.05	2.90	3.04	3.13	3.20	3.26	3.30	3.33	3.35	3.37	3.40	3.43	3.45	3.46	3.47
	0.01	3.91	4.08	4.18	4.28	4.34	4.39	4.43	4.47	4.51	4.56	4.60	4.62	4.65	4.67
30	0.05	2.89	3.04	3.12	3.20	3.25	3.29	3.32	3.35	3.37	3.40	3.43	3.44	3.46	3.47
	0.01	3.89	4.06	4.16	4.22	4.32	4.36	4.41	4.45	4.48	4.54	4.58	4.61	4.64	4.65
40	0.05	2.86	3.01	3.10	3.17	3.22	3.27	3.30	3.33	3.35	3.39	3.42	3.44	3.46	3.47
	0.01	3.82	3.99	4.10	4.17	4.24	4.30	4.34	4.37	4.41	4.46	4.51	4.54	4.57	4.59
60	0.05	2.83	2.98	3.08	3.14	3.20	3.24	3.28	3.31	3.33	3.37	3.40	3.43	3.45	3.47
	0.01	3.76	3.92	4.03	4.12	4.17	4.23	4.27	4.31	4.34	4.39	4.44	4.47	4.50	4.53
100	0.05	2.80	2.95	3.05	3.12	3.18	3.22	3.26	3.29	3.32	3.36	3.40	3.42	3.45	3.47
	0.01	3.71	3.86	3.98	4.06	4.11	4.17	4.21	4.25	4.29	4.35	4.38	4.42	4.45	4.48
∞	0.05	2.77	2.92	3.02	3.09	3.15	3.19	3.23	3.26	3.29	3.34	3.38	3.41	3.44	3.47
	0.01	3.64	3.80	3.90	3.98	4.04	4.09	4.14	4.17	4.20	4.26	4.31	4.34	4.38	4.41

附表7 百分数的反正弦 $\sin^{-1}\sqrt{p}$ 转换表

%	%									
	0	0.1	0.2	0.3	0.4	0.5	0.6	0.7	0.8	0.9
0	0.00	1.81	2.56	3.14	3.63	4.05	4.44	4.80	5.13	5.44
1	5.74	6.02	6.29	6.55	6.80	7.04	7.27	7.49	7.17	7.92
2	8.13	8.33	8.53	8.72	8.91	9.10	9.28	9.46	9.63	9.81
3	9.98	10.14	10.31	10.47	10.63	10.78	10.94	11.09	11.24	11.39
4	11.54	11.68	11.83	11.97	12.11	12.25	12.39	12.52	12.66	12.79
5	12.92	13.05	13.18	13.31	13.44	13.56	13.69	13.81	13.94	14.06
6	14.18	14.30	14.42	14.54	14.65	14.77	14.89	15.00	15.12	15.23
7	15.34	15.45	15.56	15.68	15.79	15.89	16.00	16.11	16.22	16.32
8	16.43	16.54	16.64	16.74	16.85	16.95	17.05	17.16	17.26	17.36
9	17.46	17.56	17.66	17.76	17.85	17.95	18.05	18.15	18.24	18.34
10	18.44	18.53	18.63	18.72	18.81	18.91	19.00	19.09	19.19	19.28
11	19.73	19.46	19.55	19.64	19.73	19.82	19.91	20.00	20.09	20.18
12	20.27	20.30	20.44	20.53	20.62	20.70	20.79	20.88	20.96	21.05
13	21.13	21.22	21.30	21.39	21.47	21.56	21.64	21.72	21.81	21.89
14	21.97	22.06	22.14	22.22	22.30	22.38	22.46	22.55	22.63	22.71
15	22.79	22.87	22.95	23.03	23.11	23.19	23.26	23.34	23.42	23.50
16	23.58	23.66	23.73	23.81	23.89	23.97	24.04	24.12	24.20	24.27
17	24.35	24.43	24.50	24.58	24.65	24.73	24.80	24.88	24.95	25.03
18	25.10	25.18	25.25	25.33	25.40	25.48	25.55	25.62	25.70	25.77
19	25.84	25.92	25.99	26.06	26.13	26.21	26.28	26.35	26.42	26.49
20	26.56	26.64	26.71	26.78	26.85	26.92	26.99	27.06	27.13	27.29
21	27.28	27.35	27.42	27.49	27.56	27.63	27.69	27.76	27.83	27.90
22	27.97	28.04	28.11	28.18	28.25	28.32	28.38	28.45	28.52	28.59
23	28.66	28.73	28.79	28.86	28.93	29.00	29.06	29.13	29.20	29.27
24	29.33	29.40	29.47	29.53	29.60	29.67	29.73	29.80	29.87	29.93
25	30.00	30.07	30.13	30.20	30.26	30.33	30.40	30.46	30.53	30.59
26	30.61	30.72	30.79	30.85	30.92	30.98	31.05	31.11	31.18	31.24
27	31.31	31.37	31.44	31.50	31.56	31.63	31.69	31.76	31.82	31.88
28	31.95	32.01	32.08	32.14	32.20	32.27	32.33	32.39	32.46	32.52
29	32.58	32.65	32.71	32.77	32.83	32.90	32.96	33.02	33.09	33.15
30	33.21	33.27	33.34	33.40	33.46	33.52	33.58	33.65	33.71	33.77
31	33.83	33.89	33.96	34.02	34.08	34.14	34.20	34.27	34.33	34.39
32	34.45	34.51	34.57	34.63	34.70	34.76	34.82	34.88	34.94	35.00
33	35.06	35.12	35.18	35.24	35.30	35.37	35.43	35.49	35.55	35.61

附表 常用统计分析用表

（续）

%	%									
	0	0.1	0.2	0.3	0.4	0.5	0.6	0.7	0.8	0.9
34	35.67	35.73	35.79	35.85	35.91	35.97	36.03	36.09	36.16	36.21
35	36.27	36.33	36.39	36.45	36.51	36.57	36.63	36.69	36.75	36.81
36	36.87	36.93	36.99	37.05	37.11	37.17	37.23	37.29	37.35	37.40
37	37.47	37.52	37.58	37.64	37.70	37.76	37.82	37.88	37.94	38.00
38	38.06	38.12	38.17	38.23	38.29	38.35	38.41	38.47	38.35	38.59
39	38.65	38.70	38.76	38.82	38.88	38.94	39.00	39.06	39.11	39.17
40	39.23	39.29	39.35	39.41	39.47	39.52	39.58	39.64	39.70	39.76
41	39.82	39.87	39.93	39.99	40.05	40.11	40.16	40.22	40.28	40.34
42	40.40	40.46	40.51	40.57	40.63	40.69	40.74	40.80	40.86	40.92
43	40.98	41.03	41.09	41.15	41.21	41.27	41.32	41.38	41.44	41.50
44	41.55	41.61	41.67	41.73	41.78	41.84	41.90	41.96	42.02	42.07
45	42.13	42.19	42.25	42.30	42.36	42.42	42.48	42.53	42.59	42.65
46	42.71	42.76	42.82	42.88	42.94	42.99	43.05	43.11	43.17	43.22
47	43.28	43.34	43.39	43.45	43.51	43.57	43.62	43.68	43.74	43.80
48	43.85	43.91	43.97	44.03	44.08	44.14	44.20	44.25	44.13	44.37
49	44.43	44.98	44.54	44.60	44.66	44.71	44.77	44.83	44.89	44.94
50	45.00	45.06	45.11	45.17	45.23	45.29	45.34	45.40	45.46	45.52
51	45.57	45.63	45.69	45.75	45.80	45.86	45.92	45.97	45.03	46.09
52	46.15	46.20	46.26	46.32	46.38	46.43	46.49	46.55	46.61	46.66
53	46.72	46.78	46.83	46.89	46.95	47.01	47.06	47.12	47.18	47.24
54	47.29	47.35	47.41	47.47	47.52	47.58	47.64	47.70	47.75	47.81
55	47.87	47.93	47.98	48.04	48.10	48.16	48.22	48.27	48.33	48.39
56	48.45	48.50	48.56	48.62	48.68	48.73	48.79	48.85	48.91	48.97
57	49.02	49.08	49.08	49.20	49.26	49.31	49.37	49.43	49.49	49.54
58	49.60	49.56	49.66	49.78	49.84	49.89	49.95	50.01	50.07	50.13
59	50.18	50.42	50.42	50.36	50.42	50.48	50.53	50.59	50.65	50.71
60	50.77	50.83	50.83	50.94	51.00	51.06	51.12	51.18	51.24	51.30
61	51.35	51.41	51.41	51.53	51.59	51.65	51.71	51.77	51.83	51.88
62	51.94	52.00	52.00	52.12	52.18	52.24	52.30	52.36	52.42	52.48
63	52.53	52.59	52.59	52.71	52.77	52.83	52.89	52.95	53.01	53.07
64	53.13	53.19	53.19	53.31	53.37	53.43	53.49	53.55	53.61	53.67
65	53.73	53.79	53.79	53.91	53.97	54.03	54.09	54.15	54.21	54.27
66	54.33	54.39	54.39	54.51	54.57	54.63	54.70	54.76	54.82	54.88
67	54.94	55.00	55.00	55.12	55.18	55.24	55.30	55.37	55.43	55.49

(续)

%	%									
	0	0.1	0.2	0.3	0.4	0.5	0.6	0.7	0.8	0.9
68	55.55	55.61	55.61	55.73	55.80	55.86	55.92	55.98	56.04	56.11
69	56.17	56.23	56.23	56.35	56.42	56.48	56.54	56.66	56.60	56.73
70	56.79	56.85	56.85	56.98	57.04	57.10	57.17	57.23	57.29	57.35
71	57.42	57.48	57.48	57.60	57.67	57.73	57.80	57.86	57.92	57.99
72	58.05	58.12	58.12	58.24	58.31	58.37	58.44	58.50	58.56	58.63
73	58.69	58.76	58.76	58.89	58.95	59.02	59.08	59.15	58.21	59.28
74	59.34	59.41	59.41	59.54	59.60	59.67	59.74	59.80	59.87	59.93
75	60.00	60.07	60.07	60.20	60.27	60.33	60.40	60.47	60.53	60.60
76	60.67	60.73	60.73	60.87	60.94	61.00	61.07	61.14	61.21	61.27
77	61.34	61.41	61.41	62.55	61.62	61.68	61.75	61.82	61.89	61.96
78	62.03	62.10	62.10	62.24	62.31	62.37	62.44	62.51	62.58	62.65
79	62.72	62.80	62.80	62.94	63.01	63.08	63.15	63.22	63.29	63.36
80	63.44	63.51	63.58	63.65	63.72	63.79	63.87	63.94	64.01	64.08
81	64.16	64.23	64.30	64.38	64.45	64.52	64.60	64.67	64.75	64.82
82	64.90	64.97	65.05	65.12	65.20	65.27	65.35	65.42	65.50	65.57
83	65.65	65.73	65.80	65.88	65.96	66.03	66.11	66.19	66.27	66.34
84	66.42	66.50	66.58	66.66	66.74	66.81	66.89	66.97	67.05	67.13
85	67.21	67.29	67.37	67.45	67.54	67.62	67.70	67.78	67.86	67.94
86	68.03	68.11	68.19	68.28	68.36	68.44	68.53	68.61	68.70	68.78
87	68.87	68.95	69.04	69.12	69.21	69.30	69.38	69.47	69.56	69.64
88	69.73	69.82	69.91	70.00	70.09	70.18	70.27	70.36	70.45	70.54
89	70.63	70.72	70.81	70.91	71.00	71.09	71.19	71.28	71.37	71.47
90	71.56	71.66	71.76	71.85	71.95	72.05	72.15	72.24	72.34	72.44
91	72.54	72.64	72.74	72.84	72.95	73.05	73.15	73.26	73.36	73.46
92	73.57	73.68	73.78	73.89	74.00	74.11	74.21	74.32	74.44	74.55
93	74.66	74.77	74.88	75.00	75.11	75.23	75.35	75.46	75.58	75.70
94	75.82	75.94	76.06	76.19	76.31	76.44	76.56	76.69	76.82	76.95
95	77.08	77.21	77.34	77.48	77.61	77.75	77.89	78.03	78.17	78.32
96	78.46	78.61	78.76	78.91	79.06	79.22	79.37	79.53	79.69	79.86
97	80.02	80.19	80.37	80.54	80.72	80.90	81.09	81.28	81.47	81.67
98	81.87	82.08	82.29	82.51	82.73	82.96	83.20	83.45	83.71	83.98
99	84.26	84.56	84.87	85.20	85.56	85.95	86.37	86.86	87.44	88.19
100	90.00									

附表8 正交表

(1) $m=2$ 的情形

$L_4(2^3)$

试验号	列号		
	1	2	3
1	1	1	1
2	2	1	2
3	1	2	2
4	2	2	1

$L_8(2^7)$

试验号	列号						
	1	2	3	4	5	6	7
1	1	1	1	1	1	1	1
2	1	1	1	2	2	2	2
3	1	2	2	1	1	2	2
4	1	2	2	2	2	1	1
5	2	1	2	1	2	1	2
6	2	1	2	2	1	2	1
7	2	2	1	1	2	2	1
8	2	2	1	2	1	1	2

$L_{12}(2^{11})$

试验号	列号										
	1	2	3	4	5	6	7	8	9	10	11
1	1	1	1	1	1	1	1	1	1	1	1
2	1	1	1	1	1	2	2	2	2	2	2
3	1	1	2	2	2	1	1	1	2	2	2
4	1	2	1	2	2	1	2	2	1	1	2
5	1	2	2	1	2	2	1	2	1	2	1
6	1	2	2	2	1	2	2	1	2	1	1
7	2	1	2	1	2	1	2	2	1	2	1
8	2	1	2	2	1	1	1	2	1	1	2
9	2	1	1	2	2	2	1	2	2	1	1
10	2	2	2	1	1	1	2	1	2	1	2
11	2	2	1	2	1	2	1	1	1	2	2
12	2	2	1	1	2	1	2	1	2	2	1

$L_{12}(2^{11})$

试验号	列号														
	1	2	3	4	5	6	7	8	9	10	11	12	13	14	15
1	1	1	1	1	1	1	1	1	1	1	1	1	1	1	1
2	1	1	1	1	1	1	1	2	2	2	2	2	2	2	2
3	1	1	1	2	2	2	2	1	1	1	1	2	2	2	2
4	1	1	1	2	2	2	2	2	2	2	2	1	1	1	1
5	1	2	2	1	1	2	2	1	1	2	2	1	1	2	2
6	1	2	2	1	1	2	2	2	2	1	1	2	2	1	1
7	1	2	2	2	2	1	1	1	1	2	2	2	2	1	1
8	1	2	2	2	2	1	1	2	2	1	1	1	1	2	2
9	2	1	2	1	2	1	2	1	2	1	2	1	2	1	2
10	2	1	2	1	2	1	2	2	1	2	1	2	1	2	1
11	2	1	2	2	1	2	1	1	2	1	2	2	1	2	1
12	2	1	2	2	1	2	1	2	1	2	1	1	2	1	2
13	2	2	1	1	2	2	1	1	2	2	1	1	2	2	1
14	2	2	1	1	2	2	1	2	1	1	2	2	1	1	2
15	2	2	1	2	1	1	2	1	2	2	1	2	1	1	2
16	2	2	1	2	1	1	2	2	1	1	2	1	2	2	1

(2) $m=3$ 的情形

$L_9(3^4)$

试验号	列号			
	1	2	3	4
1	1	1	1	1
2	1	2	2	2
3	1	3	3	3
4	2	1	2	3
5	2	2	3	1
6	2	3	1	2
7	3	1	3	2
8	3	2	1	3
9	3	3	2	1

$L_{18}(3^7)$

试验号	列 号						
	1	2	3	4	5	6	7
1	1	1	1	1	1	1	1
2	1	2	2	2	2	2	2
3	1	3	3	3	3	3	3
4	2	1	1	2	2	3	3
5	2	2	2	3	3	1	1
6	2	3	3	1	1	2	2
7	3	1	2	1	3	2	3
8	3	2	3	2	1	3	1
9	3	3	1	3	2	1	2
10	1	1	3	3	2	2	1
11	1	2	1	1	3	3	2
12	1	3	2	2	1	1	3
13	2	1	2	3	1	3	2
14	2	2	3	1	2	1	3
15	2	3	1	2	3	2	1
16	3	1	3	2	3	1	2
17	3	2	1	3	1	2	3
18	3	3	2	1	2	3	1

$L_{27}(3^{13})$

试验号	列 号												
	1	2	3	4	5	6	7	8	9	10	11	12	13
1	1	1	1	1	1	1	1	1	1	1	1	1	1
2	1	1	1	1	2	2	2	2	2	2	2	2	2
3	1	1	1	1	3	3	3	3	3	3	3	3	3
4	1	2	2	2	1	1	1	2	2	2	3	3	3
5	1	2	2	2	2	2	2	3	3	3	1	1	1
6	1	2	2	2	3	3	3	1	1	1	2	2	2
7	1	3	3	3	1	1	1	3	3	3	2	2	2
8	1	3	3	3	2	2	2	1	1	1	3	3	3
9	1	3	3	3	3	3	3	2	2	2	1	1	1
10	2	1	2	3	1	2	3	1	2	3	1	2	3
11	2	1	2	3	2	3	1	2	3	1	2	3	1
12	2	1	2	3	3	1	2	3	1	2	3	1	2

（续）

试验号	列 号												
	1	2	3	4	5	6	7	8	9	10	11	12	13
13	2	2	3	1	1	2	3	2	3	1	3	1	2
14	2	2	3	1	2	3	1	3	1	2	1	2	3
15	2	2	3	1	3	1	2	1	2	3	2	3	1
16	2	3	1	2	1	2	3	3	1	2	2	3	1
17	2	3	1	2	2	3	1	1	2	3	3	1	2
18	2	3	1	2	3	1	2	2	3	1	1	2	3
19	3	1	3	2	1	3	2	1	3	2	1	3	2
20	3	1	3	2	2	1	3	2	1	3	2	1	3
21	3	1	3	2	3	2	1	3	2	1	3	2	1
22	3	2	1	3	1	3	2	2	1	3	3	2	1
23	3	2	1	3	2	1	3	3	2	1	1	3	2
24	3	2	1	3	3	2	1	1	3	2	2	1	3
25	3	3	2	1	1	3	2	3	2	1	2	1	3
26	3	3	2	1	2	1	3	1	3	2	3	2	1
27	3	3	2	1	3	2	1	2	1	3	1	3	2

（3）$m=4$ 的情形

$L_{16}(4^5)$

试验号	列 号				
	1	2	3	4	5
1	1	1	1	1	1
2	1	2	2	2	2
3	1	3	3	3	3
4	1	4	4	4	4
5	2	1	2	3	4
6	2	2	1	4	3
7	2	3	4	1	2
8	2	4	3	2	1
9	3	1	3	4	2
10	3	2	4	3	1
11	3	3	1	2	4
12	3	4	2	1	3
13	4	1	4	2	3
14	4	2	3	1	4
15	4	3	2	4	1
16	4	4	1	3	2

$L_{32}(4^9)$

试验号	列 号								
	1	2	3	4	5	6	7	8	9
1	1	1	1	1	1	1	1	1	1
2	1	2	2	2	2	2	2	2	2
3	1	3	3	3	3	3	3	3	3
4	1	4	4	4	4	4	4	4	4
5	2	1	1	2	2	3	3	4	4
6	2	2	2	1	1	4	4	3	3
7	2	3	3	4	4	1	1	2	2
8	2	4	4	3	3	2	2	1	1
9	3	1	2	3	4	1	2	3	4
10	3	2	1	4	3	2	1	4	3
11	3	3	4	1	2	3	4	1	2
12	3	4	3	2	1	4	3	2	1
13	4	1	2	4	3	3	4	2	1
14	4	2	1	3	4	4	3	1	2
15	4	3	4	2	1	1	2	4	3
16	4	4	3	1	2	2	1	3	4
17	1	1	4	1	4	2	3	2	3
18	1	2	3	2	3	1	4	1	4
19	1	3	2	3	2	4	1	4	1
20	1	4	1	4	1	3	2	3	2
21	2	1	4	2	3	4	1	3	2
22	2	2	3	1	4	3	2	4	1
23	2	3	2	4	1	2	3	1	4
24	2	4	1	3	2	1	4	2	3
25	3	1	3	3	1	2	4	4	2
26	3	2	4	4	2	1	3	3	1
27	3	3	1	1	3	4	2	2	4
28	3	4	2	2	4	3	1	1	3
29	4	1	3	4	2	4	2	1	3
30	4	2	4	3	1	3	1	2	4
31	4	3	1	2	4	2	4	3	1
32	4	4	2	1	3	1	3	4	2

(4) $m=5$ 的情形

$L_{25}(5^6)$

试验号	列 号					
	1	2	3	4	5	6
1	1	1	1	1	1	1
2	1	2	2	2	2	2
3	1	3	3	3	3	3
4	1	4	4	4	4	4
5	1	5	5	5	5	5
6	2	1	2	3	4	5
7	2	2	3	4	5	1
8	2	3	4	5	1	2
9	2	4	5	1	2	3
10	2	5	1	2	3	4
11	3	1	3	5	2	4
12	3	2	4	1	3	5
13	3	3	5	2	4	1
14	3	4	1	3	5	2
15	3	5	2	4	1	3
16	4	1	4	2	5	3
17	4	2	5	3	1	4
18	4	3	1	4	2	5
19	4	4	2	5	3	1
20	4	5	3	1	4	2
21	5	1	5	4	3	2
22	5	2	1	5	4	3
23	5	3	2	1	5	4
24	5	4	3	2	1	5
25	5	5	4	3	2	1

$L_{50}(5^{11})$

试验号	列 号										
	1	2	3	4	5	6	7	8	9	10	11
1	1	1	1	1	1	1	1	1	1	1	1
2	1	2	2	2	2	2	2	2	2	2	2
3	1	3	3	3	3	3	3	3	3	3	3
4	1	4	4	4	4	4	4	4	4	4	4
5	1	5	5	5	5	5	5	5	5	5	5
6	2	1	2	3	4	5	1	2	3	4	5
7	2	2	3	4	5	1	2	3	4	5	1

（续）

试验号	列 号										
	1	2	3	4	5	6	7	8	9	10	11
8	2	3	4	5	1	2	3	4	5	1	2
9	2	4	5	1	2	3	4	5	1	2	3
10	2	5	1	2	3	4	5	1	2	3	4
11	3	1	3	5	2	4	4	1	3	5	2
12	3	2	4	1	3	5	5	2	4	1	3
13	3	3	5	2	4	1	1	3	5	2	4
14	3	4	1	3	5	2	2	4	1	3	5
15	3	5	2	4	1	3	3	5	2	4	1
16	4	1	4	3	5	3	5	3	1	4	2
17	4	2	5	4	1	4	1	4	2	5	3
18	4	3	1	5	2	5	2	5	3	1	4
19	4	4	2	1	3	1	3	1	4	2	5
20	4	5	3	2	4	2	4	2	5	3	1
21	5	1	5	4	3	2	4	3	2	1	5
22	5	2	1	5	4	3	5	4	3	2	1
23	5	3	2	1	5	4	1	5	4	3	2
24	5	4	3	2	1	5	2	1	5	4	3
25	5	5	4	3	2	1	3	2	1	5	4
26	1	1	1	4	5	4	3	2	5	2	3
27	1	2	2	5	1	5	4	3	1	3	4
28	1	3	3	1	2	1	5	4	2	4	5
29	1	4	4	2	3	2	1	5	3	5	1
30	1	5	5	3	4	3	2	1	4	1	2
31	2	1	2	1	3	3	2	5	5	5	4
32	2	2	3	2	4	4	3	5	1	1	5
33	2	3	4	3	5	5	4	1	2	2	1
34	2	4	5	4	1	1	5	2	3	3	2
35	2	5	1	5	2	2	1	3	4	4	3
36	3	1	3	3	1	2	5	5	4	2	4
37	3	2	4	4	2	3	1	1	5	3	5
38	3	3	5	5	3	4	2	2	1	4	1
39	3	4	1	1	4	5	3	3	2	5	2
40	3	5	2	2	5	1	4	4	3	1	3
41	4	1	4	5	4	1	2	5	2	3	3
42	4	2	5	1	5	2	3	1	3	4	4
43	4	3	1	2	1	3	4	2	4	5	5
44	4	4	2	3	2	4	5	3	5	1	1

(续)

试验号	列号										
	1	2	3	4	5	6	7	8	9	10	11
45	4	5	3	4	3	5	1	4	1	2	2
46	5	1	5	2	2	5	3	4	4	3	1
47	5	2	1	3	3	1	4	5	5	4	2
48	5	3	2	4	4	2	5	1	1	5	3
49	5	4	3	5	5	3	1	2	2	1	4
50	5	5	4	1	1	4	2	3	3	2	5

附表9 检验相关系数(r)的临界值表 $\rho=0$

df	0.05	0.01	df	0.05	0.01
1	0.997	1.000	24	0.388	0.496
2	0.950	0.990	25	0.381	0.487
3	0.878	0.959	26	0.374	0.479
4	0.811	0.917	27	0.367	0.471
5	0.754	0.875	28	0.361	0.463
6	0.707	0.834	29	0.355	0.456
7	0.666	0.798	30	0.349	0.449
8	0.632	0.765	35	0.325	0.418
9	0.602	0.735	40	0.304	0.393
10	0.576	0.708	45	0.288	0.372
11	0.553	0.684	50	0.273	0.354
12	0.532	0.661	60	0.250	0.325
13	0.514	0.641	70	0.232	0.302
14	0.497	0.623	80	0.217	0.283
15	0.482	0.606	90	0.205	0.267
16	0.468	0.590	100	0.195	0.254
17	0.456	0.575	125	0.174	0.228
18	0.444	0.561	150	0.159	0.208
19	0.433	0.549	200	0.138	0.181
20	0.423	0.537	300	0.113	0.148
21	0.413	0.526	400	0.098	0.128
22	0.404	0.515	500	0.088	0.115
23	0.396	0.505	1000	0.062	0.081